高等职业教育教学改革示范系列规划教材

电力电子技术及应用项目教程
（第2版）

马宏骞　主　编

葛济民　关长伟　副主编

电子工业出版社

Publishing House of Electronics Industry

北京·BEIJING

内容简介

本书在第 1 版得到广泛使用的基础上，充分征求相关任课教师和专家的意见，结合最新的职业教育教学改革要求和国家示范校建设成果进行编写。这次再版对原有内容进行了重新整合和增减，注重课程内容与岗位技能相结合，设置有多个实际产品制作的项目实训。本书以多个实用项目为例，详细介绍了晶闸管、可控整流器、有源逆变器、全控型电力电子器件、变频器、直流斩波和交流变换器。每个项目的开篇均提出了知识目标和能力目标，后面有项目情境导入、项目资讯学习和项目操作实训，有利于学生较好掌握电力电子技术相关的知识与技能。

本书突出了工程实用性，力求降低教材内容的难度，做到通俗易懂，图文并茂，使教材既适合高职学生选用，也可供相关专业工程技术人员参考。

未经许可，不得以任何方式复制或抄袭本书之部分或全部内容。

版权所有，侵权必究。

图书在版编目（CIP）数据

电力电子技术及应用项目教程 / 马宏骞主编. —2 版. —北京：电子工业出版社，2017.6
ISBN 978-7-121-31640-1

Ⅰ. ①电… Ⅱ. ①马… Ⅲ. ①电力电子技术－高等学校－教材 Ⅳ. ①TM1

中国版本图书馆 CIP 数据核字（2017）第 118928 号

策划编辑：王昭松
责任编辑：靳　平
印　　刷：涿州市般润文化传播有限公司
装　　订：涿州市般润文化传播有限公司
出版发行：电子工业出版社
　　　　　北京市海淀区万寿路 173 信箱　邮编：100036
开　　本：787×1 092　1/16　印张：16.75　字数：428.8 千字
版　　次：2011 年 12 月第 1 版
　　　　　2017 年 6 月第 2 版
印　　次：2022 年 8 月第 8 次印刷
定　　价：48.00 元

凡所购买电子工业出版社图书有缺损问题，请向购买书店调换。若书店售缺，请与本社发行部联系，联系及邮购电话：（010）88254888，88258888。

质量投诉请发邮件至 zlts@phei.com.cn，盗版侵权举报请发邮件至 dbqq@phei.com.cn。

本书咨询联系方式：wangzs@phei.com.cn。

前　言

秉承以能力为本位的课程观，在对电力电子技术领域相关岗位进行广泛了解和深入分析的基础之上，依据该领域具体岗位能力要求，以工作过程导向为主线，采取项目式的教学方法来编写《电力电子技术及应用项目教程》。本教材在编写过程中，认真贯彻"学中做、做中学"教学理念，实现了"教、学、做"的一体化。

本教材作为高职电气自动化技术专业核心课程的教科书，从高职教育的实际出发，注重理论联系实际；力求通俗易懂、突出实际应用，力求使学生懂结构和原理、会选用和使用、能维修和维护。本教材在内容取材及安排上具有以下特点：

（1）本教材的编写，既是编者多年来从事教学研究和科研开发实践经验的概括和总结，又博采了目前各教材和著作的精华。为了准确把握高职教材特色、突出职业能力培养主线，本教材的编写大纲由校企专家共同审议商定，并专门邀请了企业高级工程技术人员参与本教材的编写。

（2）本教材的教学内容能始终瞄准电力电子技术的发展方向，一方面强化了可控整流器的应用实践，以调光灯的制作作为项目载体，重点剖析了可控整流电路结构和波形分析；另一方面增加了变频器控制技术的学习，以三菱 A700 系列变频器的控制为目的，重点介绍了PLC 以开关量、模拟量和通信等方式控制变频器运行的方法。

（3）在编写体例方面，突破知识体系结构，以应用能力为中心，既让学生懂得了专业理论，又培养了学生解决实际问题的能力。每个项目的开篇均提出了知识目标与能力目标；本教材中的【课堂讨论】、【工程经验】及【注意事项】大多针对工程中实际遇到的问题，具有很高的工程实用性，相信会对提高学生的实践能力和开拓学生的视野有所帮助。

（4）本教材文字叙述细致清楚、通俗易懂，再加上大量的实物图片，直观明了。每个学习项目均以实例为引导，由浅入深、化繁为简，难易程度适合高职层次，具有可操作性和借鉴性。

本教材由辽宁机电职业技术学院老师和丹东山河技术有限公司工程人员共同合作编写，马宏骞教授担任主编，葛济民高级工程师和关长伟实验师担任副主编。马宏骞负责统稿，并编写了项目 2；葛济民负责主审，并编写了项目 3；丁紫佩编写了项目 1；迟颖编写了项目 4；关长伟编写了项目 5；刘立军编写了项目 6；郑晓坤编写了项目 7。

任何一本新书的出版都是在认真总结和引用前人知识和智慧的基础上创新发展起来的，

本书的编写无疑也参考和引用了许多前人优秀教材与研究成果的精华。在此向本书所参考和引用的资料、文献、教材和专著的编著者表示最诚挚的敬意和感谢！

由于编者水平所限，书中不妥之处在所难免，敬请兄弟院校的师生给予批评和指正。请您把对本书的建议告诉我们，以便修订时改进。所提出的意见和建议请发往：E-mail:zkx2533420@163.com。

编　者
2017/4/16

目 录

项目1 晶闸管 ······ 1

  项目资讯1 普通晶闸管 ······ 2

  1.1 普通晶闸管的结构 ······ 3

    1.1.1 晶闸管的外部结构 ······ 3

    1.1.2 晶闸管的内部结构 ······ 5

  1.2 晶闸管的工作原理 ······ 5

  1.3 普通晶闸管的测量 ······ 7

  1.4 普通晶闸管的特性 ······ 10

    1.4.1 阳极伏安特性 ······ 10

    1.4.2 门极伏安特性 ······ 11

  1.5 晶闸管的主要参数 ······ 11

    1.5.1 电压参数 ······ 11

    1.5.2 电流参数 ······ 13

    1.5.3 晶闸管的动态参数 ······ 15

  1.6 晶闸管的分类及型号 ······ 16

    1.6.1 晶闸管的分类 ······ 16

    1.6.2 晶闸管的型号 ······ 17

  项目资讯2 晶闸管主电路 ······ 17

  1.7 晶闸管的保护 ······ 17

    1.7.1 过电压保护 ······ 17

    1.7.2 过电流保护 ······ 21

  项目资讯3 晶闸管的应用实践 ······ 22

  1.8 晶闸管的容量扩展 ······ 22

  1.9 日常使用与维护 ······ 24

  1.10 常见故障及原因 ······ 25

  1.11 晶闸管的查表选择法 ······ 26

  项目实训 对晶闸管的认识 ······ 27

  网上学习 ······ 29

  思考题与习题 ······ 30

项目2 可控整流器 ·· 32

    项目资讯1 单相可控整流电路 ·· 35

    2.1 单相半波可控整流电路 ·· 35

        2.1.1 电阻性负载分析 ·· 35

        2.1.2 电感性负载分析 ·· 38

        2.1.3 续流分析 ··· 41

    2.2 单相全波可控整流电路 ·· 43

        2.2.1 电路结构特点 ·· 43

        2.2.2 电阻性负载分析 ·· 44

        2.2.3 电感性负载分析 ·· 45

        2.2.4 续流分析 ··· 46

    2.3 单相全控桥式可控整流电路 ·· 47

        2.3.1 电路结构特点 ·· 47

        2.3.2 电阻性负载分析 ·· 47

        2.3.3 电感性负载分析 ·· 49

        2.3.4 续流分析 ··· 50

    2.4 单相半控桥式可控整流电路 ·· 52

        2.4.1 电路结构特点 ·· 52

        2.4.2 电阻性负载分析 ·· 53

        2.4.3 电感性负载分析 ·· 55

    项目资讯2 三相可控整流电路 ·· 59

    2.5 三相半波不可控整流电路 ··· 60

    2.6 三相半波可控整流电路 ·· 61

        2.6.1 电阻性负载分析 ·· 61

        2.6.2 电感性负载分析 ·· 67

        2.6.3 续流分析 ··· 69

        2.6.4 共阳极三相半波可控整流电路 ·································· 70

    2.7 三相全控桥式可控整流电路 ·· 71

        2.7.1 电路结构特点 ·· 72

        2.7.2 $\alpha{=}0°$ 时的电路工作分析 ································· 73

        2.7.3 电阻性负载 ·· 75

        2.7.4 电感性负载 ·· 78

        2.7.5 续流分析 ··· 80

    2.8 三相半控桥式可控整流电路 ·· 82

        2.8.1 电路结构特点 ·· 82

        2.8.2 电阻性负载 ·· 82

        2.8.3 电感性负载 ·· 84

        2.8.4 电感性负载并接续流二极管 ····································· 85

项目资讯 3　晶闸管触发电路 ·· 86

2.9　触发电路概述 ··· 86

2.10　单结晶体管触发电路 ··· 89

    2.10.1　单结晶体管的结构 ·· 90

    2.10.2　单结晶体管的测量 ·· 90

    2.10.3　单结晶体管的伏安特性 ··· 91

    2.10.4　单结晶体管自激振荡电路 ·· 93

    2.10.5　具有同步环节的单结晶体管触发电路 ·· 95

2.11　同步电压为锯齿波的晶闸管触发电路 ·· 97

    2.11.1　脉冲形成与放大环节 ··· 98

    2.11.2　锯齿波形成与脉冲移相环节 ·· 100

    2.11.3　双窄脉冲形成环节 ·· 103

    2.11.4　强触发环节 ·· 104

    2.11.5　脉冲封锁环节 ·· 104

2.12　集成化晶闸管移相触发电路 ·· 105

    2.12.1　KC04 移相触发电路 ·· 105

    2.12.2　KC42 脉冲形成器 ··· 107

    2.12.3　KC41 六路双脉冲形成器 ··· 107

    2.12.4　由集成元件组成三相触发电路 ·· 109

    2.12.5　数字触发电路 ··· 109

项目资讯 4　可控整流器的应用实践 ··· 110

项目实训　单结晶体管触发器的制作训练 ·· 113

网上学习 ··· 121

思考题与习题 ··· 122

项目 3　有源逆变器 ··· 125

项目资讯　有源逆变及应用 ··· 125

3.1　晶闸管装置与直流电机间的能量传递 ··· 126

3.2　有源逆变的工作原理 ··· 127

3.3　逆变角的确定 ·· 128

3.4　常用的有源逆变电路 ··· 129

    3.4.1　单相全控桥式有源逆变电路 ··· 129

    3.4.2　三相半波有源逆变电路 ··· 130

    3.4.3　三相桥式有源逆变电路 ··· 132

3.5　逆变失败及最小逆变角的确定 ·· 133

    3.5.1　逆变失败的原因 ·· 133

    3.5.2　最小逆变角的确定及限制 ·· 135

3.6　绕线转子异步电动机的串级调速 ··· 136

3.7　直流高压输电 ·· 138

项目 3 实训　对晶闸管串级调速装置的基本认识 ··· 140

网上学习 ··· 142

思考题与习题 ··· 142

项目 4　全控型电力电子器件 ·· 144

项目资讯　对电力电子器件的认识 ·· 145

4.1　电力电子器件概述 ··· 145

　　4.1.1　电力电子器件的主要特征 ··· 145

　　4.1.2　电力电子器件的分类 ·· 146

　　4.1.3　电力电子器件的特点、性能及应用场合 ·· 147

4.2　可关断晶闸管 ··· 147

　　4.2.1　内部结构 ·· 148

　　4.2.2　工作原理 ·· 148

　　4.2.3　主要特性 ·· 148

　　4.2.4　主要参数 ·· 149

　　4.2.5　门极驱动电路 ·· 150

　　4.2.6　可关断晶闸管的测量 ·· 150

4.3　电力晶体管 ··· 150

　　4.3.1　基本结构 ·· 150

　　4.3.2　工作原理 ·· 151

　　4.3.3　分类 ··· 151

　　4.3.4　主要特性 ·· 152

　　4.3.5　主要参数 ·· 153

　　4.3.6　二次击穿与安全工作区 ·· 154

　　4.3.7　驱动电路与保护 ··· 154

4.4　功率场效应晶体管 ··· 157

　　4.4.1　基本结构和工作原理 ·· 157

　　4.4.2　静态特性 ·· 158

　　4.4.3　主要参数 ·· 158

　　4.4.4　安全工作区 ··· 159

　　4.4.5　栅极驱动电路 ·· 159

　　4.4.6　功率场效应管模块 ··· 161

　　4.4.7　主要特点 ·· 162

4.5　绝缘栅双极型晶体管 ·· 162

　　4.5.1　基本结构 ·· 162

　　4.5.2　工作原理 ·· 163

　　4.5.3　主要特性 ·· 163

　　4.5.4　锁定效应 ·· 164

　　4.5.5　主要参数 ·· 165

4.5.6 安全工作区 ·········· 165

4.5.7 栅极驱动电路 ·········· 166

项目 4 实训 对全控型器件的基本认识 ·········· 167

网上学习 ·········· 169

思考题与习题 ·········· 169

项目 5 变频器 ·········· 171

项目资讯 变频器概述 ·········· 173

5.1 变频器的结构 ·········· 173

5.2 变频器的铭牌 ·········· 178

5.3 主要参数 ·········· 180

5.4 工作原理 ·········· 181

5.5 运行模式 ·········· 184

5.6 变频器的监视模式 ·········· 186

5.7 功能参数预置 ·········· 186

5.8 多段速控制 ·········· 190

5.9 PLC 模拟量方式控制变频器 ·········· 191

5.10 PLC RS-485 通信方式控制变频器 ·········· 196

项目实训 变频器操作训练 ·········· 203

网上学习 ·········· 214

思考题与习题 ·········· 214

项目 6 直流斩波器 ·········· 215

项目资讯 1 直流斩波器的工作原理 ·········· 215

6.1 直流斩波器概述 ·········· 215

6.2 直流斩波器的基本电路 ·········· 217

6.2.1 降压斩波器 ·········· 217

6.2.2 升压斩波器 ·········· 218

6.2.3 双象限斩波器 ·········· 218

项目资讯 2 直流斩波器在电力传动中的应用 ·········· 220

6.3 由降压斩波器供电的直流电力拖动 ·········· 221

6.4 由降压和升压斩波器组合供电的直流电力拖动 ·········· 221

6.5 可以四象限运行的斩波器供电直流电力拖动 ·········· 223

6.6 升压斩波器在串级调速中的应用 ·········· 224

项目资讯 3 直流变换器的 PWM 控制技术及应用 ·········· 225

6.7 直流 PWM 控制的基本原理及控制电路 ·········· 225

6.8 直流 PWM 控制技术的应用 ·········· 227

6.8.1 直流电机 PWM 控制 ·········· 227

6.8.2 直流开关电源 ·········· 229

项目实训 对直流电机调速器的认识 ·········· 230

网上学习 231

思考题与习题 231

项目7　交流变换器 232

项目资讯　双向晶闸管及其应用 234

7.1　双向晶闸管 234

7.1.1　双向晶闸管的结构 235

7.1.2　双向晶闸管的伏安特性 235

7.1.3　双向晶闸管的触发方式 236

7.1.4　双向晶闸管的主要参数 236

7.1.5　双向晶闸管的检测 237

7.1.6　双向晶闸管的型号命名原则 239

7.1.7　双向晶闸管的选择原则 239

7.2　交流调压器 239

7.2.1　单相交流调压电路 240

7.2.2　三相交流调压电路 242

7.3　交流调功器 244

7.3.1　交流调功电路的基本原理 244

7.3.2　交流调功电路的应用举例 245

7.4　交流无触点开关 246

7.5　固态继电器 248

网上学习 253

思考题与习题 254

参考文献 255

项目 **1** 晶 闸 管

● **预期目标**

知识目标：

（1）认识晶闸管的外部结构，了解晶闸管与散热器的连接方式。

（2）熟悉晶闸管的内部结构，了解晶闸管的两种等效电路形式。

（3）掌握使晶闸管可靠导通、截止所需要的条件。

（3）掌握晶闸管的伏安特性及主要参数，掌握额定电压、额定电流的选用原则。

（4）掌握晶闸管型号的命名方法，了解晶闸管的派生系列元器件。

（5）了解晶闸管主电路的保护及扩容方法。

（6）了解晶闸管的正确使用原则，了解晶闸管的查表选择法。

能力目标：

（1）能识别晶闸管的外部结构，能正确选用晶闸管的散热器。

（2）会计算晶闸管的电压和电流定额，会确定晶闸管的型号。

（3）能用万用表判别晶闸管的引脚极性及质量好坏。

（4）能识别晶闸管主电路保护元器件；能正确选择保护元器件及接法。

（5）能正确选用压敏电阻和快速熔断器。

 项目情境

---

1. 晶闸管导通实验

【任务描述】

按图 1.1 所示搭接电路，检查无误后合上开关 K，观察灯泡的发光情况。

（1）图 1.1（a）中，给晶闸管加反向阳极电压（阳极 A 端为"–"、阴极 K 端为"+"），观察晶闸管能否导通。

（2）图 1.1（b）中，给晶闸管加正向阳极电压（阳极 A 端为"+"、阴极 K 端为"–"），但不加控制信号 U_G，观察晶闸管能否导通。

（3）图 1.1（c）中，给晶闸管加正向阳极电压，同时加控制信号 U_G（门极 G 端为"+"、阴极 K 端为"–"），观察晶闸管能否导通。

【实验条件】

电气实验台（包含直流稳压电源、元器件及连接导线）、万用表。

【活动提示】

晶闸管和二极管一样，也具有单向导电特性，但要使晶闸管导通，还必须同时加控制信号 U_G，在实践活动过程中仔细观察晶闸管的这一特性。

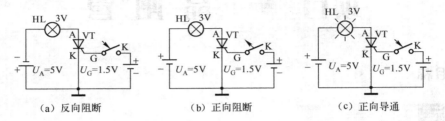

（a）反向阻断　　　　　　（b）正向阻断　　　　　　（c）正向导通

图 1.1　晶闸管导通实验电路

2. 晶闸管的认识

【任务描述】

按自愿组合或按学号分配的原则，将学生分成若干个实践小组。由指导教师发放晶闸管元器件实物并提出任务要求。

【课堂讨论】

问题：同属于半导体器件，为什么晶闸管的外形与电子线路中二极管的外形差别很大？

结果：因为普通二极管在电子技术中是作为信息传感的载体，主要用来整流、稳压、隔离等，功率都比较小，承受的是低电压、小电流；而晶闸管在电力电子技术中是用来变换电能，如可控整流、交流调压、无触点开关等，功率都比较大，承受的是高电压、大电流。所以晶闸管与普通二极管的外形差别很大。

【活动提示】

由于晶闸管属于半导体功率器件，对应不同的功率，其外形结构也有很大差别，请仔细观察每一种类型元器件的结构特点。

晶闸管在纯电子线路中应用较少，主要用于电力电子技术中。晶闸管有怎样的结构和特性？下面对相关知识进行介绍。

 项目资讯1　普通晶闸管

硅晶体闸流管简称晶闸管，也称可控硅整流元件（SCR），国际通用名称为 Thyyistoy。它是由三个 PN 结构成的一种功率型半导体器件，主要用来作为开关使用。在性能上，晶闸管能在高电压、大电流条件下工作，它不仅具有单向导电性，而且还具有比硅整流元件更为难得的可控性，对应有触发导通和可靠截止两种稳定状态。

晶闸管的优点：以小功率控制大功率，功率放大倍数高达几十万倍；反应极快，在微秒级内开通、关断；无触点运行，无火花、无噪声；效率高，成本低等。因此，晶闸管在可控整流、频率变换、斩波调压、静态开关等电路中得到了广泛的应用。

晶闸管的缺点：静态及动态的过载能力较差，容易受干扰误导通等。因此，晶闸管在使用过程中必须采取过电压、过电流和抗干扰等保护措施。

1.1 普通晶闸管的结构

1.1.1 晶闸管的外部结构

1. 晶闸管外部结构分类

晶闸管是三端半导体器件，具有三个电极，其实物外形及电气符号如图 1.2 所示。从外形上分类，晶闸管主要有塑封式、螺栓式、平板式及模块式。由于晶闸管是功率型器件，工作时会产生大量的热量，因此必须安装散热器。

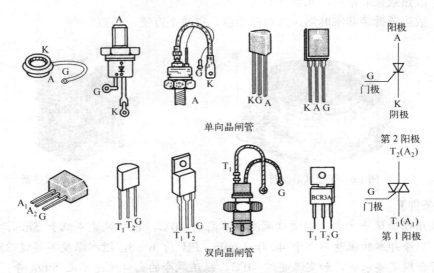

图 1.2 晶闸管的实物外形及电气符号

2. 晶闸管外部结构特点

（1）塑封式晶闸管。塑封式晶闸管如图 1.3 所示，由于受散热条件限制，塑封式晶闸管的功率通常都比较小，额定电流通常在 20A 以下。

（2）螺栓式晶闸管。螺栓式晶闸管如图 1.4 所示，螺栓式散热器如图 1.5 所示，晶闸管紧固在铝制散热器上，额定电流通常在 200A 以下。

图 1.3 塑封式晶闸管

图 1.4 螺栓式晶闸管

图 1.5 螺栓式散热器

优点：由于阳极带有螺纹，所以元器件很容易与散热器连接，元器件维修、更换非常方便。

缺点：散热效果一般，元器件的功率不是很大。

【工程要求】

由于晶闸管是功率型器件，工作时会产生大量的热量，因此额定电流为 5A 以上的晶闸管必须安装散热器，并且必须要保证规定的冷却条件。使用中若冷却系统发生故障，应立即停止使用，或者将负载减小到原额定值的 1/3 做短时间应急使用。

（3）平板式晶闸管。平板式晶闸管如图 1.6 所示，平板式散热器如图 1.7 所示。平板式晶闸管被两个彼此绝缘的散热器紧紧夹在中间，元器件整体被散热器包裹，散热介质可以是风冷或水冷，额定电流通常在200A 以上。

优点：散热效果非常好，元器件的功率大。

缺点：散热器拆装非常麻烦，元器件维修、更换不方便。

图 1.6　平板式晶闸管

图 1.7　平板式散热器

【冷却条件】

如果采用强迫风冷方式，则进口风温度不高于 40℃，出口风速不低于 5m/s。如果采用水冷方式，则冷却水的流量不小于 4000mL/min，PH 为 6～8，进水温度不超过 35℃。当散热条件不符合规定要求时，如室温超过 40℃、强迫风冷的出口风速不足 5m/s 等，则元器件的额定电流应立即降低使用，否则元器件会由于结温超过允许值而损坏。按规定应采用风冷的元器件而采用自冷时，则元器件电流定额应降低到额定值的 30%～40%，反之，如果改为采用水冷时，则电流的定额可以增大到额定值的 30%～40%。

（4）晶闸管模块。晶闸管模块是根据不同的用途，将多个晶闸管或二极管整合在一起，构成一个模块，集成在同一硅片上，这样大大提高了元器件的集成度。据统计，目前 300A 以下的晶闸管大都以模块形式出现，如图 1.8 所示。晶闸管模块与同容量分立元器件相比具有体积小、重量轻、结构紧凑、接线方便、整体价格低、可靠性高等优点，是实践当中最为常见的结构形式。

图 1.8　模块式晶闸管

【实践经验】

在实践中，工控技术人员根据元器件的封装形式，就可以判别出普通晶闸管的引脚极性。对于螺栓式普通晶闸管来说，带有螺纹的一端为阳极，线径较细的引线端为门极，较粗的引线端为阴极。对于平板式普通晶闸管来说，引线端为门极，平面端为阳极，另一端为阴极。对于塑封式普通晶闸管来说，中间引脚常为阳极。

1.1.2 晶闸管的内部结构

普通晶闸管内部是由 $P_1—N_1—P_2—N_2$ 四层半导体构成，其等效电路为两个三极管或三个二极管的复合，如图 1.9 所示。分析原理时，可以把它看成由三个 PN 结的反向串联，也可以把它看成由一个 PNP 管和一个 NPN 管的复合，其等效电路如图 1.9 所示。

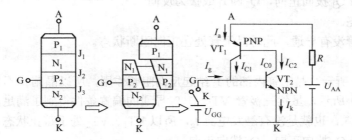

图 1.9 晶闸管等效电路

1.2 晶闸管的工作原理

为了弄清楚晶闸管是怎样工作的，可按图 1.10 所示的电路进行实验。

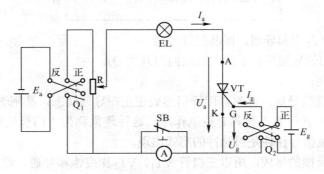

图 1.10 晶闸管导通关断实验电路

主电路：晶闸管的阳极 A 经负载 EL（白炽灯）、变阻器 R、双向刀开关 Q_1 接至电源 E_a 的正极，元器件的阴极 K 经毫安表、双向刀开关 Q_1 接至电源 E_a 的负极，组成晶闸管的主电路。在主电路中，晶闸管阳极流过的电流是主电流，该电流通常称为阳极电流 I_a；阳极与阴极之间的电压是主电压，该电压通常称为阳极电压 U_a。如果阳极电压值大于零，即 $U_a>0$，则此种阳极电压称为正向阳极电压，反之则称为反向阳极电压。

触发电路：晶闸管的门极 G 经双向刀开关 Q_2 接至电源 E_g，元器件的阴极 K 经 Q_2 与 E_g 另一端相连，组成晶闸管触发电路。在触发电路中，晶闸管门极流过的电流 I_g 称为触发电流，晶闸管门极与阴极之间的电压称为门极电压 U_g。

实验方法如下。

【步骤1】 当 Q_1 拨向反向，Q_2 无论拨向何位置（断开、拨为正向或拨为反向）。

现象：灯不亮。

说明：晶闸管没有导通，此时晶闸管处在反向阻断状态。

解释：

(1) 如图 1.9 所示，晶闸管内部的 J_1 结和 J_3 结起反向阻断作用，所以晶闸管不导通。

(2) 如图 1.9 所示，晶闸管等效电路中三极管 VT_1、VT_2 导通的偏置条件没有满足，所以 VT_1、VT_2 处于截止状态，晶闸管也就截止。

【步骤2】 当 Q_1 拨向正向，Q_2 断开或拨为反向。

现象：灯不亮。

说明：晶闸管没有导通，此时晶闸管处在正向阻断状态。

解释：

(1) 如图 1.9 所示，晶闸管内部的 J_2 结起反向阻断作用，所以晶闸管不导通。

(2) 如图 1.9 所示，虽然三极管 VT_1、VT_2 导通的偏置条件得到了满足，但由于 VT_2 没有基极电流 I_{b2} 输入，也就是没有触发电流 I_g，所以 VT_1、VT_2 处于截止状态，晶闸管截止。

【步骤3】 当 Q_1 拨向正向，Q_2 拨向正向。

现象：灯亮。

说明：晶闸管已经导通，此时晶闸管处在正向导通状态。

解释：由于三极管 VT_1、VT_2 导通的偏置条件得到了满足，又有足够的门极电流 I_g，即 VT_2 有基极电流 $I_{b2}(=I_g)$ 输入，所以三极管 VT_1、VT_2 导通，形成强烈的正反馈，即

$$I_g \uparrow \rightarrow I_{b2} \uparrow \rightarrow I_{c2}(=\beta_2 I_{b2}) \uparrow = I_{b1} \uparrow \rightarrow I_{c1}(=\beta_1 I_{b1}) \uparrow$$

瞬时使 VT_1、VT_2 饱和导通，即晶闸管导通。

【步骤4】 晶闸管导通后，断开门极双向刀开关 Q_2。

现象：灯仍然亮。

说明：晶闸管继续导通，此时晶闸管仍然处在正向导通状态。晶闸管一旦导通后维持阳极电压不变，门极对管子就不再具有控制作用，这种现象称为"门极失效"。因此，在晶闸管门极所施加的触发信号往往是以脉冲的形式出现。

解释：由于正反馈的形成，所以三极管 VT_1、VT_2 深度饱和导通，使得 I_{c1} 增大，完全替代了门极电流 I_g 的作用。

> 晶闸管导通条件：
> 阳极与阴极之间施加正向阳极电压，即 $U_a>0$；
> 门极与阴极之间施加正向门极电压，即 $U_g>0$。

如何使导通的晶闸管重新恢复阻断呢？请继续做下面的实验。

【步骤 5】　在灯亮的情况下，逐渐调节变阻器 R，增大 R 的阻值，使流过负载（白炽灯）的电流逐渐减小。

现象：按下停止按钮 SB，注意观察毫安表的指针，当阳极电流降低到某数值时，毫安表的指针突然归零。

说明：晶闸管已关断。从毫安表所观察到的最小阳极电流称为晶闸管的维持电流 I_H。维持电流数值很小，通常约为几十至几百个毫安。

解释：增大 R 的阻值的过程，也就是增大 R 的压降的过程，使得晶闸管得到的压降变小，三极管 VT_1、VT_2 导通的偏置条件得不到满足，VT_1、VT_2 又恢复到截止状态，晶闸管截止。

> 晶闸管关断条件：
> 流过晶闸管的阳极电流小于维持电流 I_H。

若要使已导通的晶闸管恢复阻断，设法使晶闸管的阳极电流小于维持电流 I_H，使其内部正反馈无法维持，晶闸管才会恢复阻断，这种关断方式称为自然关断。在实际工程中，还可以给晶闸管施加反向阳极电压，使其关断，这种关断方式称为强迫关断。

1.3　普通晶闸管的测量

1. 万用表测试法

使用万用表的欧姆挡，通过测试晶闸管三个引脚之间的阻值，就可以鉴别元器件的引脚极性、初步判断元器件是否损坏。下面以型号为 KP20-8 的螺栓式晶闸管为测量对象，介绍普通晶闸管的万用表测试法。

（1）测量阳极与阴极之间的正向电阻 R_{AK}。

测量操作：选用 ×10kΩ 挡，测量阳极与阴极之间的正向电阻 R_{AK}，将万用表的黑表笔接晶闸管的阳极，万用表的红表笔接晶闸管的阴极。

测量现象：阳极与阴极之间的正向电阻 R_{AK} 很大，阻值范围一般为几十至几百千欧，如图 1.11 所示。

测量结论：被测晶闸管阳极与阴极之间的正向电阻 R_{AK} 在正常范围内。

（a）测量方法　　　　　　　　　（b）万用表测量示数

图 1.11　测量阳极与阴极之间的正向电阻

（2）测量阳极与阴极之间的反向电阻R_{KA}。

测量操作：选用×10kΩ 挡，测量阳极与阴极之间的反向电阻 R_{KA}，将万用表的黑表笔接晶闸管的阴极，万用表的红表笔接晶闸管的阳极。

测量现象：阳极与阴极之间的反向电阻 R_{KA} 很大，阻值范围一般为几十至几百千欧，如图1.12 所示。

（a）测量方法　　　　　　　　　　（b）万用表测量示数

图 1.12　测量阳极与阴极之间的反向电阻

测量结论：被测晶闸管阳极与阴极之间的反向电阻 R_{KA} 在正常范围内。

（3）测量门极与阴极之间的正向电阻 R_{GK}。

测量操作：选用万用表×10Ω 挡，测量阳极与阴极之间的正向电阻 R_{GK}，将万用表的黑表笔接晶闸管的门极，万用表的红表笔接晶闸管的阴极。

测量现象：被测晶闸管门极与阴极之间的正向电阻 R_{GK} 很小，一般为几十至几百欧，如图1.13 所示。

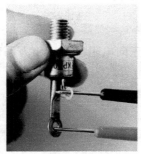

（a）测量方法　　　　　　　　　　（b）万用表测量示数

图 1.13　测量门极与阴极之间的正向电阻

测量结论：被测晶闸管门极与阴极之间的正向电阻 R_{GK} 在正常范围内。

（4）测量门极与阴极之间的反向电阻 R_{KG}。

测量操作：选用万用表×10Ω 挡，测量阳极与阴极之间的反向电阻 R_{KG}，将万用表的红表笔接晶闸管的门极，万用表的黑表笔接晶闸管的阴极。

测量现象：被测晶闸管门极与阴极之间的反向电阻 R_{KG} 很小，一般为几十至几百欧，如图1.14 所示。

测量结论：被测晶闸管门极与阴极之间的反向电阻 R_{KG} 在正常范围内。

（a）测量方法　　　　　　　　　　　（b）万用表测量示数

图 1.14　测量门极与阴极之间的反向电阻

【实践经验】

　　在实践中，有时会遇到引脚极性不明确的晶闸管，那么怎样判别其引脚极性呢？

　　由单向晶闸管等效电路可知，门极与阴极之间为一个 PN 结，而门极与阳极之间有两个相向而连的 PN 结，据此可首先判别出阳极。用指针式万用表×1Ω挡测量三引脚间的阻值，与其余两引脚均不通（正反阻值达几百千欧以上）的为阳极；再测量剩余两引脚间阻值，阻值较小（约为几十或几百欧）时，黑表笔所接的引脚为门极，另一引脚为阴极；假如三引脚两两之间均不通或阻值很小，说明该管子已坏。

【实践问题】

　　用万用表的不同挡位分别测量同一晶闸管的引脚间电阻时，发现每次测得的值都不相同，而且差别还可能很大，为什么？

　　这是因为晶闸管像二极管一样，正向导通时其特性曲线具有非线性，如果用万用表的不同挡位去分别测量晶闸管，其实就是通过红、黑两只表笔给晶闸管阳极与阴极之间施加了不同的阳极电压，这些电压点对应的特性曲线斜率（电阻值）不同，所以每次测得的值肯定都不一样，甚至差别很大。因此，在测量晶闸管引脚间电阻时，应以同一挡位测量为准。

【实践问题】

　　在测量晶闸管时，为什么万用表要选×1Ω挡或×10Ω挡，而不能直接用×10kΩ挡？

　　从内部结构来看，晶闸管的门极对阴极相当于一个正偏的 PN 结，如果直接用×10kΩ挡测量门极对阴极的极间电阻，很容易造成这个 PN 结被万用表内部高压电池的高电压反向击穿，使元器件损坏。因此，在引脚不明确时，禁止用万用表的高阻值欧姆挡测量晶闸管的引脚极性，即使引脚明确，也不允许用高阻值欧姆挡测量晶闸管的门极对阴极的极间电阻。

2. 发光测试法

在图 1.15 所示的电路中，电源 E 由两节 1.5V 干电池串联而成，LED 为发光二极管，VT 为被测晶闸管。

测量操作 1：开关 K 断开状态

测量结论：如图 1.16（a）所示，发光管应不亮。否则，表明晶闸管阳极、阴极之间已短路。

测量操作 2：开关 K 闭合状态

测量结论：如图 1.16（b）所示，发光管应亮。再次断开开关 K，发光管仍然亮，表明管子正常；否则，表明门极已损坏或阳极、阴极间已击穿而断路。

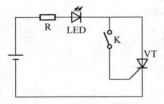

图 1.15　测试电路

（a）开关K断开状态

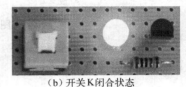

（b）开关K闭合状态

图 1.16　发光测试法

【实践技巧】

在实践中，怎样快速判定晶闸管的好坏呢？

受发光测试法的启发，将万用表的黑表笔接晶闸管的阳极，红表笔接晶闸管的阴极，此时表针应偏转很小，用镊子快速短接一下阳极与门极，表针偏转角度明显变大且能一直保持，说明管子正常，可以使用。

1.4　普通晶闸管的特性

1.4.1　阳极伏安特性

晶闸管的阳极伏安特性是指阳极与阴极之间电压和阳极电流的关系，如图 1.17 所示。

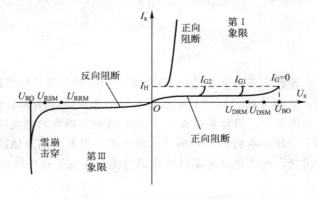

图 1.17　晶闸管阳极伏安特性曲线

图 1.17 中各物理量的含义如下：

U_{DRM}、U_{RRM}——正、反向断态重复峰值电压；

U_{DSM}、U_{RSM}——正、反向断态不重复峰值电压；

U_{BO}——正向转折电压；

U_{RO}——反向击穿电压。

通过观察晶闸管阳极伏安特性曲线，要了解如下知识点。

（1）曲线横坐标上的电压点用来表明晶闸管耐压的安全程度。

当 $U_T \leq U_{RRM}$ 或 $U_T \leq U_{DRM}$ 时，晶闸管的耐压是安全的，在这一区间的电压值都不足以使晶闸管误导通，电压可以任意施加。

当 $U_{RRM} \leq U_T < U_{RSM}$ 或 $U_{DRM} \leq U_T < U_{DSM}$ 时，晶闸管的耐压是不安全的，在这一区间的电压值可能使晶闸管误导通，晶闸管的耐压开始不可靠了，电压值进入了危险区。

当 $U_{RSM} \leq U_T < U_{RO}$ 或 $U_{DSM} \leq U_T < U_{BO}$ 时，晶闸管的耐压是很不安全的，在这一区间的电压值很可能使晶闸管误导通，晶闸管的耐压开始很不可靠了，电压值进入了非常危险区，这种高电压不允许重复施加给晶闸管。

当 $U_{RO} \leq U_T$ 或 $U_{BO} \leq U_T$ 时，晶闸管正向硬开通或反向击穿。偶尔的硬开通还不足以使晶闸管损坏，但多次硬开通会造成管子失去正向阻断能力。

（2）触发电流 I_G 的大小对晶闸管触发导通的影响。通常是触发电流越大，对应的正向转折电压就越小，晶闸管就越容易被触发导通。

1.4.2 门极伏安特性

晶闸管的门极和阴极间有一个 PN 结 J_3，它的伏安特性称为门极伏安特性。它的正向特性不像普通二极管那样具有很小的正向电阻，有时它的正、反向电阻是很接近的。在这个特性中表示了使晶闸管导通门极电压、电流的范围。因晶闸管门极特性偏差很大，即使同一额定值的晶闸管之间其特性也不同，所以在设计门极电路时必须考虑其特性。

1.5 晶闸管的主要参数

晶闸管的主要参数是其性能指标的反映，表明晶闸管所具有的性能和能力。要想正确使用好晶闸管就必须掌握其主要参数，这样才能取得满意的技术及经济效果。

在应用中，往往要根据实际电路合理选择晶闸管，它包括两个方面的内容：一方面要根据实际情况确定所需晶闸管的额定值；另一方面根据额定值确定晶闸管的型号。晶闸管的各项额定参数在晶闸管生产后，由厂家经过严格测试而确定；作为使用者，我们能够正确选择管子就可以了。

1.5.1 电压参数

（1）额定电压 U_{TN}。在标定晶闸管的出厂值时，其额定电压是这样确定的：为保证晶闸管的耐压安全，晶闸管铭牌标出的额定电压通常是根据元器件实测 U_{DRM} 与 U_{RRM} 中较小的值，取相应的标准电压级别，电压级别如表 1.1 所示。

表 1.1　晶闸管的正反重复峰值电压标准级别

级别	正、反重复峰值电压/V	级别	正、反重复峰值电压/V	级别	正、反重复峰值电压/V
1	100	8	800	20	2000
2	200	9	900	22	2200
3	300	10	1000	24	2400
4	400	11	1100	26	2600
5	500	12	1200	28	2800
6	600	14	1400	30	3000
7	700	16	1600		

例如，某晶闸管测得其正向阻断重复峰值电压值为 760V，反向阻断重复峰值电压值为 630V，取小者为 630V，按表 1.1 中相应电压等级标准为 600V，此元器件名牌上即标出额定电压 U_{TN} 为 600V，电压级别为 6 级。

在实际选用晶闸管时，其额定电压是这样确定的：由于晶闸管元器件属于半导体型器件，其耐受过电压、过电流能力都很差，而且环境温度、散热状况都会给其电压参数造成影响，所以在选用元器件的额定电压值必须留有 2～3 倍的安全裕量，即

$$U_{TN}=(2\sim3)U_{TM}　　　　　　　　　　　(1-1)$$

（2）通态平均电压 $U_{T(AV)}$。在一定的条件下，晶闸管阳极与阴极之间电压降的平均值称为通态平均电压，简称管压降 $U_{T(AV)}$，其标准值分组列于表 1.2 中。管压降越小，表明晶闸管耗散功率越小，管子的质量就越好。

表 1.2　晶闸管通态平均电压的组别

组　别	通态平均电压/V	级别	通态平均电压/V
A	$U_{T(AV)}\leqslant0.4$	F	$0.8<U_{T(AV)}\leqslant0.9$
B	$0.4<U_{T(AV)}\leqslant0.5$	G	$0.9<U_{T(AV)}\leqslant1.0$
C	$0.5<U_{T(AV)}\leqslant0.6$	H	$1.0<U_{T(AV)}\leqslant1.1$
D	$0.6<U_{T(AV)}\leqslant0.7$	I	$1.1<U_{T(AV)}\leqslant1.2$
E	$0.7<U_{T(AV)}\leqslant0.8$		

（3）门极触发电压 U_{GT} 及门极不触发电压 U_{GD}。门极触发电压 U_{GT}：在室温下，晶闸管施加 6V 正向阳极电压时，使管子完全开通所必需的最小门极电流相对应的门极电压。

【课堂讨论】

问题：门极触发电压 U_{GT} 的物理意义是什么？

答案：门极触发电压 U_{GT} 是一个最小值的概念，是晶闸管能够被触发导通门极所需要的触发电压的最小值。为保证晶闸管能够被可靠地触发导通，门极实际外加的触发电压必须大于这个最小值。由于触发信号通常是脉冲的形式，只要不超过晶闸管的允许值，脉冲电压的幅值可以数倍于门极触发电压 U_{GT}。

门极不触发电压 U_{GD}：在室温下，未能使晶闸管由断态转入通态，门极所施加的最

大电压。

【课堂讨论】

问题：门极不触发电压 U_{GD} 的物理意义？

答案：门极不触发电压 U_{GD} 是一个最大值的概念，是晶闸管不能被触发导通门极所加的触发电压的最大值。为保证晶闸管不能够被误触发导通，门极实际外加的触发电压（其实是门极的各种干扰信号）必须小于这个最小值。

门极触发电压 U_{GT}、门极不触发电压 U_{GD} 是设计触发电路的重要参考依据，触发电路输出的触发电压必须大于 U_{GT}；触发电路输出的门极"残压"必须小于 U_{GD}。

1.5.2 电流参数

1. 额定电流 $I_{T(AV)}$

如图 1.18 所示，在室温为 40℃和规定的冷却条件下，晶闸管在电阻性负载的单相工频正弦半波、导通角不小于 170°的电路中，当结温不超过额定结温且稳定时，所允许的最大通态平均电流，称为额定通态平均电流 $I_{T(AV)}$。将此电流按晶闸管标准系列取相应的电流等级（见表1.3），又称为晶闸管的额定电流。

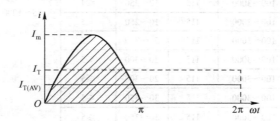

图 1.18　晶闸管的通态平均电流、有效值及最大值

【特别提示】

晶闸管的额定电流是在某种特定条件下测得的电流平均值。平均值与有效值之间的转换关系：$I_T = 1.57 I_{T(AV)}$。例如，对于一只额定电流 $I_{T(AV)} = 100A$ 的晶闸管，其允许的电流有效值应为 157A。

在实际选用晶闸管时，其额定电流是这样确定的：所选的晶闸管额定电流有效值 I_T 必须大于元器件在电路中可能流过的最大电流有效值 I_{TM}，考虑到晶闸管的过载能力比较差，因此，选择时必须留有 1.5～2 倍的安全裕量，即

$$1.57 I_{T(AV)} = I_T \geqslant (1.5 \sim 2) I_{TM}$$

$$I_{T(AV)} \geqslant (1.5 \sim 2) \frac{I_{TM}}{1.57} \tag{1-2}$$

在实际使用中，不论晶闸管流过的电流波形如何，导通角有多大，只要遵循式（1-2）来选择晶闸管的额定电流，其发热就不会超过允许范围。

【注意事项】

晶闸管在使用中，当散热条件不符合规定要求时，如室温超过 40℃、强迫风冷的出口风速不足 5m/s 等，则元器件的额定电流应立即降低使用，否则元器件会由于结温超过允许值而损坏。按规定应采用风冷的元器件而采用自冷时，则电流的额定值应降低到原有值的 30%～40%，反之，如果改为采用水冷时，则电流的额定值可以增大 30%～40%。

表 1.3　KP 型晶闸管元件主要额定值

参数 系列	通态平均电流 $I_{T(AV)}$ A	重复峰值电压 U_{DRM}、U_{RRM} V	额定结温 T_{IM} ℃	触发电流 I_{GT} mA	触发电压 U_{GT} V	断态电压临界上升率 du/dt V/μS	通态电流临界上升率 di/dt A/μS	浪涌电流 I_{TSM} A
KP1	1	100～3000	100	3～30	≤2.5			20
KP5	5	100～3000	100	5～70	≤3.5			90
KP10	10	100～3000	100	5～100	≤3.5			190
KP20	20	100～3000	100	5～100	≤3.5			380
KP30	30	100～3000	100	8～150	≤3.5			560
KP50	50	100～3000	115	8～150	≤4			940
KP100	100	100～3000	115	10～250	≤4	25～1000	25～500	1880
KP200	200	100～3000	115	10～250	≤5			3770
KP300	300	100～3000	115	20～300	≤5			5650
KP400	400	100～3000	115	20～300	≤5			7540
KP500	500	100～3000	115	20～300	≤5			9420
KP600	600	100～3000	115	30～350	≤5			11160
KP800	800	100～3000	115	30～350	≤5			14920
KP1000	1000	100～3000	115	40～400	≤5			18600

2. 维持电流 I_H 与擎住电流 I_L

维持电流 I_H：在室温下门极断开时，晶闸管从较大的通态电流降至刚好能保持导通的最小阳极电流。

维持电流与元器件额定电流、结温等因素有关，通常温度越高，维持电流越小；额定电流大的晶闸管其维持电流大。维持电流大的晶闸管，容易关断。由于晶闸管的离散性，同一型号的不同晶闸管，其维持电流也不相同。

【课堂讨论】

问题：维持电流 I_H 的物理意义是什么？

答案：维持电流是维持晶闸管导通所需要的阳极电流的最小值，是晶闸管由通态转为断态的临界值。判定一只晶闸管是否由通态转为断态，标准是什么？就看其阳极电流是否小于其所对应的维持电流 I_H。

　　擎住电流 I_L：晶闸管加上触发脉冲使其开通过程中，当脉冲消失时要保持管子维持导通所需的最小阳极电流。

　　如果管子在开通过程中阳极电流 I_a 未上升到 I_L，当触发脉冲去除后管子又恢复阻断。通常对同一晶闸管来说，擎住电流 I_L 比维持电流 I_H 大 3～4 倍。

【课堂讨论】

　　问题：擎住电流 I_L 的物理意义是什么？

　　答案：晶闸管加上触发电压就可能导通，去掉触发电压后还不一定能继续导通，要看阳极电流是否能达到擎住电流 I_L 以上，只有阳极电流达到擎住电流 I_L 以上，才表明晶闸管彻底导通。擎住电流 I_L 是晶闸管由断态转为通态的临界值。判定一只晶闸管是否由断态转为通态，标准是什么？就看其阳极电流是否大于其所对应的擎住电流 I_L。

3. 门极触发电流 I_{GT}

　　门极触发电流 I_{GT} 是指在室温下，晶闸管施加 6V 正向阳极电压时，使元器件由断态转入通态所必需的最小门极电流。同一型号的晶闸管，由于门极特性的差异，其 I_{GT} 相差很大。

1.5.3　晶闸管的动态参数

1. 开通时间 t_{gt} 和关断时间 t_q

　　元器件从正向阻断状态转换到正向通态所需要的时间称为开通时间，该时间一般为几十微秒以下。

　　元器件从正向通态转换到正向阻断状态所需要的时间称为关断时间，该时间一般为几百微秒。

2. 断态正向电压临界上升率 du/dt

　　在额定结温和门极断路情况下，使元器件从断态转入通态，元器件所加的最小正向电压上升率称为断态正向电压临界上升率。晶闸管在阻断状态下，如果加在晶闸管上的阳极正向电压变化率很大，就有可能引起元器件误导通。晶闸管误导通会造成很大的浪涌电流，使快速熔断器熔断或使晶闸管损坏。为了限制断态正向电压上升率，可以与元器件并联一个阻容支路，利用电容两端电压不能突变的特性来限制电压上升率。另外，利用门极的反向偏置也会达到同样的效果。

3. 通态电流临界上升率 di/dt

　　在规定条件下，元器件在门极开通时能承受而不导致损坏的通态电流的最大上升率称为通态电流临界上升率。晶闸管在导通初期，如果阳极电流上升率过快，就会造成元器件结面的局部过热，使用一段时间后，元器件将造成永久性损坏。为了限制通态电流临界上升率，可以与晶闸管串接空芯电感。

1.6　晶闸管的分类及型号

1.6.1　晶闸管的分类

晶闸管从诞生至今，不仅元器件的性能与电压、电流容量不断提高，体积越来越小、使用越来越方便，而且它还派生出了双向晶闸管、快速晶闸管、可关断晶闸管、逆导晶闸管、光控晶闸管等，形成完整的晶闸管系列。

1. 按外部结构分类

按外部结构分类，晶闸管可分为塑封式、螺栓式、平板式和模块式。

2. 按派生系列分类

按派生系列分类，晶闸管可分为普通型晶闸管、双向型晶闸管、快速型晶闸管、逆导型晶闸管及可关断型晶闸管。由于后续课还要详细学习，现只做简单介绍。

（1）双向型晶闸管。双向型晶闸管相当于两个普通晶闸管的反并联，具有一、三象限完全对称的两条特性曲线，因此双向型晶闸管正反向导通均具有可控性。双向型晶闸管主要用于交流电路，如交流调压电路、固态继电器、交流电动机调速、软启动等领域。

（2）快速型晶闸管。顾名思义，快速型晶闸管是指关断速度比较快的晶闸管，一般关断时间在 $50\mu s$ 以内。快速型晶闸管包括常规的快速型晶闸管和高频晶闸管两种，主要应用于 $400Hz$ 和 $4kHz$ 以上的斩波与逆变电路中。快速型晶闸管的开关时间、动态特性比普通晶闸管都有明显改善。从关断时间来看，普通晶闸管一般为数百微秒，快速型晶闸管为数十微秒，而高频晶闸管为十微秒左右。高频晶闸管的不足是其电压、电流额定值较低，应注意的是晶闸管的关断时间与通态压降成反比，所以快速型晶闸管的通态压降要较普通晶闸管大。

（3）逆导型晶闸管。逆导型晶闸管是将晶闸管与功率二极管反向并联制作于同一管芯上的功率集成器件，其正向导通具有可控性，反向导通不具有可控性。逆导型晶闸管与普通晶闸管相比，逆导型晶闸管具有正向压降小、关断时间短、高温特性好、额定结温高等优点，可用于不需要阻断反向电压的电路中。逆导型晶闸管有两个额定电流：一个是晶闸管的正向通态平均电流；另一个是反并联二极管的正向平均电流。

（4）可关断型晶闸管。可关断型晶闸管与普通晶闸管相比，可关断型晶闸管具有门极正信号开通、门极负信号关断的能力。普通晶闸管是半控型电力电子器件，而可关断型晶闸管是全控型电力电子器件。可关断晶闸管既保留了普通晶闸管耐压高、电流大等优点，还具有自关断能力，使用方便，是理想的高压、大电流开关器件。目前，可关断晶闸管的容量已达到 6000A、6000V，广泛用于斩波调速、变频调速、逆变电源等领域。

（5）光控型晶闸管。光控型晶闸管是利用一定波长的光照信号来触发导通的晶闸管，其伏安特性与普通晶闸管类同。小功率光控型晶闸管只有阳极和阴极两个电极，大功率的则还带有光缆，光缆上装有作为触发电源的发光二极管或半导体激光器。主电路与控制电路之间由于采用光隔离，绝缘性能好，抗干扰能力强，因此光控型晶闸管常用于高压大功率的场合，如高压直流输电、高压核聚变装置等。

1.6.2 晶闸管的型号

1. 新国标型号命名原则

按新国家标准规定,晶闸管的型号及其含义如下:

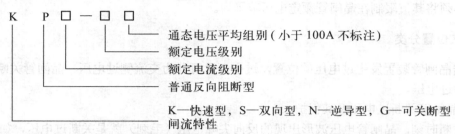

$$K \quad P \quad \square \quad - \quad \square \quad \square$$

通态电压平均组别(小于100A不标注)
额定电压级别
额定电流级别
普通反向阻断型
K—快速型,S—双向型,N—逆导型,G—可关断型
闸流特性

例如,KP100-8D表示额定电流为100A,额定电压为800V,管压降为0.7V的普通晶闸管。

2. 旧国标型号命名原则

按旧国家标准规定,晶闸管的型号及其含义如下:

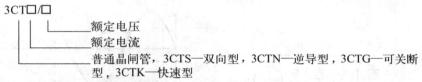

$$3CT\square/\square$$

额定电压
额定电流
普通晶闸管,3CTS—双向型,3CTN—逆导型,3CTG—可关断型,3CTK—快速型

例如,新型号为KP100-8的晶闸管元器件,用老型号可表示为3CT100/800。

 项目资讯2 晶闸管主电路

1.7 晶闸管的保护

由于晶闸管的击穿电压接近工作电压,热容量小,承受过电压与过电流能力很差,短时间的过电压、过电流都可能造成晶闸管的损坏。为使晶闸管能正常使用而不损坏,只靠合理选择元器件的额定值是不够的,还必须在电路中采取适当的保护措施,以防使用中出现的各种不测因素。

1.7.1 过电压保护

过电压标准:凡是超过晶闸管正常工作时承受的最大峰值电压都是过电压。

过电压分类:晶闸管的过电压分类形式有多种,最常见形式有按过电压产生的原因分类和按晶闸管装置发生过电压的位置分类两种形式。

1. 按原因分类

根据过电压产生的原因,过电压又可分为两种,即浪涌过电压、操作过电压。

浪涌过电压：由于外部原因，如雷击、电网激烈波动或干扰等产生的过电压属于浪涌过电压，浪涌过电压的发生具有偶然性，它能量特别大、电压特别高，必须将其值限制在晶闸管断态正反向不重复峰值电压 U_{DSM}、U_{RSM} 值以下。

操作过电压：由于内部原因，主要是电路状态变化时积聚的电磁能量不能及时的消散，如晶闸管关断、开关的突然闭合与分断等产生的过电压属于操作过电压，操作过电压发生频繁，也必须将其值限制在晶闸管额定电压范围内。

2. 按位置分类

根据晶闸管装置发生过电压的位置，过电压又可分为交流侧过电压、晶闸管关断过电压及直流侧过电压。

1）晶闸管关断过电压及其保护

在关断时刻，晶闸管电压波形出现的反向尖峰电压（毛刺）就是关断过电压，如图 1.19 所示。以 VT$_1$ 为例，当 VT$_2$ 导通强迫关断 VT$_1$ 时，VT$_1$ 承受反向阳极电压，又由于管子内部还存在着大量的载流子，这些载流子在反向电压作用下，将产生较大的反向电流，使残存的载流子迅速消失。由于载流子电流消失极快，此时 di/dt 很大，即使电感很小，也会在变压器漏抗上产生很大的感应电动势，极性是左正右负，其值可达到工作电压峰值的 5～6 倍，通过导通的 VT$_2$ 加在已截止的 VT$_1$ 两端，可能会使管子反向击穿。

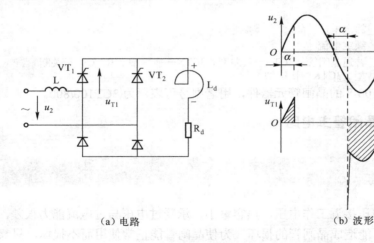

（a）电路　　　　　　　　　　　　　（b）波形

图 1.19　晶闸管关断过程的过电压

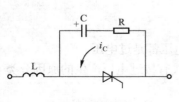

图 1.20　RC 吸收电路

保护措施：最常用的方法是在晶闸管两端并接电容，利用电容电压不能突变的特性吸收尖峰过电压，把它限制在允许的范围内。实用时为了防止电路振荡和限制管子开通损耗及电流上升率，电容串接电阻，这称为阻容吸收，如图 1.20 所示。

RC 吸收电路参数可按表 1.4 经验数据选取。电容的耐压一般选晶闸管额定电压的 1.1～1.5 倍。RC 吸收电路要尽量靠近晶闸管，引线要短，最好采用无感电阻。

表 1.4 晶闸管 RC 吸收电路经验数据

晶闸管额定电流/A	1000	500	200	100	50	20	10
电容/μF	2	1	0.5	0.25	0.2	0.15	0.1
电阻/Ω	2	5	10	20	40	80	100

2）晶闸管交流侧过电压及其保护

（1）交流侧操作过电压。交流侧电路在接通、断开时会出现过电压，通常发生在下面几种情况。

合闸过电压：由高压电源供电或电压比很大的变压器供电，在一次侧合闸瞬间，由于一、二次绕组之间存在分布电容，使得高电压耦合到了低压侧，结果发生过电压。

保护措施：在单相变压器二次侧或三相变压器二次侧星形中点与地之间并联 0.5μF 左右的电容，也可在变压器一、二次绕组之间加屏蔽层。

拉闸过电压：与整流装置并联的其他负载或装置直流侧断开时，因电源回路电感产生感应电动势造成过电压；整流变压器空载且电源电压过零时一次侧断电，因变压器励磁电流突变导致二次侧感应过电压。一般来说，开关速度越快，过电压就越高。

保护措施：这两种情况产生的过电压都是瞬时的尖峰电压，常用阻容吸收电路或整流式阻容电路加以保护。阻容吸收电路的几种接线方式如图 1.21 所示。

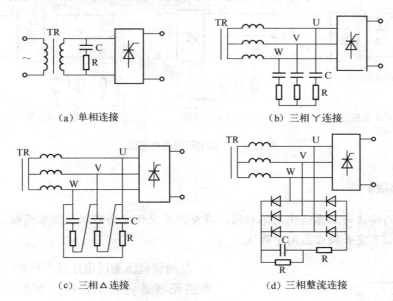

（a）单相连接　　　　　　　　　（b）三相丫连接

（c）三相△连接　　　　　　　　　（d）三相整流连接

图 1.21 阻容吸收电路的接法

（2）交流侧浪涌过电压。由于晶闸管装置的交流侧是整个装置的受电端，所以很容易受到雷击浪涌过电压的侵袭。阻容吸收保护只适用于峰值不高、过电压能量不大及要求不高的场合，要想抑制交流侧浪涌过电压，除了使用阀型避雷器外，必须采用专门的过电压保护元器件——压敏电阻来保护。

压敏电阻是一种新型非线性过电压保护元器件，如图 1.22 所示，它是由氧化锌、氧化铋等烧结制成的非线性电阻元器件，具有抑制过电压能力强、体积小、价格便宜等优点，完全取代传统落后的硒堆电压保护。压敏电阻具有正、反向相同的很陡的伏安特性，如图 1.23 所示。

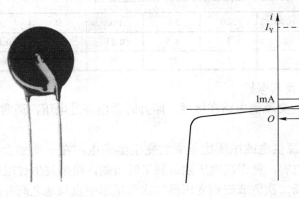

图 1.22　压敏电阻　　　　　　　图 1.23　压敏电阻的伏安特性

当加在压敏电阻上的电压低于它的阈值 U_N 时，流过它的漏电流极小，仅有微安级，相当于一个关死的阀门；当电压超过 U_N 时，它可通过数千安培的放电电流，相当于阀门打开。利用这一功能，可以抑制电路中经常出现的异常过电压，保护电路免受过电压的损害。其保护接线方式如图 1.24 所示。

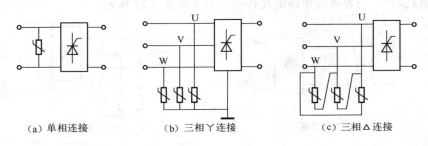

（a）单相连接　　　　　　（b）三相Ｙ连接　　　　　　（c）三相△连接

图 1.24　压敏电阻的几种接法

 【注意事项】

压敏电阻的接法与阻容吸收电路相同，在交、直流侧完全可取代阻容吸收，但不能用作限制 di/dt，所以不宜并接在晶闸管两端。

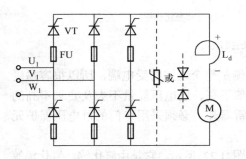

图 1.25　晶闸管直流侧过电压及其保护

3）晶闸管直流侧过电压及其保护

当整流器带负载工作时，如果直流侧突然断路，如快速熔断器突然熔断、晶闸管烧断或拉断直流开关，都会因大电感释放能量而产生过电压，并通过负载加在关断的晶闸管上，使晶闸管承受过电压。直流侧过电压保护采用与交流侧过电压保护同样的方法，如图 1.25 所示。对于容量较小的装置，可采用阻容保护抑制过电压；如果容量较大，选择压敏电阻。

1.7.2 过电流保护

1. 过电流标准

凡是超过晶闸管正常工作时承受的最大峰值电流都是过电流。

2. 过电流原因

产生过电流原因很多，但主要有以下几个方面。
（1）有变流装置内部管子损坏。
（2）触发或控制系统发生故障。
（3）可逆传动环流过大或逆变失败。
（4）交流电压过高、过低、缺相及负载过载等。

3. 过电流保护措施

常用的过电流保护措施如图 1.26 所示。

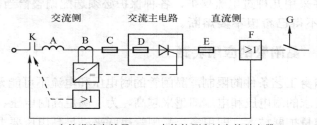

A—交流进线电抗器；B—电流检测和过电流继电器；
C、D、E—快速熔断器；F—过电流继电器；G—直流快速开关

图 1.26 晶闸管装置可能采用的过电流保护措施

（1）串接交流进线电抗或采用漏抗大的整流变压器（见图 1.26 中 A），利用电抗限制短路电流。此法有效，但负载电流大时存在较大的交流压降，通常以额定电压 3%的压降来计算进线电抗值。

（2）电流检测和过电流继电器（见图 1.26 中 B、F），过电流时使交流开关 K 跳闸切断电源，此法由于开关动作需要几百毫秒，故只适用于短路电流不大的场合。另一类是过电流信号控制晶闸管触发脉冲快速后移至 $\alpha>90°$ 区域，使装置工作在逆变状态（项目 3 叙述），迫使故障电流迅速下降，此法也称为拉逆变法。

（3）直流快速开关（见图 1.26 中 G），对于变流装置功率大且短路可能性较多的高要求场合，可采用动作时间只有 2ms 的直流快速开关，它可以优于快速熔断器熔断而保护晶闸管，但此开关昂贵且复杂，所以使用不多。

（4）快速熔断器（见图 1.26 中 C、D、E），它是最简单有效的过电流保护器件。与普通熔断器相比，它具有快速熔断特性，在流过 6 倍额定电流时熔断时间小于 20ms，目前常用的有：RLS 系列（螺旋式）、ROS 系列，RS3 系列、RSF 系列，可带熔断撞针指示和微动开关动作指示。快速熔断器如图 1.27 所示。

图 1.27 快速熔断器

快速熔断器可接在交流侧、直流侧，和晶闸管桥臂串联，如图 1.28 所示，后者保护最直接，效果也最好。与晶闸管串联时，快速熔断器的额定电流选用要考虑熔体额定电流 I_{RD}，I_{RD} 是有效值，其值应小于被保护晶闸管的额定有效值 1.57 $I_{T(AV)}$，同时要大于流过晶闸管实际最大有效值 I_{TM}，即

$$1.57\ I_{T(AV)} \geqslant I_{RD} \geqslant I_{TM}$$

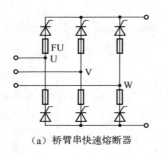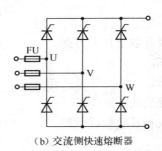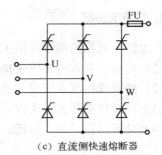

（a）桥臂串快速熔断器　　　　（b）交流侧快速熔断器　　　　（c）直流侧快速熔断器

图 1.28　快速熔断器保护的接法

变流装置中大多采用几种过电流保护，各种保护必须选配调整恰当，快速熔断器作为最后保护措施，非不得已希望不要熔断。

 项目资讯 3　晶闸管的应用实践

晶闸管因受其自身工艺条件的限制，晶闸管的耐电压和电流不可能无限制地提高，但晶闸管的应用环境所要求的耐电压和电流却越来越高，为了满足高耐电压、大电流的要求，就必须采取晶闸管的容量扩展技术，即用多个晶闸管串联来满足高电压要求，用多个晶闸管并联来满足大电流要求，甚至可以采取晶闸管装置的串并联来满足要求。

1.8　晶闸管的容量扩展

1. 晶闸管的串联

当单只晶闸管耐压达不到电路要求时，就必须使用两个或两个以上同型号晶闸管串联来共同分担高电压。尽管串联的晶闸管必须都是同一型号的，但由于晶闸管制造时参数就存在离散性，在其阳极反向耐压截止时，虽然流过的是同一个漏电流，但每只管子实际承受的反向阳极电压却不同，出现了串联不均压的问题，如图 1.29（a）所示，严重时可能造成元器件损坏，因此要采取以下措施。

（1）尽量选择同一厂家、同一型号、同一批次、特性较一致的管子串联，有条件的可用晶闸管图示仪测量管子的正反向特性。

（2）采用静态均压和动态均压电路。

静态均压的方法是在串联的晶闸管上并联阻值相等的小均压电阻 R_j，如图 1.29（b）所示。均压电阻 R_j 能使平稳的直流或变化缓慢的电压均匀分配在串联的各个晶闸管上。由于串联的晶闸管电压分配是由各个管子的结电容、导通与关断时间及外部脉冲等因素综合决定

的，所以静态均压方法不能实现串联晶闸管的动态均压。

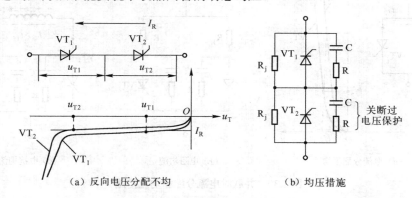

（a）反向电压分配不均　　　　　（b）均压措施

图 1.29　串联时反向电压分配和均压措施

动态均压的方法是在串联的晶闸管上并联电容值相等的电容 C，但为了限制管子开通时，电容放电产生过大的电流上升率，并防止因并接电容使电路产生振荡，通常在并接电容的支路中串入电阻 R，成为 RC 支路，如图 1.29（b）所示。实际线路中晶闸管的两端都并接了 RC 吸收电路，在晶闸管串联均压时不必另接 RC 电路了。

虽然采取了均压措施，但仍然不可能完全均压，因此在选择每个管子的额定电压时，应按下式计算：

$$U_{TN} = \frac{(2 \sim 3)U_{TM}}{(0.8 \sim 0.9)n}$$

式中　　n——串联元器件的个数；

　　　　0.8～0.9——考虑不均压因素的计算系数。

（3）采用前沿陡、幅值大的强触发脉冲。

（4）降低电压定额值的10% ～20%使用。

2. 晶闸管的并联

当单只晶闸管电流达不到电路要求时，就必须使用两个或两个以上同型号晶闸管并联来共同分担大电流。尽管并联的晶闸管必须都是同一型号的，还是由于参数的离散性，晶闸管在正向导通时，虽然耐受的是相同的阳极电压，但每只管子实际流过的正向阳极电流却不同，出现了并联不均流的问题，如图 1.30（a）所示，因此要采取以下措施。

（1）尽量选择同一厂家、同一型号、同一批次、特性较一致的管子串联，有条件的可用晶闸管图示仪测量管子的正反向特性。

（2）采用静态均压和动态均流电路。

均流措施：晶闸管的并联均流措施分为静态和动态两种方法。

静态均流的方法是在并联的晶闸管中串入电阻，如图 1.30（b）所示。由于电阻功耗较大，所以这种方法只适用于小电流晶闸管。

动态均流的方法（电抗均流）是用一个电抗器接在两个并联的晶闸管电路中，均流原理是利用电抗器中感应电动势的作用，使管子电流大的支路电流有减小的趋势，使管子电流小的支路电流有增大的趋势，从而达到均流目的，如图 1.30（c）所示。

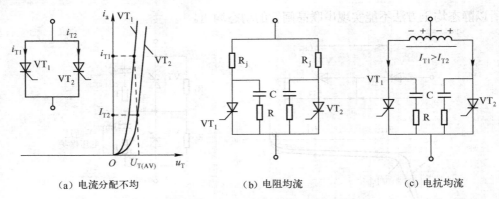

（a）电流分配不均　　　　　（b）电阻均流　　　　　（c）电抗均流

图1.30　并联时电流分配和均流措施

晶闸管并联后，尽管采取了均流措施，电流也不可能完全平均分配，因而选择晶闸管额定电流时，应按下式计算：

$$I_{T(AV)}=\frac{(2\sim3)I_{TM}}{(0.8\sim0.9)1.57n}$$

式中　n——并联元器件的个数；

　　　$0.8\sim0.9$——考虑不均流因素的计算系数。

（3）采用前沿陡、幅值大的强触发脉冲。

（4）降低电流定额值的10%～20%使用。

3．晶闸管装置成组串并联

在高电压、大电流变流装置中，还广泛采用如图1.31所示的变压器二次绕组分组分别对独立的整流装置供电，然后成组串联（适用于高电压）或成组并联（适用于大电流），使整流效果更好。

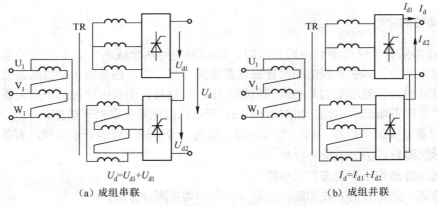

$U_d=U_{d1}+U_{d1}$
（a）成组串联

$I_d=I_{d1}+I_{d2}$
（b）成组并联

图1.31　晶闸管装置成组串并联

1.9　日常使用与维护

晶闸管除了在选用时要充分考虑安全裕量以外，在使用过程中也要采取正确的使用方法，以保证晶闸管能够安全可靠运行，延长其使用寿命。关于晶闸管的使用，具体应注意以下问题。

（1）选用晶闸管的额定电流时，除了考虑通过元器件的平均电流外，还应注意正常工作时导通角的大小、散热通风条件等因素。在工作中还应注意管壳温度不超过相应电流下的允许值。

（2）使用晶闸管之前，应该用万用表检查晶闸管是否良好。发现有短路或断路现象时，应立即更换。

（3）电流为 5A 以上的晶闸管要装散热器，并且保证所规定的冷却条件。使用中，若冷却系统发生故障，应立即停止使用，或者将负载减小到原额定值的 1/3，做短时间应急使用。

（4）保证散热器与晶闸管管体接触良好，它们之间应涂上一薄层有机硅油或硅脂，以帮助良好的散热。

（5）严禁用兆欧表（即摇表）检查晶闸管的绝缘情况，如果确实要对晶闸管设备进行绝缘检查，在检查前一定要将所有晶闸管的引脚做短路处理，以防止兆欧表产生的直流高电压击穿晶闸管，造成晶闸管损坏。

（6）按规定对主电路中的晶闸管采用过电压及过电流保护装置。

（7）要防止晶闸管门极的正向过载和反向击穿。

（8）定期对设备进行维护，如清除灰尘、拧紧接触螺钉等。

1.10　常见故障及原因

1．晶闸管在工作中过热的原因

应当从发热和冷却两个方面找原因，主要原因如下。

（1）晶闸管过载。

（2）通态平均电压即管压降偏大。

（3）断态重复峰值电流、反向重复峰值电流，即正、反向断态漏电流偏大。

（4）门极触发功率偏高。

（5）晶闸管与散热器接触不良。

（6）环境温度和冷却介质温度偏高。

（7）冷却介质流速过低。

2．晶闸管在运行中突然损坏的原因

引起晶闸管损坏的原因有很多，下面介绍一些常见的损坏原因。

（1）电流方面的原因。输出端发生短路或过载，而过电流保护不完善，熔断器规格不对，快速性能不合乎要求。输出接电容滤波，触发导通时电流上升率太大，从而造成损坏。

（2）电压方面的原因。没有适当的过电压保护，外界因开关操作、雷击等有过电压侵入或整流电路本身因换相造成换相过电压，或是输出回路突然断开而造成过电压，均可损坏元器件。

（3）元器件自身的原因。元器件特性不稳定，正向电压额定值下降，造成连续的正向转折电压而引起损坏，反向电压额定值下降，引起反向击穿。

（4）门极方面的原因。门极所加最高电压、电流或平均功率超过允许值；门极和阳极发

生短路故障；触发电路有故障，加在门极上的电压太高，门极所加反向电压太大。

（5）散热冷却方面的原因。散热器没拧紧，温升超过允许值，或风机、水冷却泵停转，元器件温升过高使其结温超过允许值，引起内部 PN 结损坏。

1.11 晶闸管的查表选择法

工程上选择晶闸管时，往往不是通过很精确的计算来确定的，而是通过估算、查表等带有一些经验性的简便方式来确定，晶闸管查表选择法就是其中一种。它根据线路形式、电源电压及负载性质等因素，并适当考虑一定的安全裕量，查表选择晶闸管。

额定电压的选择：$U_{TN} = (2\sim3)U_{TM}$。

额定电流的选择：$I_{T(AV)} = (1.5\sim2)KI_d$。

其中，K 为计算系数，K 的取值根据电路工作的实际情况可以通过查表 1.5 得到。

表 1.5　晶闸管额定电压、额定电流选择表

主电路形式	0°	30°	60°	90°	120°	150°
单相半波阻性负载	1.001	1.063	1.202	1.416	1.775	2.541
单相半波感性负载，并接续流管	0.450	0.413	0.367	0.319	0.261	0.183
单相半控桥式阻性负载	0.500	0.530	0.600	0.707	0.885	1.273
单相半控桥式感性负载，并接续流管	0.450	0.413	0.367	0.319	0.261	0.183
单相全控桥式阻性负载	0.500	0.530	0.600	0.707	0.885	1.273
单相全控桥式大电感负载	0.450	0.450	0.450	—	—	—
三相半波阻性负载	0.373	0.400	0.471	0.569	0.846	—
三相半波感性负载	0.367	0.367	0.367	—	—	—
三相半波感性负载，并接续流管	0.367	0.367	0.318	0.259	0.184	
三相半控桥式阻性负载	0.367	0.372	0.397	0.471	0.589	0.846
三相半控桥式感性负载	0.367	0.367	0.367	0.367	0.367	0.367
三相半控桥式感性负载，并接续流管	0.367	0.367	0.367	0.318	0.265	0.184
三相全控桥式阻性负载	0.367	0.374	0.418	0.599	—	—
三相全控桥式感性负载	0.367	0.367	0.367			

例 1　某晶闸管主电路为三相全控桥式整流电路，已知整流变压器二次侧相电压为 140V，负载为直流电动机，最大电流为 466A，试用查表法选择晶闸管。

解：三相全控桥式整流电路中晶闸管承受的峰值电压为 $\sqrt{6}U_2$，所以本电路晶闸管的额定电压为

$$U_{TN} = (2\sim3)U_{TM} = (2\sim3)\sqrt{6}U_2 = (2\sim3)\sqrt{6}\times140 = 686\sim1029V$$

取

$$U_{TN} = 800V$$

晶闸管的额定电流 $I_{T(AV)}$ 可先查表 1.5，相应电流的 $K=0.367$，所以本电路晶闸管的额定电流为

$$I_{T(AV)}=(1.5\sim2)KI_d=(1.5\sim2)\times0.367\times466=257\sim342A$$

取

$$I_{T(AV)}=300A$$

应选用型号规格为 KP300-8 的晶闸管，共计 6 只。

 项目实训　对晶闸管的认识

1. 实训目标

（1）认识晶闸管的外形结构。

（2）掌握晶闸管散热器的拆装方法。

（3）能辨识晶闸管的型号。

（4）掌握晶闸管的测量方法。

2. 实训器材

（1）晶闸管元器件若干，每组一套。

（2）MF47 型万用表，每组一只。

（3）十字螺钉旋具和一字螺钉旋具，每组各一把。

（4）套筒扳手，每组一套。

（5）三相半波可控整流器，每组一台。

3. 实训步骤

操作提示

（1）注意万用表量程的转换，既要保证测量的准确性，又不要损坏晶闸管。

（2）在测量晶闸管门极和阴极间的正反向电阻时，不能用万用表的高阻挡测量，以免万用表内高压电池击穿门极和阴极之间的 PN 结。

【操作步骤 1】　识别晶闸管的属性。

操作要求：如图 1.32 所示，观察晶闸管的外壳封装形式、型号、参数及引脚极性，说明其属性，并将结果填入表 1.6 中。

图 1.32　晶闸管元器件

【操作步骤2】　测量晶闸管的质量。

操作要求：本次实训所提供用的晶闸管不全部是好管子。根据本次任务中所述晶闸管的检测要求和方法，用万用表认真测量晶闸管各引脚之间的电阻值并记录，给出晶闸管质量好坏的结论，将结果填入表 1.6 中。

表 1.6　晶闸管样品记录表

名称	封装形式	型号	主要参数	R_{AK}	R_{KA}	R_{KG}	R_{GK}	质量鉴定	触发能力鉴定
1#管									
2#管									
3#管									
4#管									
5#管									
6#管									

【操作步骤3】　测试晶闸管的触发能力。

操作要求：用镊子或导线将晶闸管的阳极与门极短路，相当于给门极加上正向触发电压，此时若电阻值为几欧姆至几十欧姆（具体阻值根据晶闸管的型号不同会有所差异），则表明晶闸管因正向触发而导通。再断开阳极与门极的连接（阳极、阴极上的表笔不动，只将门极的触发电压断掉），若表针示值仍保持在几欧姆至几十欧姆的位置不动，则说明此晶闸管的触发性能良好。

【操作步骤4】　拆装平板式晶闸管。

相关要求：图 1.33 为带散热器的平板式晶闸管，平板式晶闸管的拆装较困难，应在老师指导下按《电钳工艺》要求进行操作。每人独立完成一次晶闸管拆和装操作，完整地记录晶闸管拆装的顺序及各部分名称。

【操作步骤5】　识别可控整流器中的晶闸管。

相关要求：三相半波可控整流器如图 1.34 所示，指出可控整流器中所使用的晶闸管，说明其外形结构及散热方式。

图 1.33　待拆装晶闸管　　　　　　　　图 1.34　晶闸管可控整流器

4. 实训现象及分析

【实训现象1】　在测量小功率晶闸管的引脚间电阻时，发现门极对阴极的正向电阻非常小，测量结果与图 1.13 类似，而阴极对门极的反向电阻却非常大，测量结果与图 1.14 有很大出入，出现这种测量现象正常吗？

分析结论：小功率晶闸管与大功率晶闸管门极特性有很大不同，对于小功率晶闸管来说，门极特性更接近普通 PN 结特性。由于反向漏电流非常小，因而反向电阻非常大。所以出现上述测量现象是正常的，这是一只好管子。

【实训现象 2】 从外形结构上来看，小功率晶闸管与小功率晶体管十分相似，如果不查看元器件的型号参数，如何区分元器件属性呢？

分析结论：虽然小功率晶闸管与小功率晶体管外形结构相似，但它们的内部结构却截然不同，所以通过测量元器件引脚间阻值，很容易就能把它们区分出来。小功率晶闸管的测量规律：使用 $R \times 10\Omega$ 挡，任意测量元器件引脚间阻值，会发现有一个引脚只对另外一个引脚阻值特别小，而其他情况下测量，元件引脚间阻值都很大。小功率晶闸管的测量规律：使用 $R \times 10\Omega$ 挡，任意测量元器件引脚间阻值，会发现有一个引脚对另外两个引脚阻值都特别小，而其他情况下测量，元器件引脚间阻值都很大。

5. 考核与评价

该项目采取单人逐项考核方法，教师（或是已经考核优秀的学生）对每个同学都要进行如下考核。

（1）能否准确描述实训晶闸管的外部特征？

（2）能否准确读取晶闸管的型号信息？

（3）能否会测量晶闸管并说明其质量好坏？

（4）能否掌握晶闸管散热器的拆装方法？

6. 项目实训报告

项目实训报告内容应包括项目实训目标、项目实训器材、项目实训步骤、晶闸管的型号、电压电流参数、外部结构、散热方式等。

 网上学习

网上学习是培养学生学习能力、创新能力的一种新形式，也是学生获取和扩大专业学习资讯一种重要途径。学习时间在课外，由学生自己灵活掌握，但学习内容和范围则由老师给出要求或建议。

1. 学习课题

（1）我国目前晶闸管大的生产厂商有哪些？这些生产厂商生产的晶闸管系列代号、商标分别是什么？

（2）我国晶闸管有哪些应用？它们有何特点？

（3）上网查找晶闸管的外形图片，下载 5～10 张有代表性的照片用于同学间学习交流。

（4）上网查找并了解变流技术及晶闸管发展史。

（5）进入并参与网上"电力电子技术论坛"，增加感性认识。

2. 学习要求

（1）在学习中要认真记好学习记录，记录可以是纸介质形式，也可以是电子文档形式。记录的内容应包括学习课题中的相关问题答案、搜索网址、多媒体资料等。

（2）每人写出 500 字以内的学习总结或提纲。

（3）学习资讯交流。在每次课前，开展"我知、我会"小交流，挑选有学习"成果"、有代表性的同学进行发言。

 思考题与习题

（1）什么是电力电子技术？它的主要内容是什么？有哪些应用？

（2）晶闸管正常导通的条件是什么？导通后流过晶闸管的电流大小取决于什么？晶闸管的关断条件是什么？如何实现？关断后阳极电压又取决于什么？

（3）晶闸管的外形结构有哪几种？它们的区别和应用场合有什么不同？

（4）晶闸管导通后，移去门极电压，晶闸管是否还能继续导通？为什么？

（5）用万用表怎样区分晶闸管阳极、阴极和门极？判断晶闸管的好坏有哪些简单实用的方法？

（6）温度升高时，晶闸管的触发电流、正反向漏电电流、维持电流及正向转折电压和反向击穿电压将分别如何变化？

（7）有些晶闸管触发导通后，在触发脉冲结束时，它又恢复了关断，这是什么原因？

（8）在测量晶闸管时应注意哪些问题？

（9）晶闸管的电压定额和电流定额的选用原则是什么？

（10）在晶闸管的门极流入几十毫安的小电流可以控制几十甚至几百安阳极大电流的导通，它与晶体管具有的电流放大功能是否一样？为什么？

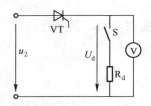
图 1.35 习题（12）附图

（11）有的晶闸管整流设备在夏天工作正常，到了冬天却工作不正常了，为什么？而有的晶闸管整流设备在冬天工作正常，到了夏天却工作不正常了，为什么？

（12）调试图 1.35 所示晶闸管电路，在断开负载 R_d、测量输出电压 U_d 是否正确可调时，发现电压表读数极不正常，接上 R_d 后一切正常，请分析为什么？

（13）型号为 KP100-3、维持电流 I_H=3mA 的晶闸管，使用在图 1.36 所示的三个电路中是否合理？为什么？（不考虑电压、电流裕量）

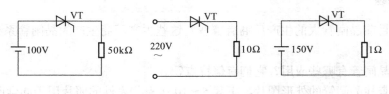
图 1.36 习题（13）附图

（14）说明以下型号晶闸管的区别及主要参数的物理意义？

① KP200-8 与 KP100-8；② KP100-5 与 KS100-5；③ KP300-6 与 3CT300/600。

（15）如图 1.37 所示，试画出负载电阻 R_d 上的电压波形（不考虑管子导通压降与维持电流）。

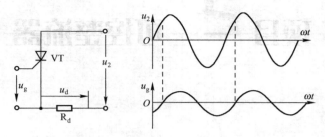

图 1.37 习题（15）附图

（16）电路与波形如图 1.38 所示，试画出负载电阻 R_d 上的电压波形（不考虑管子导通压降与维持电流）？

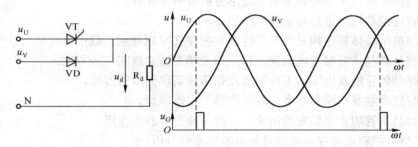

图 1.38 习题（16）附图

（17）指出图 1.39 中① ～ ⑧各保护元件及 VD 与 L_d 的作用。

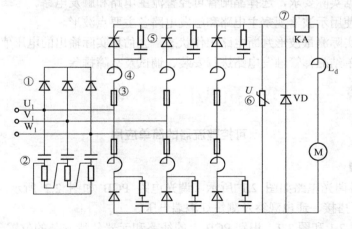

图 1.39 习题（17）附图

（18）晶闸管在实际使用过程中应注意哪些问题？造成晶闸管损坏的原因有哪些？

（19）晶闸管两端并联阻容元件，起哪些保护作用？

（20）已知电阻性负载 R_d=5Ω，采用单相半控桥整流电路，要求输出电压 25～100V 连续可调，试查表选择晶闸管。

项目 2 可控整流器

 预期目标

知识目标：

（1）了解可控整流器的组成及各部分作用。

（2）掌握可控整流主电路的分类、结构及整流工作过程。

（3）掌握可控整流主电路各主要点波形分析及参量计算。

（4）了解可控整流主电路对触发电路的要求。

（5）了解单结晶体管结构及负阻特性，掌握使其可靠导通、截止所需要的条件。

（6）掌握单结晶体管触发电路的工作原理及梯形波实现同步的方法。

（7）掌握晶体管触发电路的工作原理及锯齿波实现同步的方法。

（8）了解集成触发电路和数字式触发电路的工作原理。

（9）了解晶闸管防止误触发的措施，了解脉冲变压器的作用。

（10）了解可控整流装置调试的过程及波形观察分析。

能力目标：

（1）能够根据实际要求，选择晶闸管可控整流主电路和触发电路。

（2）能正确使用示波器观察主电路和触发电路各主要点波形。

（3）能根据实际测量波形判断电路工作状态，会估算实际输出的电压值。

（4）能够对单结晶体管触发电路进行安装、调试及故障排除。

 项目情境

可控整流器的简单应用

【任务描述】

晶闸管简易调光电路如图 2.1 所示，调光电路 PCB 如图 2.2 所示。按实践步骤要求，对电路进行搭接、通电观察及测量灯泡端电压。

（1）对照图 2.1 和图 2.2，识别 PCB 上的线路和元器件待安装的位置。

（2）按表 2.1 所示的元器件清单，核对元器件的型号及数量。

（3）将各元器件安装在图 2.2 所示的 PCB 上。

（4）调光灯上电后，调节可调电阻 R1 值的大小，观察灯 LP1 亮度的变化情况；用万用表分时测量输出电压的数值；判断调光电路工作是否正常。

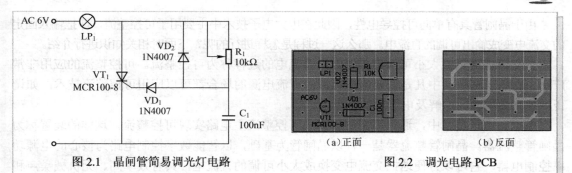

图 2.1　晶闸管简易调光灯电路　　　　　　　　图 2.2　调光电路 PCB

【实验条件】

电气实验台（包含交流调压电源、元器件及连接导线）、万用表、焊接工具。元器件清单如表 2.1 所示。

【活动提示】

电路搭接完成后，必须检查各元器件引脚极性安装的是否正确，检查电位器是否旋于中值，最后经老师检查通过后方可通电。

表 2.1　元器件清单

序号	符号	名称及规格	电气符号	实物图	安装要求	注意事项
1	VT_1	普通晶闸管 MCR100-8			水平安装 紧贴板面 剪脚留头 1mm	引脚判别
2	VD_1	普通二极管 1N4007			水平安装 紧贴板面 剪脚留头 1mm	引脚判别
3	VD_2	普通二极管 1N4007				
4	R_1	电位器 10kΩ			垂直安装 剪脚留头 1mm	旋于中值
5	C_1	瓷片电容 100nF			垂直安装 剪脚留头 1mm	标示朝外
6	LP_1	电珠 6.3V			垂直安装 剪脚留头 1mm	螺纹上紧

【课堂讨论】

问题：调光灯上电后，灯泡的亮度能随电位器的调节做明暗变化，为什么？

答案：因为调节电位器的阻值改变了晶闸管的导通时间，使得灯泡的端电压发生了变化，所以灯泡的亮度出现明暗变化。

由于晶闸管具有单向可控导电性，因此在电力电子技术中主要用于可控整流，即把输入固定的交流电变成输出可调的直流电。那么这一过程是怎样进行的呢？下面对相关知识进行介绍。

把交流电变换成大小可调的单一方向直流电的过程称为可控整流。可控整流的应用非常广泛，在生产和生活中凡是需要电压可调的直流电源的场合都可以应用可控整流技术，如调压调速直流电源、电解及电镀用的直流电源等。

在电力电子技术中，通常用晶闸管构成可控整流主电路实现可控整流，这样的装置称为晶闸管整流器。晶闸管整流器是一种以晶闸管为基础，以智能数字控制电路为核心的电源功率控制电器，它可以方便地把交流电变换成大小可调的直流电，具有效率高、无机械噪声和磨损、响应速度快、体积小、重量轻等诸多优点。

1. 可控整流器的组成

晶闸管可控整流器的原理框图如图 2.3 所示，主要由整流变压器 TR、同步变压器 TS、晶闸管主电路、触发电路、负载等几部分组成。

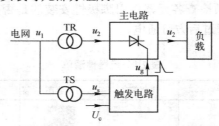

图 2.3　晶闸管可控整流器的原理框图

整流器的输入端一般通过整流变压器 TR 接在交流电网上，输入电压固定的交流电；输出端一般直接带负载，输出的直流电压可在一定范围内变化，负载可以是电阻性负载（如电炉、电热器、电焊机和白炽灯等）、大电感性负载（如直流电动机的励磁绕组、滑差电动机的电枢线圈等）及反电势负载（如直流电动机的电枢反电势、充电状态下的蓄电池等）。

1）整流变压器 TR 的作用

（1）整流变压器的变比通常是 1:1，主要用来隔离晶闸管主电路工作时产生的谐波，防止谐波侵入电网，造成电网"污染"。为了最大限度地隔离谐波，三相整流变压器通常接成△/Y—11。

（2）调节交流侧输入电压，满足晶闸管主电路电压定额要求。

2）同步变压器 TS 的作用

输出同步信号，使触发电路产生的触发脉冲与晶闸管主电路输入的交流电压保持频率和相位上的同步关系。

3）主电路的作用

通过主电路中的晶闸管限定电流流通的路径和导通时间，从而控制输出侧输出可调的直流电压。

4）触发电路的作用

产生可移相的触发脉冲，只要改变触发电路所提供的触发脉冲到来的时刻，就能改变晶闸管在交流电压 u_2 一个周期内导通的时间，从而调节负载上得到的直流电压平均值的大小。

2. 可控整流器的分类

可控整流电路种类很多，按晶闸管整流器所取用的电源和电路结构，可分类如下。

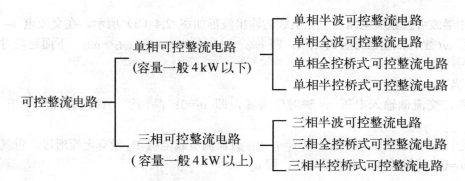

可控整流电路
- 单相可控整流电路（容量一般4kW以下）
  - 单相半波可控整流电路
  - 单相全波可控整流电路
  - 单相全控桥式可控整流电路
  - 单相半控桥式可控整流电路
- 三相可控整流电路（容量一般4kW以上）
  - 三相半波可控整流电路
  - 三相全控桥式可控整流电路
  - 三相半控桥式可控整流电路

 项目资讯1　单相可控整流电路

2.1　单相半波可控整流电路

2.1.1　电阻性负载分析

1.　电阻性负载特点

电阻性负载在日常生活和工业生产中都比较常见，如电炉、白炽灯等均属于电阻性负载。这类负载的特点是电压与电流成正比、波形同相位，两者均允许突变。

2.　波形分析

如图 2.4（a）所示，单相半波可控整流主电路由晶闸管 VT、负载电阻 R_d 和单相整流变压器 TR 组成。整流变压器二次电压、电流有效值下标用 2 表示，电路输出电压电流平均值用下标 d 表示，交流正弦电压波形的横坐标为电角度 ωt。

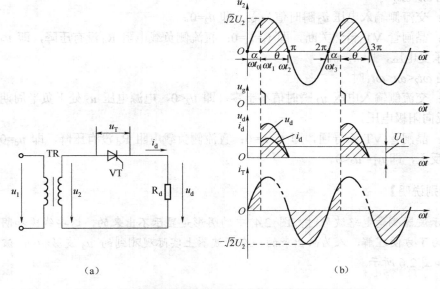

图 2.4　单相半波可控整流电路电阻性负载及其输出波形

单相半波可控整流电路电阻性负载的输出波形如图 2.4（b）所示。在交流电 u_2 一个周期内，用 ωt 坐标点将波形分为三段，即 $\omega t_0 \sim \omega t_1$、$\omega t_1 \sim \omega t_2$、$\omega t_2 \sim \omega t_3$，下面逐段对波形进行分析。

1）当 $\omega t = \omega t_0$ 时

条件：交流侧输入电压 u_2 瞬时值为零，即 $u_2 = 0$；晶闸管门极没有触发电压 u_g，即 $u_g = 0$。

结论：晶闸管 VT 不导通，即 $i_T = i_d = 0$；直流侧负载电阻 R_d 没有电流通过，也就没有压降，即 $u_d = 0$；晶闸管 VT 不承受电压，即 $u_T = 0$。

2）当 $\omega t_0 < \omega t < \omega t_1$ 时

条件：交流侧输入电压 u_2 瞬时值大于零，即 $u_2 > 0$，电源电压 u_2 处于正半周期，晶闸管 VT 承受正向阳极电压，但此段晶闸管 VT 门极仍然没有触发电压 u_g，即 $u_g = 0$。

结论：晶闸管 VT 不导通，即 $i_T = i_d = 0$；直流侧负载电阻 R_d 没有压降，即 $u_d = 0$；晶闸管承受电源正压，即 $u_T = u_2 > 0$。

3）当 $\omega t = \omega t_1$ 时

条件：交流侧输入电压 u_2 瞬时值大于零，即 $u_2 > 0$，电源电压 u_2 处于正半周期，晶闸管 VT 承受正向阳极电压，此时晶闸管 VT 门极有触发电压 u_g，即 $u_g > 0$。

结论：晶闸管 VT 导通，即 $i_T = i_d > 0$；直流侧负载电阻 R_d 产生压降，即 $u_d = u_2 > 0$；晶闸管通态压降近似为零，即 $u_T = 0$。

4）当 $\omega t_1 < \omega t < \omega t_2$ 时

条件：晶闸管 VT 已经导通，交流侧输入电压 u_2 瞬时值大于零，即 $u_2 > 0$，电源电压 u_2 仍处于正半周期，晶闸管 VT 继续承受正向阳极电压。

结论：晶闸管 VT 继续导通，即 $i_T = i_d > 0$；直流侧负载电阻 R_d 产生压降，即 $u_d = u_2 > 0$；晶闸管通态压降近似为零，即 $u_T = 0$。

5）当 $\omega t = \omega t_2$ 时

条件：交流侧输入电压 u_2 瞬时值为零，即 $u_2 = 0$。

结论：晶闸管 VT 自然关断，即 $i_T = i_d = 0$；直流侧负载电阻 R_d 没有压降，即 $u_d = 0$；晶闸管 VT 不承受电压，即 $u_T = 0$。

6）当 $\omega t_2 < \omega t < \omega t_3$ 时

条件：交流侧输入电压 u_2 瞬时值小于零，即 $u_2 < 0$，电源电压 u_2 处于负半周期，晶闸管 VT 承受反向阳极电压。

结论：晶闸管 VT 不导通，即 $i_T = i_d = 0$；直流侧负载电阻 R_d 没有压降，即 $u_d = 0$；晶闸管承受电源反压，即 $u_T = u_2 < 0$。

【特别说明】

在用示波器测量电路波形时，图 2.4 中的阴影是显示不出来的，这些线段和阴影是在波形分析时为了方便理解，人为画出来的。在示波器上实际观测到的 u_d 波形和 u_T 波形，分别如图 2.5 和图 2.6 所示。

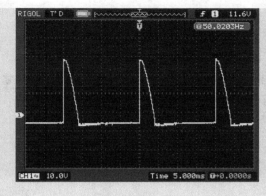

图 2.5　u_d 实测波形

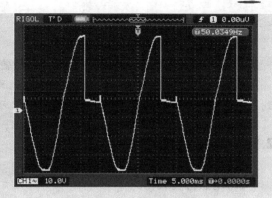

图 2.6　u_T 实测波形

3. 重要定义

1）控制角

从晶闸管开始承受正向阳极电压起到晶闸管导通，这段期间所对应的电角度称为控制角（也称为移相角），用 α 表示。在图 2.4 中，对应 $\omega t_0 < \omega t < \omega t_1$ 段。

 【课堂讨论】

问题：在单相可控整流电路中，控制角的起点如何确定？

答案：在单相可控整流电路中，控制角的起点一定是交流相电压的过零变正点，因为这点是晶闸管承受正向阳极电压的最早点，从这点开始晶闸管承受正压。

2）导通角

晶闸管在一个周期内导通的电角度称为导通角，用 θ_T 表示。在图 2.4 中，对应 $\omega t_1 < \omega t < \omega t_2$ 段。在阻性负载的单相半波电路中，α 与 θ_T 的关系为 $\alpha + \theta_T = \pi$。

3）移相

改变 α 的大小即改变触发脉冲在每个周期内出现的时刻，称为移相。移相的目的是为了改变晶闸管的导通时间，最终改变直流侧输出电压的平均值，这种控制方式称为相控。

4）移相范围

在晶闸管承受正向阳极电压时，α 的变化范围称为移相范围。显然，在阻性负载的单相半波电路中，α 的变化范围为 $0 < \alpha < \pi$。

4. 主要参量的计算

（1）输出端直流电压。

输出端的直流电压是以平均值来衡量的，可由下式表达：

$$U_d = 0.45 U_2 \frac{1 + \cos \alpha}{2} \tag{2-1}$$

（2）晶闸管承受的最大电压为 $\sqrt{2}\, U_2$。

（3）移相范围为 $0 \sim \pi$。

【课堂讨论】

问题：在可控整流电路中，控制角 α 对输出端 U_d 产生什么影响？

答案：当控制角 α 从 π 向零方向变化，即触发脉冲向左移动时，负载直流电压 U_d 从零到 $0.45\,u_2$ 之间连续变化，达到直流电压连续可调的目的。

2.1.2 电感性负载分析

1. 电感性负载特点

在工业生产中，有很多负载既具有阻性又具有感性，如直流电机的绕组线圈、输出串接电抗器等。当负载的感抗 ωL_d 和负载电阻 R_d 的大小相比不可忽略时，这种负载称为电感性负载。当 $\omega L_d \geqslant 10\,R_d$ 时，此时的负载称为大电感负载。

根据电工原理我们知道：电感性负载对变化的电流具有抗拒作用，负载电流与电压有相位差，通常是电压相位超前、电流滞后，电压允许突变，而电流不允许突变。

【特别说明】

电感性负载实际上是感性和阻性的统一整体，但为了便于分析，在电路中通常把电感 L_d 与电阻 R_d 人为分开，如图 2.7 所示。

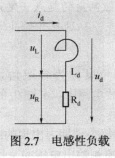

图 2.7　电感性负载

2. 波形分析

单相半波可控整流电路电感性负载如图 2.8（a）所示，其输出波形如图 2.8（b）所示。在交流电 u_2 一个周期内，用 ωt 坐标点将波形分为五段，即 $\omega t_0 \sim \omega t_1$、$\omega t_1 \sim \omega t_2$、$\omega t_2 \sim \omega t_3$、$\omega t_3 \sim \omega t_4$、$\omega t_4 \sim \omega t_5$，下面逐段对波形分析如下。

1）当 $\omega t=\omega t_0$ 时

条件：交流侧输入电压 u_2 瞬时值为零，即 $u_2=0$；晶闸管门极没有触发电压 u_g，即 $u_g=0$。

结论：晶闸管 VT 不导通，即 $i_T=i_d=0$；直流侧负载没有电流通过，也就没有压降，即 $u_d=0$；晶闸管 VT 不承受电压，即 $u_T=0$。

2）当 $\omega t_0<\omega t<\omega t_1$ 时

条件：交流侧输入电压 u_2 瞬时值大于零，即 $u_2>0$，电源电压 u_2 处于正半周期，晶闸管

VT 承受正向阳极电压，但晶闸管 VT 门极仍没有触发电压 u_g，即 $u_g=0$。

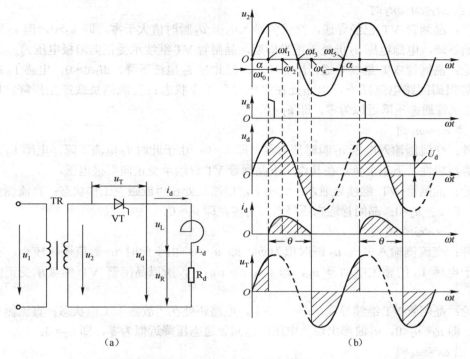

图 2.8 单相半波可控整流电路电感性负载及其输出波形

结论：晶闸管 VT 不导通，即 $i_T=i_d=0$；直流侧负载没有压降，即 $u_d=0$；晶闸管承受电源正压，即 $u_T=u_2>0$。

3）当 $\omega t=\omega t_1$ 时

条件：交流侧输入电压 u_2 瞬时值大于零，即 $u_2>0$，电源电压 u_2 处于正半周期，晶闸管 VT 承受正向阳极电压，晶闸管 VT 门极有触发电压 u_g，即 $u_g>0$。

结论：晶闸管 VT 导通，由于电感 L_d 对电流的变化具有抗拒作用，此时是阻碍回路电流增大，所以 i_T 不能突变，只能从零值开始逐渐增大，即 $i_T=i_d>0\uparrow$；直流侧负载产生压降，即 $u_d=u_2>0$，u_d 产生突变；晶闸管通态压降近似为零，即 $u_T=0$。

4）当 $\omega t_1<\omega t<\omega t_2$ 时

条件：晶闸管 VT 已经导通，交流侧输入电压 u_2 瞬时值大于零，即 $u_2>0$，电源电压 u_2 仍处于正半周期，晶闸管 VT 继续承受正向阳极电压。

结论：晶闸管 VT 继续导通，即 $i_T=i_d>0\uparrow$，在此期间电源不但向 R_d 供给能量而且还供给 L_d 能量，电感储存了磁场能量，磁场能量 $W_L=\frac{1}{2}L_d i_d^2$，$di_T/dt>0$，电路处在"充磁"的工作状态；直流侧负载产生压降，即 $u_d=u_2>0$；晶闸管通态压降近似为零，即 $u_T=0$。

5）当 $\omega t=\omega t_2$ 时

条件：晶闸管 VT 已经导通，交流侧输入电压 u_2 瞬时值大于零，即 $u_2>0$，电源电压 u_2 仍处于正半周期，晶闸管 VT 继续承受正向阳极电压。

结论：晶闸管 VT 继续导通，$i_T=i_d>0$，但此时 i_T 电流不再增大，$di_T/dt=0$，电路"充磁"

过程结束；直流侧负载产生压降，即 $u_d=u_2>0$；晶闸管通态压降近似为零，即 $u_T=0$。

6）当 $\omega t_2<\omega t<\omega t_3$ 时

条件：晶闸管 VT 已经导通，交流侧输入电压 u_2 瞬时值大于零，即 $u_2>0$，但 u_2 瞬时值已经开始下降，电源电压 u_2 仍处于正半周期，晶闸管 VT 继续承受正向阳极电压。

结论：晶闸管 VT 继续导通，$i_T=i_d>0\downarrow$，但此时 i_T 电流下降，$di_T/dt<0$，电感 L_d 产生感生电动势阻碍回路电流减小，电路处在"放磁"工作状态；直流侧负载产生压降，即 $u_d=u_2>0$；晶闸管通态压降近似为零，即 $u_T=0$。

7）当 $\omega t=\omega t_3$ 时

条件：交流侧输入电压 u_2 瞬时值为零，即 $u_2=0$；由于此时 i_T 电流下降，电感 L_d 产生感生电动势，极性是下正上负，在其作用下晶闸管 VT 继续承受正向阳极电压。

结论：晶闸管 VT 继续导通，$i_T=i_d>0\downarrow$，电路还处在"放磁"工作状态；直流侧负载产生压降，即 $u_d=u_2=0$；晶闸管通态压降近似为零，即 $u_T=0$。

8）当 $\omega t_3<\omega t<\omega t_4$ 时

条件：交流侧输入电压 u_2 瞬时值为负，即 $u_2<0$；由于此时 u_2 数值还比较小，在数值上还小于电感 L_d 的感生电动势 u_L，即 $|u_L|>|u_2|$，所以晶闸管 VT 继续承受正向阳极电压。

结论：晶闸管 VT 继续导通，$i_T=i_d>0\downarrow$，电路还处在"放磁"工作状态；直流侧负载产生压降，即 $u_d=u_2<0$，u_d 波形出现负电压；晶闸管通态压降近似为零，即 $u_T=0$。

9）当 $\omega t=\omega t_4$ 时

条件：交流侧输入电压 u_2 瞬时值为负，即 $u_2<0$；由于此时 u_2 数值还比较大，在数值上等于电感 L_d 的感生电动势 u_L，即 $|u_L|=|u_2|$，所以晶闸管 VT 不承受电压。

结论：晶闸管 VT 自然关断，即 $i_T=i_d=0$，电路"放磁"过程结束；直流侧负载没有压降，即 $u_d=0$；晶闸管 VT 不承受电压，即 $u_T=0$。

10）当 $\omega t_4<\omega t<\omega t_5$ 时

条件：交流侧输入电压 u_2 瞬时值为负，即 $u_2<0$，电源电压 u_2 处于负半周期，晶闸管 VT 承受反向阳极电压。

结论：晶闸管 VT 不导通，即 $i_T=i_d=0$；直流侧负载没有压降，即 $u_d=0$；晶闸管承受电源反压，即 $u_T=u_2<0$。

 【课堂讨论】

问题1：在可控整流电路中，电感性负载为何要宽脉冲触发？脉冲的宽度是多少？

答案：由于电感性负载电流不能突变，当晶闸管触发导通后，阳极电流上升较缓慢，故要求触发脉冲宽些，以免阳极电流尚未升到晶闸管擎住电流时，触发脉冲已消失，晶闸管无法导通，脉宽一般不应小于20°或1ms。

问题2：在单相半波可控整流电路中，电感对输出电压 U_d 产生什么影响？

答案：由于电感的存在使负载电压波形出现部分负电压波形，且电感量越大，晶闸管导通角也越大。当电感量继续增大，电压波形的负面积就能接近正面积，使整流输出电压值接近于零。因此当接大电感负载时，不管 α 如何变化 U_d 总是很小，电路没有输出。

2.1.3 续流分析

在带有大电感负载时，单相半波可控整流电路正常工作的关键是及时关断晶闸管，使负载端不出现负电压波形，因此要设法在电源电压 u_2 负半周期时，使晶闸管 VT 承受反压而关断。解决的办法是在负载两端并联一个二极管，其极性如图 2.9 所示，由于该二极管是为电感性负载在晶闸管关断时刻提供续流回路，故此二极管称为续流二极管，简称续流管。

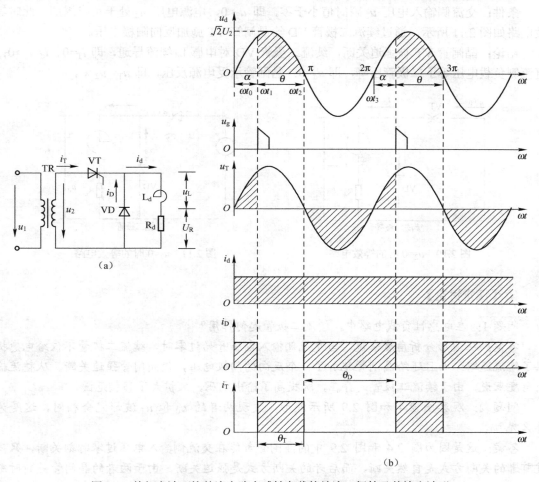

图 2.9 单相半波可控整流电路电感性负载接续流二极管及其输出波形

1．波形分析

1）当 $\omega t_1 < \omega t < \omega t_2$ 时

条件：晶闸管 VT 已经导通，交流侧输入电压 u_2 瞬时值大于零，即 $u_2 > 0$，电源电压 u_2 仍处于正半周期，晶闸管 VT 继续承受正向阳极电压。

结论：晶闸管 VT 继续导通，即 $i_T > 0$；直流侧负载产生压降，即 $u_d = u_2 > 0$，续流二极管 VD 承受反压不导通，负载上电压波形与不加二极管 VD 时相同；晶闸管通态压降近似为零，即 $u_T = 0$。

2）当 $\omega t=\omega t_2$ 时

条件：交流侧输入电压 u_2 瞬时值为零，即 $u_2=0$。此时等效电路如图 2.10 所示，续流二极管 VD 与晶闸管 VT 并联，同时对电感 L_d 续流。

结论：晶闸管 VT 及续流二极管 VD 都导通，即 $i_d=i_T+i_D$；直流侧负载电压等于管压降，即 $u_d=0$；晶闸管通态压降近似为零，即 $u_T=0$。

3）当 $\omega t_2<\omega t<\omega t_3$ 时

条件：交流侧输入电压 u_2 瞬时值小于零，即 $u_2<0$，电源电压 u_2 处于负半周期。此时等效电路如图 2.11 所示，通过续流二极管 VD 给晶闸管 VT 施加反向阳极电压。

结论：晶闸管 VT 被强迫关断，续流二极管 VD 对电感 L_d 续流导通，即 $i_T=0$、$i_d=i_D>0$；直流侧负载电压等于二极管压降，即 $u_d=0$；晶闸管承受电源反压，即 $u_T=u_2<0$。

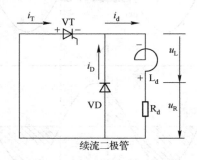
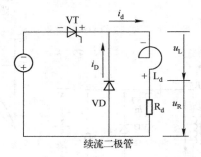

图 2.10　$u_2=0$ 时的等效电路　　　　图 2.11　$u_2<0$ 时的等效电路

【课堂讨论】

问题 1：在电感性负载电路中，续流二极管起何作用？

答案：从波形分析角度来说，当交流侧输入电压开始过零时，续流二极管不仅给电感提供了续流通路；而且还给晶闸管施加了一个反向的阳极电压，使晶闸管强迫关断。从整流输出角度来说，由于续流二极管的存在，既提高了输出电压，又扩大了移相范围。

问题 2：观察图 2.4 和图 2.9 所示波形，发现两者的 u_d 和 u_T 波形完全相同，这是为什么呢？

答案：这是因为图 2.4 和图 2.9 中的晶闸管都能在交流侧输入电压过零时刻关断，只不过前者的关断方式是自然关断，而后者的关断方式是强迫关断，由于两者的晶闸管关断时刻相同，所以两者的 u_d 和 u_T 波形就应该完全相同。

2. 基本数量关系

（1）输出端直流电压：

输出端的直流电压是以平均值来衡量的，可由下式表达：

$$U_d = 0.45U_2\frac{1+\cos\alpha}{2} \tag{2-2}$$

（2）晶闸管承受的最大电压为 $\sqrt{2}\,U_2$。

（3）移相范围为 $0\sim\pi$。

【故障分析】

问题：某小型发电机采用图 2.12 所示方式励磁，当原动机带动发电机旋转时，发现发电机工作不正常，没有三相电压的输出。经检查熔断器、晶闸管正常，问出现这种情况的原因是什么？

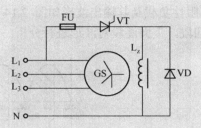

图 2.12　同步发电机自励电路

答案：因为该发电机的励磁电流是通过 L_1 相电源经单相半波可控整流获得，而励磁绕组属于感性负载，所以该可控整流电路必须使用续流二极管。出现这种情况的原因是续流二极管损坏（断路）或者是在续流二极管的连接点上接触不良，造成发电机无励磁，所以发电机工作不正常。

【电路评价】

单相半波可控整流电路的优点是线路简单、调整方便、容易实现；但直流输出脉动大，每个周期只脉动一次。整流变压器二次侧流过单方向电流，存在利用率低、直流磁化的问题，为使整流变压器不饱和，必须增大铁芯截面，这样就导致设备容量增大。

2.2　单相全波可控整流电路

2.2.1　电路结构特点

从主电路结构形式上来看，单相全波可控整流电路相当于两个单相半波可控整流电路的组合，如图 2.13 所示，因此该电路又称为单相双半波可控整流电路。由于这两个半波电路的电源相位相差 180°，所以在全波电路中，晶闸管门极触发信号的相位也必须保持 180° 相差。

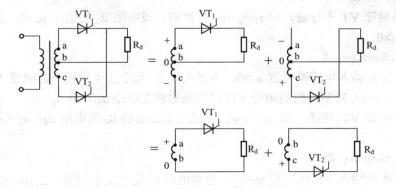

图 2.13　单相全波可控整流电路结构示意图

2.2.2 电阻性负载分析

1. 波形分析

单相全波可控整流电路电阻性负载及其输出波形如图 2.14 所示。在交流电 u_2 一个周期内，用 ωt 坐标点将波形分为四段，下面逐段对波形进行分析。

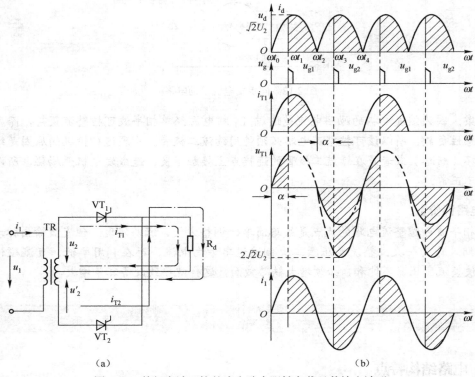

图 2.14　单相全波可控整流电路电阻性负载及其输出波形

1）当 $\omega t_0 \leqslant \omega t < \omega t_1$ 时

条件：交流侧输入电压瞬时值 $u_2 \geqslant 0$，电源电压 u_2 处于正半周期，但晶闸管 VT 门极没有触发电压 u_g，即 $u_g = 0$。

结论：晶闸管 VT 不导通，即 $i_T = i_d = 0$；直流侧负载电阻 R_d 的电压 $u_d = 0$；晶闸管 VT_1 承受电压 $u_{T1} = u_2 > 0$。

2）当 $\omega t_1 \leqslant \omega t < \omega t_2$ 时

条件：交流侧输入电压瞬时值 $u_2 > 0$，电源电压 u_2 处于正半周期；晶闸管 VT_1 承受正向阳极电压；在 $\omega t = \omega t_1$ 时刻，给晶闸管 VT_1 门极施加触发电压 u_{g1}，即 $u_{g1} > 0$。

结论：晶闸管 VT_1 导通，即 $i_{T1} = i_d > 0$；直流侧负载电阻 R_d 的电压 $u_d = u_2 > 0$；晶闸管 VT_1 压降 $u_{T1} = 0$。

3）当 $\omega t_2 \leqslant \omega t < \omega t_3$ 时

条件：交流侧输入电压瞬时值 $u_2 \leqslant 0$，电源电压 u_2 处于负半周期；在 $\omega t = \omega t_2$ 时，晶闸管 VT_1 自然关断。

结论：晶闸管 VT 不导通，即 $i_T=i_d=0$；直流侧负载电阻 R_d 的电压 $u_d=0$；晶闸管 VT_1 承受电压 $u_{T1}=u_2≤0$。

4）当 $ωt_3≤ωt<ωt_4$ 时

条件：交流侧输入电压瞬时值 $u_2≤0$，电源电压 u_2 处于负半周期，晶闸管 VT_2 承受正向阳极电压；在 $ωt=ωt_3$ 时刻，给晶闸管 VT_2 门极施加触发电压 u_{g2}，即 $u_{g2}>0$。

结论：晶闸管 VT_2 导通，即 $i_{T2}=i_d>0$；直流侧负载电阻 R_d 的电压 $u_d=|u_2|>0$；晶闸管 VT_1 压降 $u_{T1}=2u_2<0$。

2．基本数量关系

（1）输出端直流电压：

$$U_d=0.9U_2\frac{1+\cos\alpha}{2} \tag{2-3}$$

（2）晶闸管可能承受的最大正电压为 $\sqrt{2}\,U_2$、最大反向电压为 $2\sqrt{2}\,U_2$。

（3）移相范围为 $0\sim\pi$。

2.2.3 电感性负载分析

1．波形分析

单相全波可控整流电路电感性负载及其输出波形如图 2.15 所示。在交流电 u_2 一个周期内，用 $ωt$ 坐标点将波形分为四段，下面逐段对波形分析如下。

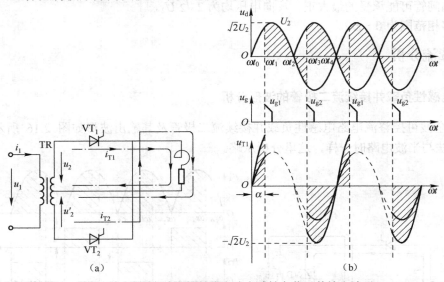

图 2.15 单相全波可控整流电路电感性负载及其输出波形

1）当 $ωt_1≤ωt<ωt_2$ 时

条件：交流侧输入电压瞬时值 $u_2>0$，电源电压 u_2 处于正半周期；晶闸管 VT_1 承受正向阳极电压；在 $ωt=ωt_1$ 时刻，给晶闸管 VT_1 门极施加触发电压 u_{g1}，即 $u_{g1}>0$。

结论：晶闸管 VT_1 导通，即 $i_{T1}=i_d>0$ ↑；直流侧负载的电压 $u_d=u_2>0$；晶闸管 VT_1 压降 $u_{T1}=0$。

2）当 $\omega t_2 \leqslant \omega t < \omega t_3$ 时

条件：交流侧输入电压瞬时值 $u_2 \leqslant 0$，电源电压 u_2 处于负半周期；在此期间电感 L_d 产生的感生电动势 u_L 极性是下正上负，且 $u_{T1} = |u_L| - |u_2| > 0$，晶闸管 VT_1 继续承受正向阳极电压。

结论：晶闸管 VT_1 导通，即 $i_{T1} = i_d > 0$ ↓；直流侧负载的电压 $u_d = u_2 < 0$；晶闸管 VT_1 压降 $u_{T1} = 0$。

3）当 $\omega t_3 \leqslant \omega t < \omega t_4$ 时

条件：交流侧输入电压瞬时值 $u_2 \leqslant 0$，电源电压 u_2 处于负半周期，晶闸管 VT_2 承受正向阳极电压；在 $\omega t = \omega t_3$ 时刻，给晶闸管 VT_2 门极施加触发电压 u_{g2}，即 $u_{g2} > 0$。

结论：晶闸管 VT_2 导通，即 $i_{T2} = i_d > 0$ ↑；直流侧负载的电压 $u_d = |u_2| > 0$；晶闸管 VT_1 压降 $u_{T1} = 2u_2 < 0$。

4）当 $\omega t_0 \leqslant \omega t < \omega t_1$ 时

条件：交流侧输入电压瞬时值 $u_2 \geqslant 0$，电源电压 u_2 处于正半周期，在此期间电感 L_d 产生的感生电动势 u_L 极性是下正上负，且 $u_{T1} = |u_L| - |u_2| > 0$，晶闸管 VT_2 继续承受正向阳极电压。

结论：晶闸管 VT_2 导通，即 $i_{T2} = i_d > 0$ ↓；直流侧负载的电压 $u_d = -u_2 < 0$；晶闸管 VT_1 压降 $u_{T1} = 2u_2 > 0$。

2．基本数量关系

1）输出端直流电压：

$$U_d = 0.9 U_2 \cos \alpha \qquad (2-4)$$

2）晶闸管可能承受的最大正、反向电压均为 $2\sqrt{2}\,U_2$。

3）移相范围为 $0 \sim \pi/2$。

2.2.4　续流分析

1．电感性负载并接续流二极管的波形分析

单相全波可控整流电路电感性负载并接续流二极管及其输出波形如图 2.16 所示。其波形分析方法与半波电路时一样，这里分析从略。

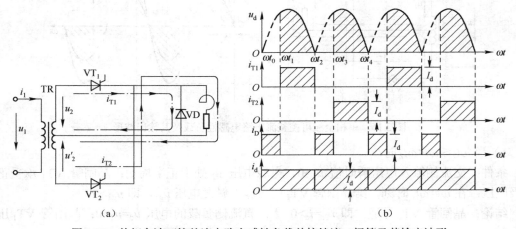

图 2.16　单相全波可控整流电路电感性负载并接续流二极管及其输出波形

2. 基本数量关系

（1）输出端直流电压：

$$U_d = 0.9U_2\frac{1+\cos\alpha}{2}$$

（2）晶闸管可能承受的最大正电压为 $\sqrt{2}\,U_2$、最大反向电压为 $2\sqrt{2}\,U_2$。

（3）移相范围为 $0\sim\pi$。

【电路评价】

单相全波可控整流电路具有输出电压脉动小、平均电压高及整流变压器没有直流磁化等优点。但该电路一定要配备有中心抽头的整流变压器，变压器二次侧抽头的上、下绕组利用率很低，最多只能工作半个周期，变压器设置容量仍未充分利用，并且晶闸管承受电压较高。

2.3 单相全控桥式可控整流电路

2.3.1 电路结构特点

1. 桥臂组成

单相全控桥式可控整流主电路如图 2.17 所示，其中晶闸管 VT$_1$ 与 VT$_2$ 共阴极连接，晶闸管 VT$_3$ 与 VT$_4$ 共阳极连接，构成 VT$_1$、VT$_3$ 和 VT$_2$、VT$_4$ 两个整流桥臂（电流流通路径）。

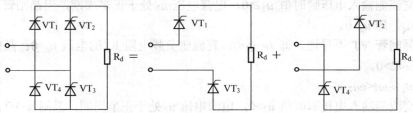

图 2.17 单相全控桥式可控整流主电路

2. 触发要求

（1）因为每个整流桥臂都是由两个晶闸管串联构成的，所以要想使桥臂能够形成电流通路，就必须保证属于同一桥臂上的两个晶闸管同时被触发导通。因此，触发脉冲 u_{g1} 与 u_{g3}、u_{g2} 与 u_{g4} 必须成对同时出现。

（2）由于两个桥臂上的电源相位相差 180°，所以两组门极触发信号的相位间隔也应保持 180°。

2.3.2 电阻性负载分析

1. 波形分析

单相全控桥式可控整流电路电阻性负载及其输出波形如图 2.18 所示。在交流电 u_2 一个周期内，用 ωt 坐标点将波形分为四段，下面对波形逐段进行分析。

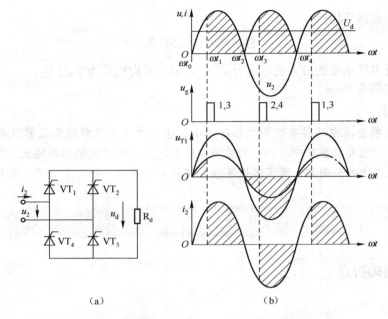

（a）　　　　　　　　　　（b）

图 2.18　单相全控桥式可控整流电路电阻性负载及其输出波形

1）当 $\omega t_0 \leqslant \omega t < \omega t_1$ 时

条件：交流侧输入电压瞬时值 $u_2 \geqslant 0$，电源电压 u_2 处于正半周期，但晶闸管 VT 门极没有触发电压 u_g，即 $u_g = 0$。

结论：晶闸管 VT 不导通，即 $i_T = i_d = 0$；直流侧负载电阻 R_d 的电压 $u_d = 0$；晶闸管 VT_1 承受电压 $u_{T1} = u_2/2 > 0$。

2）当 $\omega t_1 \leqslant \omega t < \omega t_2$ 时

条件：交流侧输入电压瞬时值 $u_2 > 0$，电源电压 u_2 处于正半周期；晶闸管 VT_1、VT_3 承受正向阳极电压；在 $\omega t = \omega t_1$ 时刻，给晶闸管 VT_1、VT_3 门极施加触发电压 u_{g1}、u_{g3}，即 $u_{g1} > 0$、$u_{g3} > 0$。

结论：晶闸管 VT_1、VT_3 导通，即 $i_{T1} = i_{T3} = i_d > 0$；直流侧负载电阻 R_d 的电压 $u_d = u_2 > 0$；晶闸管 VT_1 压降 $u_{T1} = 0$。

3）当 $\omega t_2 \leqslant \omega t < \omega t_3$ 时

条件：交流侧输入电压瞬时值 $u_2 \leqslant 0$，电源电压 u_2 处于负半周期；在 $\omega t = \omega t_2$ 时刻，晶闸管 VT_1、VT_3 自然关断。

结论：晶闸管 VT 不导通，即 $i_T = i_d = 0$；直流侧负载电阻 R_d 的电压 $u_d = 0$；晶闸管 VT_1 承受电压 $u_{T1} = u_2/2 \leqslant 0$。

4）当 $\omega t_3 \leqslant \omega t < \omega t_4$ 时

条件：交流侧输入电压瞬时值 $u_2 \leqslant 0$，电源电压 u_2 处于负半周期，晶闸管 VT_2、VT_4 承受正向阳极电压；在 $\omega t = \omega t_3$ 时刻，给晶闸管 VT_2、VT_4 门极施加触发电压 u_{g2}、u_{g4}，即 $u_{g2} > 0$、$u_{g4} > 0$。

结论：晶闸管 VT_2、VT_4 导通，即 $i_{T2} = i_{T4}=i_d>0$；直流侧负载电阻 R_d 的电压 $u_d=|u_2|>0$；晶闸管 VT_1 压降 $u_{T1}=u_2<0$。

2．基本数量关系

（1）输出端直流电压：

$$U_d = 0.9U_2\frac{1+\cos\alpha}{2} \tag{2-5}$$

（2）晶闸管可能承受的最大正、反向电压均为 $\sqrt{2}\,U_2$，移相范围为 $0\sim\pi$。

2.3.3 电感性负载分析

1．波形分析

单相全控桥式可控整流电路电感性负载及其输出波形如图 2.19 所示。在交流电 u_2 一个周期内，用 ωt 坐标点将波形分为四段，下面对波形逐段进行分析。

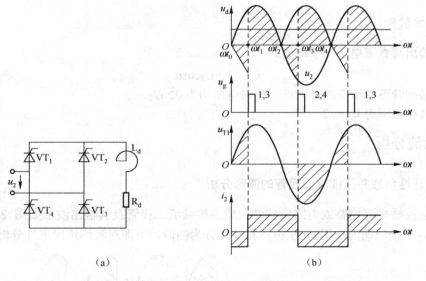

图 2.19 单相全控桥式可控整流电路电感性负载及其输出波形

1）当 $\omega t_1 \leqslant \omega t < \omega t_2$ 时

条件：交流侧输入电压瞬时值 $u_2>0$，电源电压 u_2 处于正半周期；晶闸管 VT_1、VT_3 承受正向阳极电压；在 $\omega t=\omega t_1$ 时刻，给晶闸管 VT_1、VT_3 门极施加触发电压 u_{g1}、u_{g3}，即 $u_{g1}>0$，$u_{g3}>0$。

结论：晶闸管 VT_1、VT_3 导通，即 $i_{T1}=i_{T3}=i_d>0\uparrow$；直流侧负载的电压 $u_d=u_2>0$；晶闸管 VT_1 压降 $u_{T1}=0$。

2）当 $\omega t_2 \leqslant \omega t < \omega t_3$ 时

条件：交流侧输入电压瞬时值 $u_2\leqslant0$，电源电压 u_2 处于负半周期；在此期间电感 L_d 产生的感生电动势 u_L 极性是下正上负，且 $u_{T1}+u_{T3}=|u_L|-|u_2|>0$，使晶闸管 VT_1、VT_3 继续承受正向阳极电压。

结论：晶闸管 VT_1、VT_3 导通，即 $i_{T1}=i_{T3}=i_d>0$ ↓；直流侧负载的电压 $u_d=u_2<0$；晶闸管 VT_1 压降 $u_{T1}=0$。

3）当 $\omega t_3 \leqslant \omega t < \omega t_4$ 时

条件：交流侧输入电压瞬时值 $u_2 \leqslant 0$，电源电压 u_2 处于负半周期，晶闸管 VT_2、VT_4 承受正向阳极电压；在 $\omega t=\omega t_3$ 时刻，给晶闸管 VT_2、VT_4 门极施加触发电压 u_{g2}、u_{g4}，即 $u_{g2}>0$、$u_{g4}>0$。

结论：晶闸管 VT_2、VT_4 导通，即 $i_{T2}=i_{T4}=i_d>0$ ↑；直流侧负载的电压 $u_d=|u_2|>0$；晶闸管 VT_1 压降 $u_{T1}=u_2<0$。

4）当 $\omega t_0 \leqslant \omega t < \omega t_1$ 时

条件：交流侧输入电压瞬时值 $u_2 \geqslant 0$，电源电压 u_2 处于正半周期，在此期间电感 L_d 产生的感生电动势 u_L 极性是下正上负，且 $u_{T2}+u_{T4}=|u_L|-|u_2|>0$，使晶闸管 VT_2、VT_4 继续承受正向阳极电压。

结论：晶闸管 VT_2、VT_4 导通，即 $i_{T2}=i_{T4}=i_d>0$ ↓；直流侧负载的电压 $u_d=-u_2<0$；晶闸管 VT_1 压降 $u_{T1}=u_2>0$。

2．基本数量关系

（1）输出端直流电压（平均值）

$$U_d = 0.9U_2\cos\alpha \tag{2-6}$$

（2）晶闸管可能承受的最大正、反向电压均为 $\sqrt{2}\,U_2$。

（3）移相范围为 $0 \sim \pi/2$。

2.3.4　续流分析

1．电感性负载并接续流二极管的波形分析

单相全控桥式可控整流电路电感性负载并接续流二极管及其输出波形如图 2.20 所示。在交流电 u_2 一个周期内，用 ωt 坐标点将波形分为四段，下面对波形逐段进行分析。

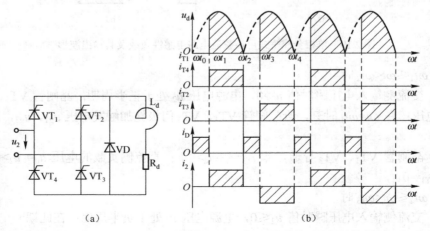

图 2.20　单相全控桥式可控流电路电感性负载并接续流二极管及其输出波形

1）当 $\omega t_1 \leq \omega t < \omega t_2$ 时

条件：交流侧输入电压瞬时值 $u_2 > 0$，电源电压 u_2 处于正半周期；晶闸管 VT$_1$、VT$_3$ 承受正向阳极电压；在 $\omega t = \omega t_1$ 时刻，给晶闸管 VT$_1$、VT$_3$ 门极施加触发电压 u_{g1}、u_{g3}，即 $u_{g1} > 0$、$u_{g3} > 0$。

结论：晶闸管 VT$_1$、VT$_3$ 导通，即 $i_{T1} = i_{T3} = i_d > 0$ ↑；直流侧负载的电压 $u_d = u_2 > 0$；晶闸管 VT$_1$ 压降 $u_{T1} = 0$。

2）当 $\omega t_2 \leq \omega t < \omega t_3$ 时

条件：交流侧输入电压瞬时值 $u_2 \leq 0$，电源电压 u_2 处于负半周期；此时等效电路如图 2.21 所示，通过续流二极管 VD 给晶闸管 VT$_1$、VT$_3$ 施加反向阳极电压。

结论：续流二极管 VD 导通，晶闸管 VT 截止，即 $i_T = 0$、$i_D > 0$；直流侧负载的电压 $u_d = 0$；晶闸管 VT$_1$ 压降 $u_{T1} = u_2/2 \leq 0$。

3）当 $\omega t_3 \leq \omega t < \omega t_4$ 时

条件：交流侧输入电压瞬时值 $u_2 \leq 0$，电源电压 u_2 处于负半周期，晶闸管 VT$_2$、VT$_4$ 承受正向阳极电压；在 $\omega t = \omega t_3$ 时刻，给晶闸管 VT$_2$、VT$_4$ 门极施加触发电压 u_{g2}、u_{g4}，即 $u_{g2} > 0$、$u_{g4} > 0$。

结论：晶闸管 VT$_2$、VT$_4$ 导通，即 $i_{T2} = i_{T4} = i_d > 0$ ↑；直流侧负载的电压 $u_d = |u_2| > 0$；晶闸管 VT$_1$ 压降 $u_{T1} = u_2 < 0$。

4）当 $\omega t_0 \leq \omega t < \omega t_1$ 时

条件：交流侧输入电压瞬时值 $u_2 \geq 0$，电源电压 u_2 处于正半周期，此时等效电路如图 2.22 所示，通过续流二极管 VD 给晶闸管 VT$_2$、VT$_4$ 施加反向阳极电压。

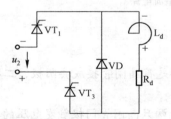

图 2.21　VT$_1$、VT$_3$ 关断等效电路

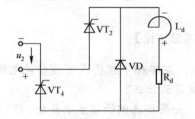

图 2.22　VT$_2$、VT$_4$ 关断等效电路

结论：续流二极管 VD 导通，晶闸管 VT 截止，即 $i_T = 0$、$i_D > 0$；直流侧负载的电压 $u_d = 0$；晶闸管 VT$_1$ 压降 $u_{T1} = u_2/2 \geq 0$。

2．基本数量关系

（1）输出端直流电压（平均值）：

$$U_d = 0.9 U_2 \frac{1 + \cos\alpha}{2} \tag{2-7}$$

（2）晶闸管可能承受的最大正、反向电压均为 $\sqrt{2}\,U_2$。

（3）移相范围为 $0 \sim \pi$。

【电路评价】

单相全控桥式可控整流电路可控性强、反应快；直流输出脉动小，每个周期脉动两次；

另外，晶闸管承受电压较低。整流变压器二次侧流过正反两个方向的电流，不存在利用率低、直流磁化的问题。

2.4 单相半控桥式可控整流电路

2.4.1 电路结构特点

1. 电路结构

单相半控桥式可控整流电路可以看成单相全控桥式可控整流电路的一种简化形式，如图 2.23 所示。单相半控桥式可控整流电路的结构一般是将晶闸管 VT_1、VT_2 接成共阴极接法，二极管 VD_1、VD_2 接成共阳极接法。晶闸管 VT_1、VT_2 采用同一组脉冲触发，只不过两次脉冲相位间隔必须保持 180°。

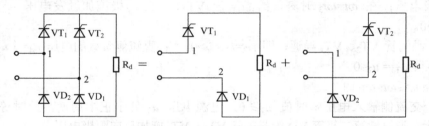

图 2.23 单相半控桥式可控整流电路

 【课堂讨论】

问题 1：在单相半控桥式可控整流电路中，一般都是将晶闸管接成共阴极、二极管接成共阳极，这是为什么？

答案：如果将晶闸管接成共阴极，那么共阴极就是两只晶闸管门极触发电压的共同参考点。这样就可以采用同一组脉冲信号同时触发两只晶闸管，就可以大大简化触发电路。

问题 2：在单相半控桥式可控整流电路中，如何确定晶闸管和二极管的导通条件？

答案：当两只晶闸管接成共阴极，由于两只晶闸管采用的是同一个触发脉冲信号，所以确定哪只晶闸管导通的条件就是比较两只晶闸管阳极电位的高低，哪只晶闸管的阳极所处的电位高，那么哪只晶闸管就导通。同样当两只二极管接成共阳极，确定哪只二极管导通的条件就是比较两只二极管阴极电位的高低，哪只二极管的阴极所处的电位低，那么哪只二极管就导通。

2. $\alpha = 180°$ 时，单相半控桥式可控整流电路工作分析

当 $\alpha = 180°$ 时，单相半控桥式可控整流电路输出波形如图 2.24 所示。

1）当 $0 < \omega t < \pi$ 时

条件：交流侧输入电压瞬时值 $u_2 > 0$，电源电压 u_2 处于正半周期。在图 2.23 中，1 点电

位高，2 点电位低，从 1 点经 VD$_2$、VD$_1$ 至 2 点，有一个漏电流流通路径，此时可认为 VD$_1$ 导通，所以整条负载线上各点电位都等于 2 点电位。

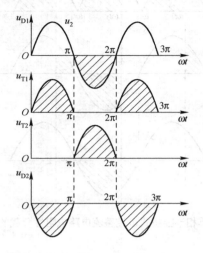

图 2.24 α=180° 时的输出波形

结论：晶闸管 VT$_1$ 压降 $u_{T1}=u_2>0$，晶闸管 VT$_2$ 压降 $u_{T2}=0$，二极管 VD$_1$ 压降 $u_{D1}=0$，二极管 VD$_2$ 压降 $u_{D2}=-u_2<0$。

2）当 $\pi<\omega t<2\pi$ 时

条件：交流侧输入电压瞬时值 $u_2<0$，电源电压 u_2 处于负半周期。在图 2.24 中，1 点电位低，2 点电位高，从 2 点经 VD$_1$、VD$_2$ 至 1 点，有一个漏电流流通路径，此时可认为 VD$_2$ 导通，所以整条负载线上各点电位都等于 1 点电位。

结论：晶闸管 VT$_1$ 压降 $u_{T1}=0$，晶闸管 VT$_2$ 压降 $u_{T2}=-u_2>0$，二极管 VD$_1$ 压降 $u_{D1}=u_2<0$，二极管 VD$_2$ 压降 $u_{D2}=0$。

  【课堂讨论】

问题：单相半控桥式可控整流电路在 α=180° 时，晶闸管和二极管承受何种电压？

答案：在 α=180° 时，半控桥式可控整流电路没有输出，即整流电路没有工作。从上述分析可见，二极管 VD$_1$、VD$_2$ 能否导通仅取决于电源电压 u_2 的正、负，与 VT$_1$、VT$_2$ 是否导通及负载性质均无关。在任意瞬时，电路中总会有一只二极管导通，因此晶闸管只承受正压而不承受反压，最小值是零；二极管只承受反压而不承受正压，最大值是零。

2.4.2 电阻性负载分析

1. 波形分析

单相半控桥式可控整流电路电阻性负载的输出波形如图 2.25 所示。在交流电 u_2 一个周期内，用 ωt 坐标点将波形分为四段，下面对波形逐段进行分析。

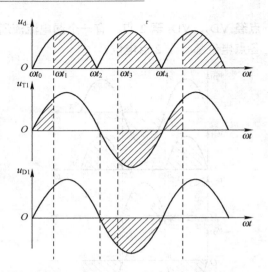

图 2.25　单相半控桥式可控整流电路电阻性负载的输出波形

1）当 $\omega t_0 \leqslant \omega t < \omega t_1$ 时

条件：交流侧输入电压瞬时值 $u_2 \geqslant 0$，电源电压 u_2 处于正半周期，但晶闸管 VT 门极没有触发电压 u_g，即 $u_g = 0$。

结论：晶闸管 VT 不导通，即 $i_T = i_d = 0$；直流侧负载电阻 R_d 的电压 $u_d = 0$；晶闸管 VT_1 承受电压 $u_{T1} = u_2 > 0$，二极管 VD_1 承受电压 $u_{D1} = 0$。

2）当 $\omega t_1 \leqslant \omega t < \omega t_2$ 时

条件：交流侧输入电压瞬时值 $u_2 > 0$，电源电压 u_2 处于正半周期；晶闸管 VT_1 承受正向阳极电压；在 $\omega t = \omega t_1$ 时刻，给晶闸管 VT_1 门极施加触发电压 u_{g1}，即 $u_{g1} > 0$。

结论：晶闸管 VT_1、二极管 VD_1 导通，即 $i_{T1} = i_{D1} = i_d > 0$；直流侧负载电阻 R_d 的电压 $u_d = u_2 > 0$；晶闸管 VT_1 压降 $u_{T1} = 0$，二极管 VD_1 压降 $u_{D1} = 0$。

3）当 $\omega t_2 \leqslant \omega t < \omega t_3$ 时

条件：交流侧输入电压瞬时值 $u_2 \leqslant 0$，电源电压 u_2 处于负半周期；在 $\omega t = \omega t_2$ 时刻，晶闸管 VT_1、VD_1 自然关断。

结论：晶闸管 VT 不导通，即 $i_T = i_d = 0$；直流侧负载电阻 R_d 的电压 $u_d = 0$；晶闸管 VT_1 承受电压 $u_{T1} = 0$，二极管 VD_1 压降 $u_{D1} = u_2 \leqslant 0$。

4）当 $\omega t_3 \leqslant \omega t < \omega t_4$ 时

条件：交流侧输入电压瞬时值 $u_2 \leqslant 0$，电源电压 u_2 处于负半周期，晶闸管 VT_2 承受正向阳极电压；在 $\omega t = \omega t_3$ 时刻，给晶闸管 VT_2 门极施加触发电压 u_{g2}，即 $u_{g2} > 0$。

结论：晶闸管 VT_2、二极管 VD_2 导通，即 $i_{T2} = i_{D2} = i_d > 0$；直流侧负载电阻 R_d 的电压 $u_d = |u_2| > 0$；晶闸管 VT_1 压降 $u_{T1} = u_2 < 0$，二极管 VD_1 压降 $u_{D1} = u_2 \leqslant 0$。

2．基本数量关系

（1）输出端直流电压（平均值）：

$$U_d = 0.9 U_2 \frac{1 + \cos\alpha}{2} \tag{2-8}$$

（2）晶闸管可能承受的最大正、反向电压均为 $\sqrt{2}\,U_2$。

（3）移相范围为 $0\sim\pi$。

2.4.3 电感性负载分析

1. 波形分析

单相半控桥式可控整流电路电感性负载及其输出波形如图 2.26 所示。在交流电 u_2 一个周期内，用 ωt 坐标点将波形分为四段，下面对波形逐段进行分析。

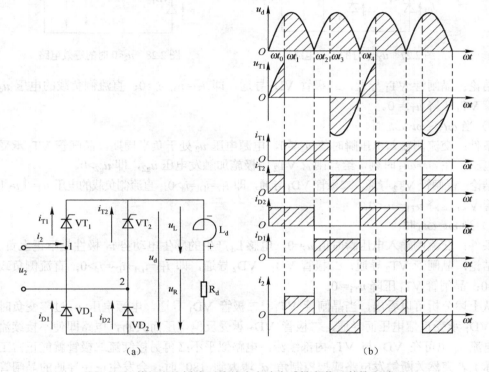

图 2.26　单相半控桥式可控整流电路电感性负载及其输出波形

1）当 $\omega t_1 \leqslant \omega t < \omega t_2$ 时

条件：交流侧输入电压瞬时值 $u_2 > 0$，电源电压 u_2 处于正半周期；晶闸管 VT_1 承受正向阳极电压；在 $\omega t = \omega t_1$ 时刻，给晶闸管 VT_1 门极施加触发电压 u_{g1}，即 $u_{g1} > 0$。

结论：晶闸管 VT_1 导通、二极管 VD_2 导通，即 $i_{T1} = i_{D2} = i_d > 0$；直流侧负载的电压 $u_d = u_2 > 0$；晶闸管 VT_1 压降 $u_{T1} = 0$。

2）当 $\omega t = \omega t_2$ 时

条件：交流侧输入电压瞬时值 $u_2 = 0$，此时电路如图 2.27 所示，电感 L_d 产生的感生电动势 u_L 极性是下正上负。

结论：晶闸管 VT_1 导通、二极管 VD_1、VD_2 导通，即 $i_{T1} = i_{D1} + i_{D2} = i_d > 0$；直流侧负载的电压 $u_d = 0$；晶闸管 VT_1 压降 $u_{T1} = 0$。

3）当 $\omega t_2 \leqslant \omega t < \omega t_3$ 时

条件：交流侧输入电压瞬时值 $u_2 \leqslant 0$，电源电压 u_2 处于负半周期；在此期间电感 L_d 产生的感生电动势 u_L 极性是下正上负，此时电路如图 2.28 所示。

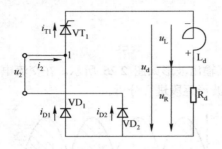

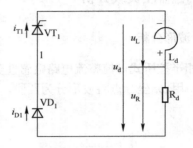

图 2.27　$u_2=0$ 时的等效电路　　　　　图 2.28　$u_2<0$ 时的等效电路

结论：晶闸管 VT_1 导通，二极管 VD_1 导通，即 $i_{T1}=i_{D1}=i_d>0$；直流侧负载的电压 $u_d=0$；晶闸管 VT_1 压降 $u_{T1}=0$。

4）当 $\omega t_3 \leqslant \omega t < \omega t_4$ 时

条件：交流侧输入电压瞬时值 $u_2 \leqslant 0$，电源电压 u_2 处于负半周期，晶闸管 VT_2 承受正向阳极电压；在 $\omega t = \omega t_3$ 时刻，给晶闸管 VT_2 门极施加触发电压 u_{g2}，即 $u_{g2}>0$。

结论：晶闸管 VT_2 导通，二极管 VD_1 导通，即 $i_{T2}=i_{D1}=i_d>0$；直流侧负载的电压 $u_d=|u_2|>0$；晶闸管 VT_1 压降 $u_{T1}=u_2<0$。

5）当 $\omega t=\omega t_0$ 时

条件：交流侧输入电压瞬时值 $u_2=0$，电感 L_d 产生的感生电动势 u_L 极性是下正上负。

结论：晶闸管 VT_2 导通，二极管 VD_1、VD_2 导通，即 $i_{T2}=i_{D1}+i_{D2}=i_d>0$；直流侧负载的电压 $u_d=0$；晶闸管 VT_1 压降 $u_{T1}=0$。

从上述分析可以看出，当晶闸管 VT_1、二极管 VD_1 导通，电源电压 u_2 过零变负时，二极管 VD_1 承受正偏电压而导通，二极管 VD_2 承受反偏电压而关断，电路即使不接续流管，负载电流 i_d 也可在 VD_1 与 VT_1 内部续流。电路似乎不必再另接续流二极管就能正常工作。但实际上若突然关断触发电路或把控制角 α 增大到 180°时，会发生正在导通的晶闸管一直导通，而两只整流二极管 VD_1 与 VD_2 不断轮流导通而产生的失控现象，其输出电压 u_d 波形为单相正弦半波。

2. 失控现象分析

如图 2.29 所示，在 VT_1 与 VD_1 正处在导通状态时，如果突然关断触发电路，则在 u_2 过零变负时，VD_1 关断，VD_2 导通，VD_2 与 VT_1 构成内部续流。只要 L_d 的电感量足够大，VT_1 与 VD_2 的内部自然续流就可以维持整个负半周。当电源电压 u_2 又进入正半周时，VD_2 关断，VD_1 导通，于是 VT_1 与 VD_1 又构成单相半波整流。U_d 波形是单相半波，其平均值 $U_d=0.45u_2$。这种关断了触发电路，主电路仍有直流输出的不正常现象称为失控现象，这在电路中是不允许的，必须要防止该现象的出现。

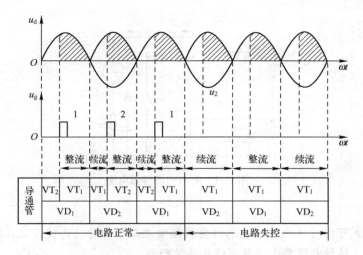

图 2.29　失控时的波形分析

3. 防止失控的措施

由于单相半控桥式可控整流电路在电感性负载时可能会发生失控现象，为避免出现失控现象，实际电路中在输出端必须接续流二极管，如图 2.30 所示。当 $\omega t=\omega t_2$ 时，交流侧输入电压瞬时值 $u_2=0$，此时电路如图 2.31 所示，电感 L_d 产生的感生电动势 u_L 极性是下正上负，电感 L_d 通过续流二极管续流，直流侧的输出电压被钳位在 1V 左右，迫使内部续流通路中串联的晶闸管 VT_1 与 VD_2 的电流减小到维持电流以下，迫使晶闸管 VT_1 关断，这样就不会出现失控现象。

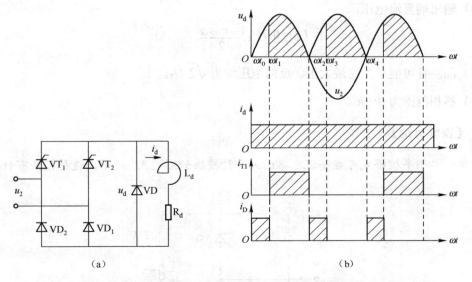

图 2.30　单相半控桥式可控整流电路电感性负载并接续流二极管及其输出波形

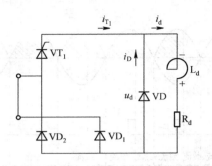

图 2.31 $u_2=0$ 时的等效电路

【工程要求】

单相半控桥式可控整流电路在电感性负载接续流二极管时，为使续流二极管可靠工作，其接线要粗而短，接触电阻要小，且不许串接熔断器。

【工程经验】

单相半控桥式可控整流电路在电感性负载时，流过晶闸管的平均电流与其导通角成正比。当导通角等于 120° 时，流过续流二极管和晶闸管的平均电流相等。当导通角小于 120° 时，流过续流二极管的平均电流比晶闸管的平均电流大，如果导通角越小，前者比后者大的就越多。因此，续流二极管的容量必须考虑在续流二极管中实际流过的电流大小，有时可以与晶闸管的额定电流相同，有时应选得比晶闸管额定电流大一级的元器件。

4. 基本数量关系

（1）输出端直流电压：

$$U_d = 0.9U_2 \frac{1+\cos\alpha}{2} \tag{2-9}$$

（2）晶闸管可能承受的最大正、反向电压均为 $\sqrt{2}\,U_2$。

（3）移相范围为 $0\sim\pi$。

【课堂讨论】

问题：单相半控桥式可控整流电路的另一种接法如图 2.32 所示，这种接法有什么优缺点呢？

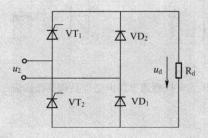

图 2.32 单相半控桥式可控整流电路

答案：这样可以省去续流二极管 VD，续流由 VD$_1$ 和 VD$_2$ 来实现。因此，即使不外接续流二极管，电路也不会发生失控现象。但这种电路的二极管既要参与整流，又要参与续流，其负担增加。此时，由于两个晶闸管的阴极电位不同，所以 VT$_1$ 和 VT$_2$ 的触发脉冲要隔离处理。

【电路评价】

单相半控桥式可控整流电路经济性强，对触发脉冲要求相对较低，安装和维修相对方便；与单相全控桥式可控整流电路一样，单相半控桥式可控整流电路直流输出的脉动也较小，每个周期只脉动两次；整流变压器二次侧流过正反两个方向的电流，不存在利用率低、直流磁化的问题。

上面所讨论的几种常用的单相可控整流电路，具有电路简单、对触发电路要求不高、同步容易及调试维修方便等优点，所以一般小容量没有特殊要求的可控整流装置，多数常用单相电路。但单相可控整流输出直流电压脉动大，在容量较大时会造成三相交流电网严重不平衡，所以负载容量较大时，一般常用三相可控整流电路。

为了便于比较，现把各单相可控整流电路的一些参数列于表 2.2 中。

表 2.2　常用单相可控整流电路的参数比较

可控整流主电路		单向半波	单相全波	单相全控桥	单相半控桥	晶闸管在负载侧单相桥式
$\alpha=0°$ 时，直流输出电压平均值 U_{d0}		$0.45\,U_2$	$0.9\,U_2$	$0.9\,U_2$	$0.9\,U_2$	$0.9\,U_2$
$\alpha\neq0°$ 时，空载直流输出电压平均值	电阻负载或电感负载有续流二极管的情况	$U_{d0}\times\dfrac{1+\cos\alpha}{2}$	$U_{d0}\times\dfrac{1+\cos\alpha}{2}$	$U_{d0}\times\dfrac{1+\cos\alpha}{2}$	$U_{d0}\times\dfrac{1+\cos\alpha}{2}$	$U_{d0}\times\dfrac{1+\cos\alpha}{2}$
	电感性负载的情况	—	$U_{d0}\cos\alpha$	$U_{d0}\cos\alpha$	—	—
$\alpha=0°$ 时的脉动电压	最低脉动频率	f	$2f$	$2f$	$2f$	$2f$
	脉动系数 K_f	1.57	0.67	0.67	0.67	0.67
晶闸管承受的最大正、反向电压		$\sqrt{2}U_2$	$2\sqrt{2}U_2$	$\sqrt{2}U_2$	$\sqrt{2}U_2$	$\sqrt{2}U_2$
移相范围	电阻负载或电感负载有续流二极管的情况	$0\sim\pi$	$0\sim\pi$	$0\sim\pi$	$0\sim\pi$	$0\sim\pi$
	电感性负载不接续流二极管的情况	不采用	$0\sim\dfrac{\pi}{2}$	$0\sim\dfrac{\pi}{2}$	不采用	不采用
晶闸管最大导通角		π	π	π	π	π
特点与适用场合		最简单，用于波形要求不高的小电流负载	较简单，用于波形要求稍高的低压小电流场合	各项整流指标好，用于波形要求较高或要求逆变的小功率场合	各项整流指标较好，用于不可逆的小功率场合	用于波形要求不高的小功率负载，而且还能提供不变的另一组直流电压

项目资讯 2　三相可控整流电路

一般在负载容量超过 4kW 以上，要求直流电压脉动较小的场合，应采用三相可控整流电路。三相可控整流电路形式很多，主要有三相半波、三相全控桥式、三相半控桥式等，其中三相半波可控整流电路是最基本的组成形式。

2.5 三相半波不可控整流电路

1. 电路结构特点

三相半波不可控整流电路如图2.33（a）所示，整流元件二极管VD_1、VD_3、VD_5接成共阴极接法，负载跨接在共阴极与中性点之间，负载电流必须通过变压器的中线才能构成回路，因此该电路又称为三相零式整流电路。

主电路整流变压器TR通常采用△/Ｙ-11连接组别，变比为1∶1，主要用来隔离整流器工作时产生的谐波侵入电网，防止电网受高次谐波污染。变压器二次相电压有效值为$U_{2\phi}$，线电压为U_{2l}。

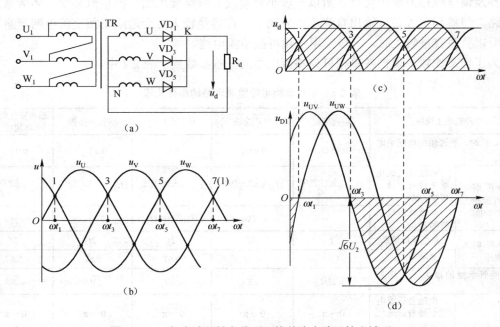

图2.33　三相半波阻性负载不可控整流电路及输出波形

2. 电阻性负载分析

三相交流相电压波形如图2.33（b）所示，三相半波阻性负载不可控整流电路输出电压波形如图2.33（c）所示，二极管VD_1电压波形如图2.33（d）所示。由于二极管接成共阴极接法，所以确定哪只二极管导通的条件就是比较管子阳极电位的高低，哪只二极管的阳极所处的电位最高，那么哪只二极管就导通。在交流电一个周期内，用ωt坐标点将波形分为三段，下面逐段对波形进行分析。

1）当$\omega t_1 < \omega t < \omega t_3$时

条件：比较交流侧三相相电压瞬时值的大小，u_U最大，且$u_U > 0$。

结论：二极管VD_1导通，即$i_{D1} = i_d > 0$；直流侧负载电阻R_d的电压$u_d = u_U > 0$；二极管VD_1

承受电压 $u_{D1}=0$。

2）当 $\omega t_3<\omega t<\omega t_5$ 时

条件：比较交流侧三相相电压瞬时值的大小，u_V 最大，且 $u_V>0$。

结论：二极管 VD_3 导通，即 $i_{D3}=i_d>0$；直流侧负载电阻 R_d 的电压 $u_d=u_V>0$；二极管 VD_1 压降 $u_{D1}=u_U-u_V=u_{UV}<0$。

3）当 $\omega t_5<\omega t<\omega t_7$ 时

条件：比较交流侧三相相电压瞬时值的大小，u_W 最大且 $u_W>0$。

结论：二极管 VD_5 导通，即 $i_{D5}=i_d>0$；直流侧负载电阻 R_d 的电压 $u_d=u_W>0$；二极管 VD_1 压降 $u_{D1}=u_U-u_W=u_{UW}<0$。

3．自然换相点

变压器二次侧相邻相电压波形的交点称为自然换相点。正半周期的自然换相点分别用 1、3、5 标注，负半周期的自然换相点分别用 2、4、6 标注，相邻号的自然换相点相位间隔 60°，如图 2.33（b）所示。在三相可控整流电路中，通常把自然换相点作为控制角 α 的起点，整流元件的标号也以对应的自然换相点的点号来标注，如图 2.33（a）所示。

【课堂讨论】

问题：在三相可控整流电路中，为什么以自然换相点作为控制角 α 的起点？

答案：因为对二极管整流元件而言，自然换相点是保证该点所对应的二极管导通的最早时刻。每过一次自然换相点，电路就会自动换流一次，总是后相导通、前相关断，例如自然换相点 3，在 3 点的左侧 VD_1 导通，在 3 点的右侧 VD_3 导通。同样对晶闸管而言，自然换相点是保证该点所对应的晶闸管承受正向阳极电压的最早时刻。所以把控制角 α 的起点确定在自然换相点上。

4．基本数量关系

（1）输出端直流电压：

$$U_d=2.34U_{2\phi}=1.17U_{2l} \tag{2-10}$$

（2）二极管可能承受的最大反向电压为 $\sqrt{6}\,U_2$。

2.6 三相半波可控整流电路

将整流二极管换成晶闸管，即为三相半波可控整流电路，由于三相整流在自然换相点之前晶闸管承受反压，因此自然换相点是晶闸管控制角 α 的起算点。三相触发脉冲的相位间隔应与电源的相位差一致，即均为 120°。由于自然换相点距相电压波形原点为 30°，所以触发脉冲距对应相电压的原点为 30°+α。

2.6.1 电阻性负载分析

1．$\alpha=30°$ 时的波形分析

三相半波可控整流电路电阻性负载 $\alpha=30°$ 时的输出波形如图 2.34 所示。在交流电一个周期内，用 ωt 坐标点将波形分为六段，设电路已处于工作状态，下面逐段对波形进行分析。

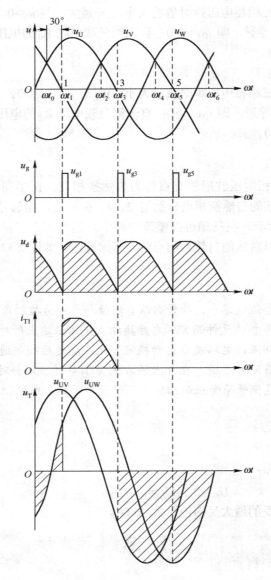

图 2.34　三相半波可控整流电路电阻性负载 $\alpha=30°$ 时的输出波形

1）当 $\omega t_1 \leqslant \omega t < \omega t_2$ 时

条件：比较交流侧三相相电压瞬时值的大小，u_U 最大；在 $\omega t=\omega t_1$ 时刻，给晶闸管 VT_1 施加触发电压，$u_{g1}>0$。

结论：晶闸管 VT_1 导通，即 $i_{T1}=i_d>0$；直流侧负载电阻 R_d 的电压 $u_d=u_U>0$；晶闸管 VT_1 承受电压 $u_{T1}=0$。

2）当 $\omega t=\omega t_2$ 时

条件：比较交流侧三相相电压瞬时值的大小，$u_U=u_V>0$，但 $u_{g3}=0$。

结论：晶闸管 VT_1 导通，即 $i_{T1}=i_d>0$；直流侧负载电阻 R_d 的电压 $u_d=u_U>0$；晶闸管 VT_1 承受电压 $u_{T1}=0$。

3）当 $\omega t_2<\omega t<\omega t_3$ 时

条件：比较交流侧三相相电压瞬时值的大小，u_V 最大，但 $u_U>0$，$u_{g3}=0$。

结论：晶闸管 VT_1 导通，即 $i_{T1}=i_d>0$；直流侧负载电阻 R_d 的电压 $u_d=u_U>0$；晶闸管 VT_1 承受电压 $u_{T1}=0$。

4）当 $\omega t_3\leqslant\omega t<\omega t_4$ 时

条件：比较交流侧三相相电压瞬时值的大小，u_V 最大；在 $\omega t=\omega t_3$ 时刻，给晶闸管 VT_3 施加触发电压，$u_{g3}>0$。

结论：晶闸管 VT_3 导通，即 $i_{T3}=i_d>0$；直流侧负载电阻 R_d 的电压 $u_d=u_V>0$；晶闸管 VT_1 承受电压 $u_{T1}=u_{UV}<0$。

5）当 $\omega t=\omega t_4$ 时

条件：比较交流侧三相相电压瞬时值的大小，$u_V=u_W>0$，但 $u_{g3}=0$。

结论：晶闸管 VT_3 导通，即 $i_{T3}=i_d>0$；直流侧负载电阻 R_d 的电压 $u_d=u_V>0$；晶闸管 VT_1 承受电压 $u_{T1}=u_{UV}<0$。

6）当 $\omega t_4<\omega t<\omega t_5$ 时

条件：比较交流侧三相相电压瞬时值的大小，u_W 最大，但 $u_V>0$，$u_{g5}=0$。

结论：晶闸管 VT_3 导通，即 $i_{T3}=i_d>0$；直流侧负载电阻 R_d 的电压 $u_d=u_V>0$；晶闸管 VT_1 承受电压 $u_{T1}=u_{UV}<0$。

7）当 $\omega t_5\leqslant\omega t<\omega t_6$ 时

条件：比较交流侧三相相电压瞬时值的大小，u_W 最大；在 $\omega t=\omega t_5$ 时刻，给晶闸管 VT_5 施加触发电压，$u_{g5}>0$。

结论：晶闸管 VT_5 导通，即 $i_{T5}=i_d>0$；直流侧负载电阻 R_d 的电压 $u_d=u_W>0$；晶闸管 VT_1 承受电压 $u_{T1}=u_{UW}<0$。

8）当 $\omega t=\omega t_6$ 时

条件：比较交流侧三相相电压瞬时值的大小，$u_U=u_V>0$，但 $u_{g1}=0$。

结论：晶闸管 VT_5 导通，即 $i_{T5}=i_d>0$；直流侧负载电阻 R_d 的电压 $u_d=u_W>0$；晶闸管 VT_1 承受电压 $u_{T1}=u_{UW}=0$。

9）当 $\omega t_6<\omega t<\omega t_1$ 时

条件：比较交流侧三相相电压瞬时值的大小，u_V 最大，但 $u_W>0$，$u_{g1}=0$。

结论：晶闸管 VT_5 导通，即 $i_{T5}=i_d>0$；直流侧负载电阻 R_d 的电压 $u_d=u_W>0$；晶闸管 VT_1 承受电压 $u_{T1}=u_{UW}>0$。

2. $\alpha=60°$ 时的波形分析

三相半波可控整流电路电阻性负载 $\alpha=60°$ 时的输出波形如图 2.35 所示。在交流电一个周期内，用 ωt 坐标点将波形分为九段，设电路已处于工作状态，下面对波形逐段进行分析。

1）当 $\omega t_1\leqslant\omega t<\omega t_2$ 时

条件：比较交流侧三相相电压瞬时值的大小，u_U 最大；在 $\omega t=\omega t_1$ 时刻，给晶闸管 VT_1 施加触发电压，$u_{g1}>0$。

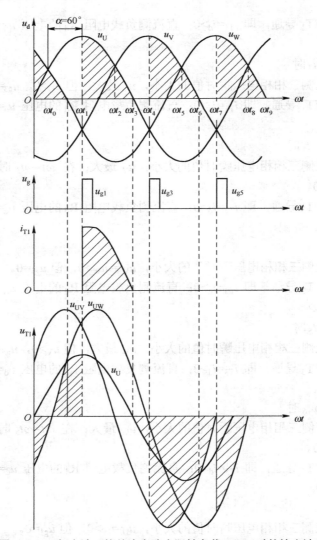

图 2.35 三相半波可控整流电路电阻性负载 α=60°时的输出波形

结论：晶闸管 VT_1 导通，即 $i_{T1}=i_d>0$；直流侧负载电阻 R_d 的电压 $u_d=u_U>0$；晶闸管 VT_1 承受电压 $u_{T1}=0$。

2）当 $\omega t=\omega t_2$ 时

条件：比较交流侧三相相电压瞬时值的大小，$u_U=u_V>0$，但 $u_{g3}=0$。

结论：晶闸管 VT_1 导通，即 $i_{T1}=i_d>0$；直流侧负载电阻 R_d 的电压 $u_d=u_U>0$；晶闸管 VT_1 承受电压 $u_{T1}=0$。

3）当 $\omega t_2<\omega t<\omega t_3$ 时

条件：比较交流侧三相相电压瞬时值的大小，u_V 最大，但 $u_U>0$，$u_{g3}=0$。

结论：晶闸管 VT_1 导通，即 $i_{T1}=i_d>0$；直流侧负载电阻 R_d 的电压 $u_d=u_U>0$；晶闸管 VT_1 承受电压 $u_{T1}=0$。

4）当 $\omega t=\omega t_3$ 时

条件：比较交流侧三相相电压瞬时值的大小，$u_U=0$，$u_{g3}=0$。

结论：晶闸管 VT 关断，即 $i_T=i_d=0$；直流侧负载电阻 R_d 的电压 $u_d=0$；晶闸管 VT_1 承受电压 $u_{T1}= u_U<0$。

5）当 $\omega t_3<\omega t<\omega t_4$ 时

条件：比较交流侧三相相电压瞬时值的大小，u_V 最大，但 $u_{g3}=0$。

结论：晶闸管 VT 关断，即 $i_T=i_d=0$；直流侧负载电阻 R_d 的电压 $u_d=0$；晶闸管 VT_1 承受电压 $u_{T1}= u_U<0$。

6）当 $\omega t_4\leqslant\omega t<\omega t_5$ 时

条件：比较交流侧三相相电压瞬时值的大小，u_V 最大；在 $\omega t=\omega t_4$ 时刻，给晶闸管 VT_3 施加触发电压，$u_{g3}>0$。

结论：晶闸管 VT_3 导通，即 $i_{T3}=i_d>0$；直流侧负载电阻 R_d 的电压 $u_d=u_V>0$；晶闸管 VT_1 承受电压 $u_{T1}= u_{UV}<0$。

7）当 $\omega t=\omega t_5$ 时

条件：比较交流侧三相相电压瞬时值的大小，$u_V=u_W>0$，但 $u_{g5}=0$。

结论：晶闸管 VT_3 导通，即 $i_{T3}=i_d>0$；直流侧负载电阻 R_d 的电压 $u_d=u_V>0$；晶闸管 VT_1 承受电压 $u_{T1}= u_{UV}<0$。

8）当 $\omega t_5<\omega t<\omega t_6$ 时

条件：比较交流侧三相相电压瞬时值的大小，u_W 最大，但 $u_V>0$，$u_{g5}=0$。

结论：晶闸管 VT_3 导通，即 $i_{T3}=i_d>0$；直流侧负载电阻 R_d 的电压 $u_d=u_V>0$；晶闸管 VT_1 承受电压 $u_{T1}= u_{UV}<0$。

9）当 $\omega t=\omega t_6$ 时

条件：比较交流侧三相相电压瞬时值的大小，$u_V=0$，$u_{g5}=0$。

结论：晶闸管 VT 关断，即 $i_T=i_d=0$；直流侧负载电阻 R_d 的电压 $u_d=0$；晶闸管 VT_1 承受电压 $u_{T1}= u_U<0$。

10）当 $\omega t_6<\omega t<\omega t_7$ 时

条件：比较交流侧三相相电压瞬时值的大小，u_W 最大，但 $u_{g5}=0$。

结论：晶闸管 VT 关断，即 $i_T=i_d=0$；直流侧负载电阻 R_d 的电压 $u_d=0$；晶闸管 VT_1 承受电压 $u_{T1}= u_U<0$。

11）当 $\omega t_7\leqslant\omega t<\omega t_8$ 时

条件：比较交流侧三相相电压瞬时值的大小，u_W 最大；在 $\omega t=\omega t_7$ 时刻，给晶闸管 VT_5 施加触发电压，$u_{g5}>0$。

结论：晶闸管 VT_5 导通，即 $i_{T5}=i_d>0$；直流侧负载电阻 R_d 的电压 $u_d=u_W>0$；晶闸管 VT_1 承受电压 $u_{T1}= u_{UW}<0$。

12）当 $\omega t=\omega t_8$ 时

条件：比较交流侧三相相电压瞬时值的大小，$u_U=u_W>0$，但 $u_{g1}=0$。

结论：晶闸管 VT_5 导通，即 $i_{T5}=i_d>0$；直流侧负载电阻 R_d 的电压 $u_d=u_W>0$；晶闸管 VT_1 承受电压 $u_{T1}= u_{UW}<0$。

13）当 $\omega t_8<\omega t<\omega t_9$ 时

条件：比较交流侧三相相电压瞬时值的大小，u_U 最大，但 $u_{g1}=0$。

结论：晶闸管 VT_5 导通，即 $i_{T5}=i_d>0$；直流侧负载电阻 R_d 的电压 $u_d=u_W>0$；晶闸管 VT_1

承受电压 $u_{T1}= u_{UW}>0$。

14）当 $\omega t=\omega t_9$ 时

条件：比较交流侧三相相电压瞬时值的大小，$u_W=0$，$u_{g1}=0$。

结论：晶闸管 VT 关断，即 $i_T=i_d=0$；直流侧负载电阻 R_d 的电压 $u_d=0$；晶闸管 VT_1 承受电压 $u_{T1}= u_U>0$。

15）当 $\omega t_9<\omega t<\omega t_1$ 时

条件：比较交流侧三相相电压瞬时值的大小，u_U 最大，但 $u_{g1}=0$。

结论：晶闸管 VT 关断，即 $i_T=i_d=0$；直流侧负载电阻 R_d 的电压 $u_d=0$；晶闸管 VT_1 承受电压 $u_{T1}= u_U>0$。

通过上述分析可得出结论：当 $\alpha \leqslant 30°$ 时，电压、电流波形连续，各相晶闸管导通角均为 $120°$；当 $\alpha>30°$ 时，电压、电流波形断续，各相晶闸管导通角均为 $150°-\alpha$。阻性负载时控制角的移相范围为 $0° \sim 150°$。

【课堂讨论】

问题：如图 2.36 所示，对于三相半波阻性负载可控整流电路，可不可以用同一个脉冲去同时触发三个晶闸管？

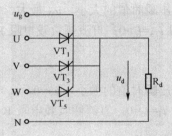

图 2.36　共脉冲触发的三相半波可控整流电路

答案：可以。由于三相半波电路中的晶闸管采用的是共阴极接法，当用同一个脉冲去同时触发三个晶闸管时，能被触发导通的只能是瞬时电压最大的相电源所对应的晶闸管，另外两相电源所对应的晶闸管截止。在这种情况下，虽然简化了触发电路，但移相范围缩小，仅为 $0° \sim 120°$。

3. 基本数量关系

（1）输出端直流电压：

当 $\alpha \leqslant 30°$ 时，则

$$U_d= 1.17U_2\cos\alpha \tag{2-11}$$

当 $\alpha>30°$ 时，则

$$U_d = 0.675U_2\left[1 \div \cos\left(\frac{\pi}{6} \div \alpha\right)\right] \tag{2-12}$$

（2）晶闸管可能承受的最大正向电压为 $\sqrt{2}\,U_2$，最大反向电压为 $\sqrt{6}\,U_2$。

（3）移相范围为 $0° \sim 150°$。

2.6.2 电感性负载分析

1. 波形分析

三相半波可控整流电路电感性负载 $\alpha=60°$ 时的输出波形如图 2.37 所示。在交流电一个周期内，用 ωt 坐标点将波形分为九段，设电路已处于工作状态，下面逐段对波形进行分析。

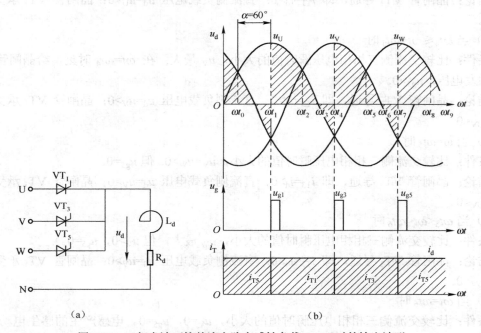

图 2.37　三相半波可控整流电路电感性负载 $\alpha=60°$ 时的输出波形

1）当 $\omega t_1 \leqslant \omega t < \omega t_2$ 时

条件：比较交流侧三相相电压瞬时值的大小，u_U 最大；在 $\omega t=\omega t_1$ 时刻，给晶闸管 VT_1 施加触发电压，$u_{g1}>0$。

结论：晶闸管 VT_1 导通，即 $i_{T1}=i_d>0$；直流侧负载的电压 $u_d=u_U>0$；晶闸管 VT_1 承受电压 $u_{T1}=0$。

2）当 $\omega t=\omega t_2$ 时

条件：比较交流侧三相相电压瞬时值的大小，$u_U=u_V>0$，但 $u_{g3}=0$。

结论：晶闸管 VT_1 导通，即 $i_{T1}=i_d>0$；直流侧负载的电压 $u_d=u_U>0$；晶闸管 VT_1 承受电压 $u_{T1}=0$。

3）当 $\omega t_2 < \omega t < \omega t_3$ 时

条件：比较交流侧三相相电压瞬时值的大小，u_V 最大，但 $u_U>0$，$u_{g3}=0$。

结论：晶闸管 VT_1 导通，即 $i_{T1}=i_d>0$；直流侧负载电压 $u_d=u_U>0$；晶闸管 VT_1 承受电压 $u_{T1}=0$。

4）当 $\omega t=\omega t_3$ 时

条件：比较交流侧三相相电压瞬时值的大小，$u_U=0$，$u_{g3}=0$。电感产生的感生电动势 u_L 极性是上负下正，在 u_L 作用下，晶闸管 VT_1 承受正向阳极电压。

结论:晶闸管 VT_1 导通,即 $i_{T1}=i_d>0$;直流侧负载电压 $u_d=u_U=0$;晶闸管 VT_1 承受电压 $u_{T1}=0$。

5)当 $\omega t_3<\omega t<\omega t_4$ 时

条件:比较交流侧三相相电压瞬时值的大小,$u_U<0$,u_V 最大,但 $u_{g3}=0$。在 $|u_L|-|u_U|>0$ 作用下,晶闸管 VT_1 承受正向阳极电压。

结论:晶闸管 VT_1 导通,即 $i_{T1}=i_d>0$;直流侧负载电压 $u_d=u_U<0$;晶闸管 VT_1 承受电压 $u_{T1}=0$。

6)当 $\omega t_4\leqslant\omega t<\omega t_5$ 时

条件:比较交流侧三相相电压瞬时值的大小,u_V 最大;在 $\omega t=\omega t_4$ 时刻,给晶闸管 VT_3 施加触发电压,$u_{g3}>0$。

结论:晶闸管 VT_3 导通,即 $i_{T3}=i_d>0$;直流侧负载电压 $u_d=u_V>0$;晶闸管 VT_1 承受电压 $u_{T1}=u_{UV}<0$。

7)当 $\omega=\omega t_5$ 时

条件:比较交流侧三相相电压瞬时值的大小,$u_V=u_W>0$,但 $u_{g5}=0$。

结论:晶闸管 VT_3 导通,即 $i_{T3}=i_d>0$;直流侧负载电压 $u_d=u_V>0$;晶闸管 VT_1 承受电压 $u_{T1}=u_{UV}<0$。

8)当 $\omega t_5<\omega t<\omega t_6$ 时

条件:比较交流侧三相相电压瞬时值的大小,u_W 最大,但 $u_V>0$,$u_{g5}=0$。

结论:晶闸管 VT_3 导通,即 $i_{T3}=i_d>0$;直流侧负载电压 $u_d=u_V>0$;晶闸管 VT_1 承受电压 $u_{T1}=u_{UV}<0$。

9)当 $\omega t=\omega t_6$ 时

条件:比较交流侧三相相电压瞬时值的大小,$u_V=0$,$u_{g5}=0$。电感产生的感生电动势 u_L 极性是上负下正,在 u_L 作用下,晶闸管 VT_3 承受正向阳极电压。

结论:晶闸管 VT_3 导通,即 $i_{T3}=i_d>0$;直流侧负载电压 $u_d=u_V=0$;晶闸管 VT_1 承受电压 $u_{T1}=u_{UV}<0$。

10)当 $\omega t_6<\omega t<\omega t_7$ 时

条件:比较交流侧三相相电压瞬时值的大小,$u_V<0$,u_W 最大,但 $u_{g5}=0$。在 $|u_L|-|u_V|>0$ 作用下,晶闸管 VT_3 承受正向阳极电压。

结论:晶闸管 VT_3 导通,即 $i_{T3}=i_d>0$;直流侧负载电压 $u_d=u_V<0$;晶闸管 VT_1 承受电压 $u_{T1}=u_{UV}<0$。

11)当 $\omega t_7\leqslant\omega t<\omega t_8$ 时

条件:比较交流侧三相相电压瞬时值的大小,u_W 最大;在 $\omega t=\omega t_7$ 时刻,给晶闸管 VT_5 施加触发电压,$u_{g5}>0$。

结论:晶闸管 VT_5 导通,即 $i_{T5}=i_d>0$;直流侧负载电压 $u_d=u_W>0$;晶闸管 VT_1 承受电压 $u_{T1}=u_{UW}<0$。

12)当 $\omega t=\omega t_8$ 时

条件:比较交流侧三相相电压瞬时值的大小,$u_U=u_W>0$,但 $u_{g1}=0$。

结论:晶闸管 VT_5 导通,即 $i_{T5}=i_d>0$;直流侧负载电压 $u_d=u_W>0$;晶闸管 VT_1 承受电压 $u_{T1}=u_{UW}<0$。

13）当 $\omega t_8 < \omega t < \omega t_9$ 时

条件：比较交流侧三相相电压瞬时值的大小，u_U 最大，但 $u_{g1}=0$。

结论：晶闸管 VT_5 导通，即 $i_{T5}=i_d>0$；直流侧负载电压 $u_d=u_W>0$；晶闸管 VT_1 承受电压 $u_{T1}=u_{UW}>0$。

14）当 $\omega t=\omega t_9$ 时

条件：比较交流侧三相相电压瞬时值的大小，$u_W=0$，$u_{g1}=0$。电感产生的感生电动势 u_L 极性是上负下正，在 u_L 作用下，晶闸管 VT_5 承受正向阳极电压。

结论：晶闸管 VT_5 导通，即 $i_{T5}=i_d>0$；直流侧负载电压 $u_d=u_V=0$；晶闸管 VT_1 承受电压 $u_{T1}=u_{UW}>0$。

15）当 $\omega t_9 < \omega t < \omega t_1$ 时

条件：比较交流侧三相相电压瞬时值的大小，$u_W<0$，u_U 最大，但 $u_{g5}=0$。在 $|u_L|-|u_V|>0$ 作用下，晶闸管 VT_5 承受正向阳极电压。

结论：晶闸管 VT_5 导通，即 $i_{T5}=i_d>0$；直流侧负载电压 $u_d=u_W<0$；晶闸管 VT_1 承受电压 $u_{T1}=u_{UW}>0$。

2. 基本数量关系

（1）输出端直流电压：

$$U_d = 1.17U_2\cos\alpha \qquad (2\text{-}13)$$

（2）晶闸管可能承受的最大正向、反向电压均为 $\sqrt{6}\,U_2$。

（3）移相范围为 0°～90°。

2.6.3 续流分析

1. 电感性负载接续流二极管时的波形分析

三相半波可控整流电路电感性负载接续流二极管 $\alpha=60°$ 时的输出波形如图 2.38 所示。在交流电一个周期内，用 ωt 坐标点将波形分为九段，设电路已处于工作状态，下面仅对 $\omega t_1 \sim \omega t_4$ 区间进行分析。

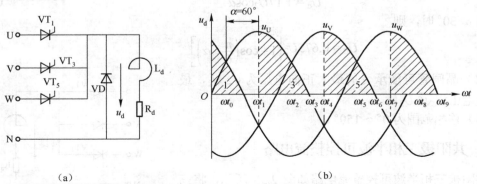

图 2.38　三相半波可控整流电路电感性负载接续流二极管 $\alpha=60°$ 时的输出波形

1）当 $\omega t_1 \leqslant \omega t < \omega t_2$ 时

条件：比较交流侧三相相电压瞬时值的大小，u_U 最大；在 $\omega t=\omega t_1$ 时，给晶闸管 VT_1 施加触发电压，$u_{g1}>0$。

结论：晶闸管 VT_1 导通，即 $i_{T1}=i_d>0$；直流侧负载的电压 $u_d=u_U>0$；晶闸管 VT_1 承受电压 $u_{T1}=0$。

2）当 $\omega t=\omega t_2$ 时

条件：比较交流侧三相相电压瞬时值的大小，$u_U=u_V>0$，但 $u_{g3}=0$。

结论：晶闸管 VT_1 导通，即 $i_{T1}=i_d>0$；直流侧负载的电压 $u_d=u_U>0$；晶闸管 VT_1 承受电压 $u_{T1}=0$。

3）当 $\omega t_2<\omega t<\omega t_3$ 时

条件：比较交流侧三相相电压瞬时值的大小，u_V 最大，但 $u_U>0$，$u_{g3}=0$。

结论：晶闸管 VT_1 导通，即 $i_{T1}=i_d>0$；直流侧负载的电压 $u_d=u_U>0$；晶闸管 VT_1 承受电压 $u_{T1}=0$。

4）当 $\omega t=\omega t_3$ 时

条件：比较交流侧三相相电压瞬时值的大小，$u_U=0$，$u_{g3}=0$。电感产生的感生电动势 u_L 极性是上负下正，在 u_L 作用下，晶闸管 VT_1 承受正向阳极电压。

结论：晶闸管 VT_1 导通，续流管 VD 导通，即 $i_d=i_{T1}+i_D=>0$；直流侧负载的电压 $u_d=u_U=0$；晶闸管 VT_1 承受电压 $u_{T1}=0$。

5）当 $\omega t_3<\omega t<\omega t_4$ 时

条件：比较交流侧三相相电压瞬时值的大小，$u_U<0$，u_V 最大，但 $u_{g3}=0$。电感产生的感生电动势 u_L 极性是上负下正，在 u_L 作用下，续流管 VD 继续续流导通，晶闸管 VT_1 承受反向阳极电压。

结论：晶闸管 VT_1 关断，续流管 VD 导通，即 $i_D=i_d>0$；直流侧负载的电压 $u_d=0$；晶闸管 VT_1 承受电压 $u_{T1}=u_U<0$。

2. 基本数量关系

（1）输出端直流电压：

当 $\alpha\leqslant30°$ 时，则

$$U_d = 1.17U_2\cos\alpha \tag{2-14}$$

当 $\alpha>30°$ 时，则

$$U_d = 0.675U_2\left[1+\cos\left(\frac{\pi}{6}+\alpha\right)\right] \tag{2-15}$$

（2）晶闸管可能承受的最大正向电压为 $\sqrt{2}\,U_2$，最大反向电压为 $\sqrt{6}\,U_2$。

（3）移相范围为 $0°\sim150°$。

2.6.4 共阳极三相半波可控整流电路

共阳极三相半波可控整流电路如图 2.39 所示，将三只晶闸管的阳极连接在一起，这种接法叫共阳极接法。在某些整流装置中，考虑能公用一块大散热器与安装方

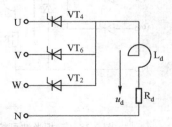

图 2.39 共阳极三相半波可控整流电路

便可采用共阳极接法，缺点是要求三个管子的触发电路输出端彼此绝缘。电路分析方法同共

阴极接法电路。所不同的是：由于晶闸管方向改变，它在电源电压 u_2 负半周时承受正向电压，因此只能在 u_2 的负半周被触发导通，电流的实际方向也改变了。显然，共阳极接法的三只晶闸管的自然换相点为电源相电压负半周相连交点 2、4、6 点，即控制角 $\alpha=0°$ 的点，若在此时送上脉冲，则整流电压 u_d 波形是电源相电压负半周的包络线。

共阳极三相半波可控整流电路电感性负载 $\alpha=30°$ 时的输出波形如图 2.40 所示。设电路已稳定工作，此时 VT_6 已导通，到交点 2，虽然 W 相相电压负值更大，VT_2 承受正向电压，但脉冲还没有来，VT_6 继续导通，输出电压 u_d 波形为 u_B 波形。到 ωt_1 时刻，u_{g2} 脉冲到来触发 VT_2，VT_2 导通，VT_6 因承受反压而关断，输出电压 u_d 的波形为 u_W 波形，如此循环下去。电流 i_d 波形画在横轴下面，表示电流的实际方向与图 2.40 中假定的方向相反。

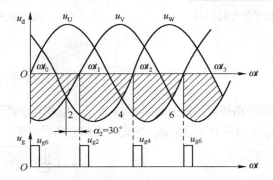

图 2.40　共阳极三相半波可控整流电路电感性负载 $\alpha=30°$ 时的输出波形

输出平均电压 U_d 的计算公式如下：

$$U_d = -1.17U_2\cos\alpha \tag{2-16}$$

【电路评价】

　　三相半波可控整流电路只需三只晶闸管，与单相可控整流电路相比，输出电压脉冲小、输出功率大、三相负载平衡。其不足之处是整流变压器二次侧只有 1/3 周期有单方向电流通过，变压器使用率低，且直流分量造成变压器直流磁化。为克服直流磁化引起的较大漏磁通，须增大变压器截面，即增加用铁用铜量。为此三相半波可控整流电路应用受到限制，在较大容量或性能要求高时，广泛采用三相桥式可控整流电路。

2.7　三相全控桥式可控整流电路

为了克服三相半波电路的缺点，利用共阴极与共阳极接法对于整流变压器电流方向相反的特点，用一个变压器同时对共阴极与共阳极两组整流电路供电，如图 2.41 所示。图 2.41 中，变压器二次侧 U 相正向电流 i_{T1} 流过共阴极组 VT_1，反向电流 i_{T4} 流过共阳极组 VT_4。如果两组负载与控制角均相同，则两组电流大小、波形相同而方向相反，使变压器二次侧正负半周均有电流流过，利用率增加一倍且无直流分量。零线电流 $I_{d0}=I_{d1}-I_{d2}=0$，去除零线再将两组负载合并即成图 2.42 所示的三相全控桥式可控整流电路。所以该电路实质上是三相半波共阴极组可控整流电路与共阳极组可控整流电路的串联。

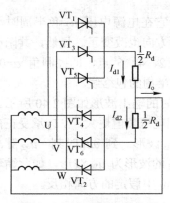

图 2.41　三相半波电路串联

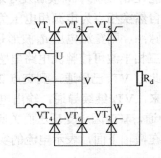

图 2.42　三相全控桥式可控整流电路

2.7.1　电路结构特点

1．电路为串联结构

三相全控桥式可控整流电路桥臂的拆分如图 2.43 所示，它相当于两组三相半波可控整流电路的串联，对每个桥臂上串联的两只晶闸管来说，它们一个来自共阴极组，另一个来自共阳极组。

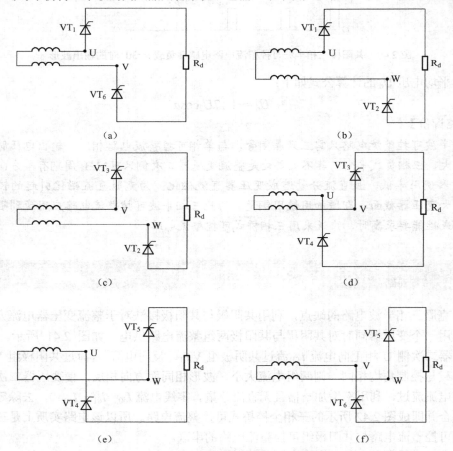

图 2.43　三相全控桥式可控整流电路桥臂的拆分

2. 对晶闸管的编号要求

三相全控桥式可控整流电路共使用六只晶闸管，这六只晶闸管的编号是有严格规定的，即每只晶闸管的编号与其所对应的自然换相点的点号保持一致。三相交流电正半周期相电压的交点（自然换相点）是 1、3、5，那么对应共阴极组晶闸管的编号就应该是 VT_1、VT_3、VT_5；三相交流电负半周期相电压的交点（自然换相点）是 4、6、2，那么对应共阳极组晶闸管的编号就应该是 VT_4、VT_6、VT_2。

3. 对触发脉冲的要求

由于三相全控桥式可控整流电路相当于两组三相半波电路的串联，要想使整个电路构成电流通路就必须保证共阴极组和共阳极组各有一个晶闸管同时导通，因此三相全控桥式主电路要求触发电路必须同时输出两个触发脉冲，一个去触发共阴极组晶闸管，另一个去触发共阳极组晶闸管，即触发脉冲必须成对出现。

由于晶闸管的编号有严格规定，这就决定了晶闸管的导通也有严格顺序要求，正常情况下触发脉冲出现的顺序是按照晶闸管的编号顺序依次出现。

总之，三相全控桥式主电路对触发脉冲的要求是必须"依次、成对"出现，即

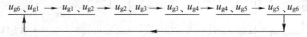

$$u_{g6}、u_{g1} \longrightarrow u_{g1}、u_{g2} \longrightarrow u_{g2}、u_{g3} \longrightarrow u_{g3}、u_{g4} \longrightarrow u_{g4}、u_{g5} \longrightarrow u_{g5}、u_{g6}$$

2.7.2 $\alpha=0°$ 时的电路工作分析

三相全控桥式可控整流电路阻性负载 $\alpha=0°$ 时的输出波形如图 2.44 所示。在交流电一个周期内，用 ωt 坐标点将波形分为六段，设电路已处于工作状态，下面逐段对波形进行分析。

1）当 $\omega t_1 \leqslant \omega t < \omega t_2$ 时

条件：在 $\omega t=\omega t_1$ 时刻，触发脉冲出现的顺序是 $u_{g6}=u_{g1}>0$；比较交流侧三相相电压瞬时值 u_U、u_V 的大小，此段 u_U 最大，u_V 最小，即 $u_{UV}>0$。

结论：晶闸管 VT_6、VT_1 导通，即 $i_{T6}=i_{T1}=i_d>0$；直流侧负载的电压 $u_d=u_{UV}>0$。

2）当 $\omega t_2 \leqslant \omega t < \omega t_3$ 时

条件：在 $\omega t=\omega t_2$ 时刻，触发脉冲出现的顺序是 $u_{g1}=u_{g2}>0$；比较交流侧三相相电压瞬时值 u_U、u_W 的大小，此段 u_U 最大，u_W 最小，即 $u_{UW}>0$。

结论：晶闸管 VT_1、VT_2 导通，即 $i_{T1}=i_{T2}=i_d>0$；直流侧负载的电压 $u_d=u_{UW}>0$。

3）当 $\omega t_3 \leqslant \omega t < \omega t_4$ 时

条件：在 $\omega t=\omega t_3$ 时刻，触发脉冲出现的顺序是 $u_{g2}=u_{g3}>0$；比较交流侧三相相电压瞬时值 u_V、u_W 的大小，此段 u_V 最大，u_W 最小，即 $u_{VW}>0$。

结论：晶闸管 VT_2、VT_3 导通，即 $i_{T2}=i_{T3}=i_d>0$；直流侧负载的电压 $u_d=u_{VW}>0$。

4）当 $\omega t_4 \leqslant \omega t < \omega t_5$ 时

条件：在 $\omega t=\omega t_4$ 时刻，触发脉冲出现的顺序是 $u_{g3}=u_{g4}>0$；比较交流侧三相相电压瞬时值 u_V、u_U 的大小，此段 u_V 最大，u_U 最小，即 $u_{VU}>0$。

结论：晶闸管 VT_3、VT_4 导通，即 $i_{T3}=i_{T4}=i_d>0$；直流侧负载的电压 $u_d=u_{VU}>0$。

5）当 $\omega t_5 \leqslant \omega t < \omega t_6$ 时

条件：在 $\omega t=\omega t_5$ 时刻，触发脉冲出现的顺序是 $u_{g4}=u_{g5}>0$；比较交流侧三相相电压瞬时值 u_W、u_U 的大小，此段 u_W 最大，u_U 最小，即 $u_{WU}>0$。

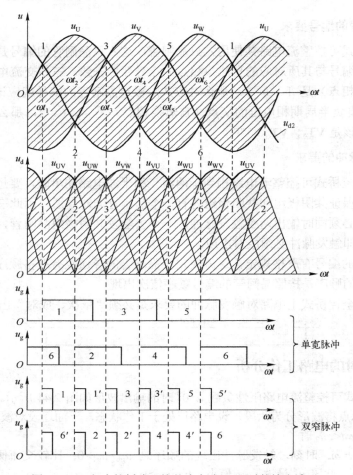

图 2.44　三相全控桥式可控整流电路 $\alpha=0°$ 时的输出波形

结论：晶闸管 VT4、VT5 导通，即 $i_{T4}=i_{T5}=i_d>0$；直流侧负载的电压 $u_d=u_{WU}>0$。

6）当 $\omega t_6 \leqslant \omega t < \omega t_7$ 时

条件：在 $\omega t=\omega t_6$ 时刻，触发脉冲出现的顺序是 $u_{g5}=u_{g6}>0$；比较交流侧三相相电压瞬时值 u_W、u_V 的大小，此段 u_W 最大，u_V 最小，即 $u_{WV}>0$。

结论：晶闸管 VT5、VT6 导通，即 $i_{T5}=i_{T6}=i_d>0$；直流侧负载的电压 $u_d=u_{WV}>0$。

经上述分析可得以下结论。

（1）直流侧输出电压 u_d 波形为三相线电压波形正半周的包络线，u_d 波形每周期脉动六次。

（2）不管是共阴极组还是共阳极组的晶闸管，只要是同组内的晶闸管每隔 120° 换流一次，例如，如果 u_{g1} 与 u_{g3} 的脉冲间隔为 120°，对应同组内的 VT1、VT3 的导通间隔为 120°；相邻号的晶闸管每隔 60° 换流一次；如果 VT1、VT2 的导通间隔为 60°；接在同一根电源线上的晶闸管每隔 180° 换流一次；如果 u_{g1} 与 u_{g4} 的脉冲间隔为 180°，对应 VT1、VT4 的导通间隔为 180°。

 【课堂讨论】

问题：在三相全控桥式可控整流电路中，为什么触发脉冲要"成对"出现？如何保证触发脉冲"成对"出现？

答案：由于三相全控桥式可控整流电路相当于两组三相半波电路的串联，为了保证电路合闸后能工作，或在电流断续后再次工作，电路必须有两只晶闸管同时导通，对将要导通的晶闸管施加触发脉冲，所以触发脉冲必须要"成对"出现。通常保证触发脉冲"成对"出现的方法有两种。

（1）单宽脉冲触发。

如图 2.44 所示，每个单宽脉冲的宽度在 80°～100° 之间，由于相邻号的触发脉冲间隔 60°，也就是每隔 60° 由上一只晶闸管轮换到下一只晶闸管导通时，在后一个触发脉冲出现时刻，前一个触发脉冲还没有消失，这样就可保证在任意换相时刻都能触发两只晶闸管导通。例如，当 2 号脉冲 u_{g2} 到来时，1 号脉冲 u_{g1} 还没有消失，两脉冲具有重叠时间，即脉冲 u_{g1}、u_{g2} "成对"出现。

（2）双窄脉冲触发。

如图 2.44 所示，每个窄脉冲的宽度在 20°～30° 之间，触发电路在给某一个晶闸管施加触发脉冲（主脉冲）的同时，也给前一个晶闸管施加一个补脉冲（辅助脉冲）。例如，触发电路在给 2 号晶闸管施加主脉冲 u_{g2} 时，同时又给 1 号晶闸管施加补脉冲 u_{g1}。显然，双窄脉冲的作用同单宽脉冲的作用是一样的。双窄脉冲虽复杂，但脉冲变压器铁芯体积小，触发装置的输出功率小，所以被广泛采用。

2.7.3　电阻性负载

1．$\alpha=60°$ 时的波形分析

三相全控桥式可控整流电路电阻性负载 $\alpha=60°$ 时的输出波形如图 2.45 所示。在交流电一个周期内，用 ωt 坐标点将波形分为六段，设电路已处于工作状态，下面对波形逐段进行分析。

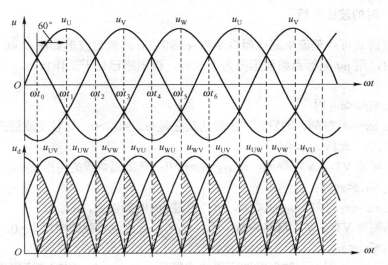

图 2.45　三相全控桥式可控整流电路电阻性负载 α=60°时的输出波形

1）当 $\omega t_1 \leqslant \omega t < \omega t_2$ 时

条件：在 $\omega t = \omega t_1$ 时刻，触发脉冲出现的顺序是 $u_{g6} = u_{g1} > 0$；比较交流侧三相相电压瞬时值 u_U、u_V 的大小，此段 u_U 最大，u_V 最小，即 $u_{UV} > 0$。

结论：晶闸管 VT_6、VT_1 导通，即 $i_{T6} = i_{T1} = i_d > 0$；直流侧负载的电压 $u_d = u_{UV} > 0$。

2）当 $\omega t_2 \leqslant \omega t < \omega t_3$ 时

条件：在 $\omega t = \omega t_2$ 时刻，触发脉冲出现的顺序是 $u_{g1} = u_{g2} > 0$；比较交流侧三相相电压瞬时值 u_U、u_W 的大小，此段 u_U 最大，u_W 最小，即 $u_{UW} > 0$。

结论：晶闸管 VT_1、VT_2 导通，即 $i_{T1} = i_{T2} = i_d > 0$；直流侧负载的电压 $u_d = u_{UW} > 0$。

3）当 $\omega t_3 \leqslant \omega t < \omega t_4$ 时

条件：在 $\omega t = \omega t_3$ 时刻，触发脉冲出现的顺序是 $u_{g2} = u_{g3} > 0$；比较交流侧三相相电压瞬时值 u_V、u_W 的大小，此段 u_V 最大，u_W 最小，即 $u_{VW} > 0$。

结论：晶闸管 VT_2、VT_3 导通，即 $i_{T2} = i_{T3} = i_d > 0$；直流侧负载的电压 $u_d = u_{VW} > 0$。

4）当 $\omega t_4 \leqslant \omega t < \omega t_5$ 时

条件：在 $\omega t = \omega t_4$ 时刻，触发脉冲出现的顺序是 $u_{g3} = u_{g4} > 0$；比较交流侧三相相电压瞬时值 u_V、u_U 的大小，此段 u_V 最大，u_U 最小，即 $u_{VU} > 0$。

结论：晶闸管 VT_3、VT_4 导通，即 $i_{T3} = i_{T4} = i_d > 0$；直流侧负载的电压 $u_d = u_{VU} > 0$。

5）当 $\omega t_5 \leqslant \omega t < \omega t_6$ 时

条件：在 $\omega t = \omega t_5$ 时刻，触发脉冲出现的顺序是 $u_{g4} = u_{g5} > 0$；比较交流侧三相相电压瞬时值 u_W、u_U 的大小，此段 u_W 最大，u_U 最小，即 $u_{WU} > 0$。

结论：晶闸管 VT_4、VT_5 导通，即 $i_{T4} = i_{T5} = i_d > 0$；直流侧负载的电压 $u_d = u_{WU} > 0$。

6）当 $\omega t_6 \leqslant \omega t < \omega t_7$ 时

条件：在 $\omega t = \omega t_6$ 时刻，触发脉冲出现的顺序是 $u_{g5} = u_{g6} > 0$；比较交流侧三相相电压瞬时值 u_W、u_V 的大小，此段 u_W 最大，u_V 最小，即 $u_{WV} > 0$。

结论：晶闸管 VT_5、VT_6 导通，即 $i_{T5} = i_{T6} = i_d > 0$；直流侧负载的电压 $u_d = u_{WV} > 0$。

2. $\alpha = 90°$ 时的波形分析

三相全控桥式可控整流电路电阻性负载 $\alpha = 90°$ 时的输出波形如图 2.46 所示。在交流电一个周期内，用 ωt 坐标点将波形分为十二段，设电路已处于工作状态，下面对波形逐段进行分析。

1）当 $\omega t_1 \leqslant \omega t < \omega t_2$ 时

条件：在 $\omega t = \omega t_1$ 时刻，触发脉冲出现的顺序是 $u_{g6} = u_{g1} > 0$；比较交流侧三相相电压瞬时值 u_U、u_V 的大小，此段 $u_{UV} > 0$。

结论：晶闸管 VT_6、VT_1 导通，即 $i_{T6} = i_{T1} = i_d > 0$；直流侧负载的电压 $u_d = u_{UV} > 0$。

2）当 $\omega t_2 \leqslant \omega t < \omega t_3$ 时

条件：在 $\omega t = \omega t_2$ 时刻，$u_U = u_V$，$u_{UV} = 0$；但过 ωt_2 时刻以后，$u_{UV} < 0$。

结论：晶闸管 VT_6、VT_1 自然关断，即 $i_T = i_d = 0$；直流侧负载的电压 $u_d = 0$。

3）当 $\omega t_3 \leqslant \omega t < \omega t_4$ 时

条件：在 $\omega t = \omega t_3$ 时刻，触发脉冲出现的顺序是 $u_{g1} = u_{g2} > 0$；比较交流侧三相相电压瞬时值 u_U、u_W 的大小，此段 $u_{UW} > 0$。

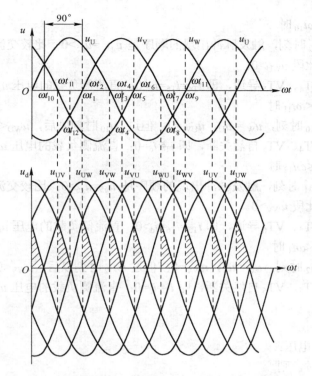

图 2.46　三相全控桥式可控整流电路电阻性负载 $\alpha = 90°$ 时的输出波形

结论：晶闸管 VT_1、VT_2 导通，即 $i_{T1} = i_{T2} = i_d > 0$；直流侧负载的电压 $u_d = u_{UW} > 0$。

4）当 $\omega t_4 \le \omega t < \omega t_5$ 时

条件：在 $\omega t = \omega t_4$ 时刻，$u_U = u_W$，$u_{UW} = 0$；但过 ωt_4 时刻以后，$u_{UW} < 0$。

结论：晶闸管 VT_1、VT_2 自然关断，即 $i_T = i_d = 0$；直流侧负载的电压 $u_d = 0$。

5）当 $\omega t_5 \le \omega t < \omega t_6$ 时

条件：在 $\omega t = \omega t_5$ 时刻，触发脉冲出现的顺序是 $u_{g2} = u_{g3} > 0$；比较交流侧三相相电压瞬时值 u_V、u_W 的大小，此段 $u_{VW} > 0$。

结论：晶闸管 VT_2、VT_3 导通，即 $i_{T2} = i_{T3} = i_d > 0$；直流侧负载的电压 $u_d = u_{VW} > 0$。

6）当 $\omega t_6 \le \omega t < \omega t_7$ 时

条件：在 $\omega t = \omega t_6$ 时刻，$u_V = u_W$，$u_{VW} = 0$；但过 ωt_6 时刻以后，$u_{VW} < 0$。

结论：晶闸管 VT_2、VT_3 自然关断，即 $i_T = i_d = 0$；直流侧负载的电压 $u_d = 0$。

7）当 $\omega t_7 \le \omega t < \omega t_8$ 时

条件：在 $\omega t = \omega t_7$ 时刻，触发脉冲出现的顺序是 $u_{g3} = u_{g4} > 0$；比较交流侧三相相电压瞬时值 u_V、u_U 的大小，此段 $u_{VU} > 0$。

结论：晶闸管 VT_3、VT_4 导通，即 $i_{T3} = i_{T4} = i_d > 0$；直流侧负载的电压 $u_d = u_{VU} > 0$。

8）当 $\omega t_8 \le \omega t < \omega t_9$ 时

条件：在 $\omega t = \omega t_8$ 时刻，$u_V = u_U$，$u_{VU} = 0$；但过 ωt_8 时刻以后，$u_{VU} < 0$。

结论：晶闸管 VT_3、VT_4 自然关断，即 $i_T = i_d = 0$；直流侧负载的电压 $u_d = 0$。

9）当 $\omega t_9 \leqslant \omega t < \omega t_{10}$ 时

条件：在 $\omega t = \omega t_9$ 时刻，触发脉冲出现的顺序是 $u_{g4} = u_{g5} > 0$；比较交流侧三相相电压瞬时值 u_W、u_U 的大小，此段 $u_{WU} > 0$。

结论：晶闸管 VT_4、VT_5 导通，即 $i_{T4} = i_{T5} = i_d > 0$；直流侧负载的电压 $u_d = u_{WU} > 0$。

10）当 $\omega t_{10} \leqslant \omega t < \omega t_{11}$ 时

条件：在 $\omega t = \omega t_{10}$ 时刻，$u_W = u_U$，$u_{UW} = 0$；但过 ωt_{10} 时刻以后，$u_{WU} < 0$。

结论：晶闸管 VT_4、VT_5 自然关断，即 $i_T = i_d = 0$；直流侧负载的电压 $u_d = 0$。

11）当 $\omega t_{11} \leqslant \omega t < \omega t_{12}$ 时

条件：在 $\omega t = \omega t_{11}$ 时刻，触发脉冲出现的顺序是 $u_{g5} = u_{g6} > 0$；比较交流侧三相相电压瞬时值 u_W、u_V 的大小，此段 $u_{WV} > 0$。

结论：晶闸管 VT_5、VT_6 导通，即 $i_{T5} = i_{T6} = i_d > 0$；直流侧负载的电压 $u_d = u_{WV} > 0$。

12）当 $\omega t_{12} \leqslant \omega t < \omega t_1$ 时

条件：在 $\omega t = \omega t_{12}$ 时刻，$u_W = u_V$，$u_{WV} = 0$；但过 ωt_{12} 时刻以后，$u_{WV} < 0$。

结论：晶闸管 VT_5、VT_6 自然关断，即 $i_T = i_d = 0$；直流侧负载的电压 $u_d = 0$。

3．基本数量关系

（1）输出端直流电压：

当 $0° \leqslant \alpha \leqslant 60°$ 时，则

$$U_d = 2.34U_2 \frac{1 + \cos\alpha}{2} \tag{2-17}$$

当 $60° \leqslant \alpha \leqslant 120°$ 时，则

$$U_d = 2.34U_2 \left[1 + \cos\left(\frac{\pi}{6} + \alpha \right) \right] \tag{2-18}$$

（2）晶闸管可能承受的最大正向、反向电压均为 $\sqrt{6}\,U_2$。

（3）移相范围为 $0° \sim 120°$。

2.7.4　电感性负载

1．感性负载的波形

三相全控桥式可控整流电路电感性负载 $\alpha = 90°$ 时的输出波形如图 2.47 所示。在交流电一个周期内，用 ωt 坐标点将波形分为十二段，设电路已处于工作状态，下面对波形逐段进行分析。

1）当 $\omega t_1 \leqslant \omega t < \omega t_2$ 时

条件：在 $\omega t = \omega t_1$ 时刻，触发脉冲出现的顺序是 $u_{g6} = u_{g1} > 0$；比较交流侧三相相电压瞬时值 u_U、u_V 的大小，此段 $u_{UV} > 0$。

结论：晶闸管 VT_6、VT_1 导通，即 $i_{T6} = i_{T1} = i_d > 0$；直流侧负载的电压 $u_d = u_{UV} > 0$。

2）当 $\omega t_2 \leqslant \omega t < \omega t_3$ 时

条件：在 $\omega t = \omega t_2$ 时刻，$u_U = u_V$，$u_{UV} = 0$；但过 ωt_2 时刻以后，$u_{UV} < 0$。在电感 u_L 作用下，$|u_L| > |u_{UV}|$。

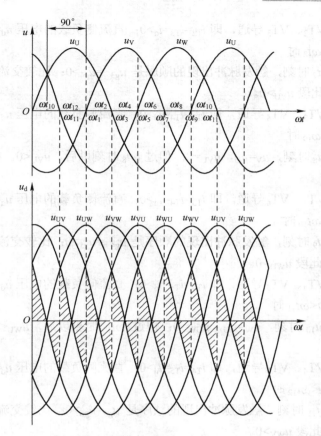

图2.47　三相全控桥式可控整流电路电感性负载 $\alpha=90°$ 时的输出波形

结论：晶闸管 VT_6、VT_1 导通，即 $i_{T6}=i_{T1}=i_d>0$；直流侧负载的电压 $u_d=u_{UV}<0$。

3）当 $\omega t_3 \leqslant \omega t < \omega t_4$ 时

条件：在 $\omega t=\omega t_3$ 时刻，触发脉冲出现的顺序是 $u_{g1}=u_{g2}>0$；比较交流侧三相相电压瞬时值 u_U、u_W 的大小，此段 $u_{UW}>0$。

结论：晶闸管 VT_1、VT_2 导通，即 $i_{T1}=i_{T2}=i_d>0$；直流侧负载的电压 $u_d=u_{UW}>0$。

4）当 $\omega t_4 \leqslant \omega t < \omega t_5$ 时

条件：在 $\omega t=\omega t_4$ 时刻，$u_U=u_W$，$u_{UW}=0$；但过 ωt_4 时刻以后，$u_{UW}<0$。在电感 u_L 作用下，$|u_L|>|u_{UW}|$。

结论：晶闸管 VT_1、VT_2 导通，即 $i_{T1}=i_{T2}=i_d>0$；直流侧负载的电压 $u_d=u_{UW}<0$。

5）当 $\omega t_5 \leqslant \omega t < \omega t_6$ 时

条件：在 $\omega t=\omega t_5$ 时刻，触发脉冲出现的顺序是 $u_{g2}=u_{g3}>0$；比较交流侧三相相电压瞬时值 u_V、u_W 的大小，此段 $u_{VW}>0$。

结论：晶闸管 VT_2、VT_3 导通，即 $i_{T2}=i_{T3}=i_d>0$；直流侧负载的电压 $u_d=u_{VW}>0$。

6）当 $\omega t_6 \leqslant \omega t < \omega t_7$ 时

条件：在 $\omega t=\omega t_6$ 时刻，$u_V=u_W$，$u_{VW}=0$；但过 ωt_6 时刻以后，$u_{VW}<0$。在电感 u_L 作用下，$|u_L|>|u_{VW}|$。

结论：晶闸管 VT_2、VT_3 导通，即 $i_{T2}=i_{T3}=i_d>0$；直流侧负载的电压 $u_d=u_{VW}<0$。

7）当 $\omega t_7 \leqslant \omega t < \omega t_8$ 时

条件：在 $\omega t=\omega t_7$ 时刻，触发脉冲出现的顺序是 $u_{g3}=u_{g4}>0$；比较交流侧三相相电压瞬时值 u_V、u_U 的大小，此段 $u_{VU}>0$。

结论：晶闸管 VT_3、VT_4 导通，即 $i_{T3}=i_{T4}=i_d>0$；直流侧负载的电压 $u_d=u_{VU}>0$。

8）当 $\omega t_8 \leqslant \omega t < \omega t_9$ 时

条件：在 $\omega t=\omega t_8$ 时刻，$u_V=u_U$，$u_{VU}=0$；但过 ωt_8 时刻以后，$u_{VU}<0$。在电感 u_L 作用下，$|u_L|>|u_{VU}|$。

结论：晶闸管 VT_3、VT_4 导通，即 $i_{T3}=i_{T4}=i_d>0$；直流侧负载的电压 $u_d=u_{VU}<0$。

9）当 $\omega t_9 \leqslant \omega t < \omega t_{10}$ 时

条件：在 $\omega t=\omega t_9$ 时刻，触发脉冲出现的顺序是 $u_{g4}=u_{g5}>0$；比较交流侧三相相电压瞬时值 u_W、u_U 的大小，此段 $u_{WU}>0$。

结论：晶闸管 VT_4、VT_5 导通，即 $i_{T4}=i_{T5}=i_d>0$；直流侧负载的电压 $u_d=u_{WU}>0$。

10）当 $\omega t_{10} \leqslant \omega t < \omega t_{11}$ 时

条件：在 $\omega t=\omega t_{10}$ 时刻，$u_W=u_U$，$u_{UW}=0$；但过 ωt_{10} 时刻以后，$u_{WU}<0$。在电感 u_L 作用下，$|u_L|>|u_{WU}|$。

结论：晶闸管 VT_4、VT_5 导通，即 $i_{T4}=i_{T5}=i_d>0$；直流侧负载的电压 $u_d=u_{WU}<0$。

11）当 $\omega t_{11} \leqslant \omega t < \omega t_{12}$ 时

条件：在 $\omega t=\omega t_{11}$ 时刻，触发脉冲出现的顺序是 $u_{g5}=u_{g6}>0$；比较交流侧三相相电压瞬时值 u_W、u_V 的大小，此段 $u_{WV}>0$。

结论：晶闸管 VT_5、VT_6 导通，即 $i_{T5}=i_{T6}=i_d>0$；直流侧负载的电压 $u_d=u_{WV}>0$。

12）当 $\omega t_{12} \leqslant \omega t < \omega t_1$ 时

条件：在 $\omega t=\omega t_{12}$ 时刻，$u_W=u_V$，$u_{WV}=0$；但过 ωt_{12} 时刻以后，$u_{WV}<0$。在电感 u_L 作用下，$|u_L|>|u_{WV}|$。

结论：晶闸管 VT_5、VT_6 导通，即 $i_{T5}=i_{T6}=i_d>0$；直流侧负载的电压 $u_d=u_{WV}<0$。

2．基本数量关系

（1）输出端直流电压：

$$U_d = 2.34U_2\cos\alpha \tag{2-19}$$

（2）晶闸管可能承受的最大正向、反向电压均为 $\sqrt{6}\,U_2$。

（3）移相范围为 $0°\sim90°$。

2.7.5 续流分析

三相全控桥式可控整流电路电感性负载并接续流二极管 $\alpha=90°$ 时的输出波形如图 2.48 所示。在交流电一个周期内，用 ωt 坐标点将波形分为十二段，设电路已处于工作状态，下面以 ωt_2 点为例，对续流二极管作用进行分析。

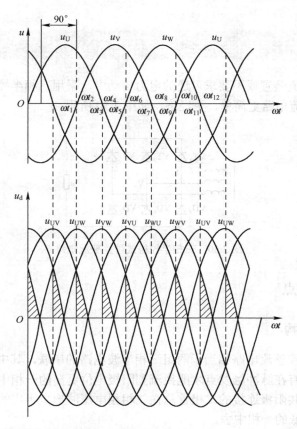

图 2.48　三相全控桥式可控整流电路电感性负载并接续流二极管 α=90°时的输出波形

在 $\omega t=\omega t_2$ 时刻，$u_U=u_V$，$u_{UV}=0$，三相全控桥式可控整流电路的等效电路如图 2.49 所示。此时在续流二极管 VD 的钳位作用下，晶闸管 VT$_6$、VT$_1$ 自然关断。

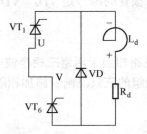

图 2.49　三相全控桥式可控整流电路 $u_{UV}=0$ 时的等效电路

【电路评价】

三相全控桥式可控整流电路输出电压脉动小，脉动频率高。与三相半波可控整流电路相比，在电源电压相同、控制角一样时，输出电压提高一倍。又因为整流变压器二次绕组电流没有直流分量，不存在铁芯被直流磁化问题，故绕组和铁芯利用率高，所以被广泛应用在大功率直流电动机调速系统，以及对整流的各项指标要求较高的整流装置上。

2.8 三相半控桥式可控整流电路

在中等容量的整流装置或不要求可逆的电力传动中，采用三相半控桥式可控整流电路比三相全控桥式可控整流电路更简单、更经济，如图 2.50 所示。

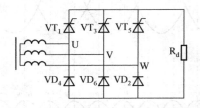

图 2.50　三相半控桥式可控整流电路

2.8.1　电路结构特点

1．电路为串联结构

三相半控桥式可控整流电路相当于两组三相半波电路的串联，其中一组来自可控的共阴极组，三个晶闸管只有在脉冲触发点才能换流到阳极电位更高的一相中去；另一组来自不可控的共阳极组，三个共阳极连接的二极管总在三相相电压波形负半周的自然换相点换流，使电流换到阴极电位更低的一相中去。

2．对元器件的编号要求

三相半控桥式可控整流电路共使用六只整流元器件，对应共阴极组晶闸管的编号是 VT_1、VT_3、VT_5；对应共阳极组二极管的编号是 VD_4、VD_6、VD_2。

3．对触发脉冲的要求

由于三相半控桥式可控整流电路相当于两组三相半波电路的串联，其中共阳极组是不可控的，所以触发电路只要给共阴极组的三只晶闸管施加相隔 $120°$ 的单窄脉冲即可。

2.8.2　电阻性负载

1．$\alpha=30°$ 时的波形分析

三相半控桥式可控整流电路阻性负载 $\alpha=30°$ 时的输出波形如图 2.51 所示。在交流电一个周期内，用 ωt 坐标点将波形分为六段，设电路已处于工作状态，下面对波形逐段进行分析。

1）当 $\omega t_1 \leqslant \omega t < \omega t_2$ 时

条件：在 $\omega t=\omega t_1$ 时刻，$u_{g1}>0$；比较交流侧三相相电压瞬时值，u_V 最小，即 $u_{UV}>0$。

结论：二极管 VD_6、晶闸管 VT_1 导通，即 $i_{D6}=i_{T1}=i_d>0$；直流侧负载的电压 $u_d=u_{UV}>0$。

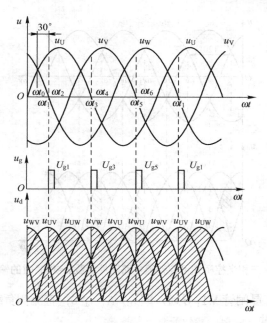

图 2.51 三相半控桥式可控整流电路阻性负载 $\alpha=30°$ 时的输出波形

2）当 $\omega t_2 \leq \omega t < \omega t_3$ 时

条件：在 $\omega t = \omega t_2$ 时刻，$u_V = u_W$；过 ωt_2 时刻后 u_W 最小，即 $u_{UW} > 0$。

结论：晶闸管 VT_1、二极管 VD_2 导通，即 $i_{T1} = i_{D2} = i_d > 0$；直流侧负载的电压 $u_d = u_{UW} > 0$。

3）当 $\omega t_3 \leq \omega t < \omega t_4$ 时

条件：在 $\omega t = \omega t_3$ 时刻，$u_{g3} > 0$；比较交流侧三相相电压瞬时值，u_W 最小，即 $u_{VW} > 0$。

结论：二极管 VD_2、晶闸管 VT_3 导通，即 $i_{D2} = i_{T3} = i_d > 0$；直流侧负载的电压 $u_d = u_{VW} > 0$。

4）当 $\omega t_4 \leq \omega t < \omega t_5$ 时

条件：在 $\omega t = \omega t_4$ 时刻，$u_U = u_W$；过 ωt_4 时刻后 u_U 最小，即 $u_{VU} > 0$。

结论：晶闸管 VT_3、二极管 VD_4 导通，即 $i_{T3} = i_{D4} = i_d > 0$；直流侧负载的电压 $u_d = u_{VU} > 0$。

5）当 $\omega t_5 \leq \omega t < \omega t_6$ 时

条件：在 $\omega t = \omega t_5$ 时刻，$u_{g5} > 0$；比较交流侧三相相电压瞬时值，u_U 最小，即 $u_{WU} > 0$。

结论：晶闸管 VT_5、二极管 VD_4 导通，即 $i_{D4} = i_{T5} = i_d > 0$；直流侧负载的电压 $u_d = u_{WU} > 0$。

6）当 $\omega t_6 \leq \omega t < \omega t_7$ 时

条件：在 $\omega t = \omega t_6$ 时刻，$u_V = u_U$；过 ωt_6 时刻后 u_V 最小，即 $u_{WV} > 0$。

结论：晶闸管 VT_5、二极管 VD_6 导通，即 $i_{T5} = i_{T6} = i_d > 0$；直流侧负载的电压 $u_d = u_{WV} > 0$。

2. $\alpha=120°$ 时的波形分析

三相半控桥式可控整流电路阻性负载 $\alpha=120°$ 时的输出波形如图 2.52 所示。在交流电一个周期内，用 ωt 坐标点将波形分为六段，设电路已处于工作状态，下面对波形逐段进行分析。

1）当 $\omega t_1 \leq \omega t < \omega t_2$ 时

条件：在 $\omega t = \omega t_1$ 时刻，$u_{g1} > 0$；比较交流侧三相相电压瞬时值，u_W 最小，即 $u_{UW} > 0$。

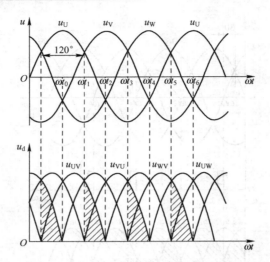

图 2.52 三相半控桥式可控整流电路阻性负载 $\alpha=120°$ 时的输出波形

结论：二极管 VD_2、晶闸管 VT_1 导通，即 $i_{D2}=i_{T1}=i_d>0$；直流侧负载的电压 $u_d=u_{UW}>0$。

2）当 $\omega t_2 \leqslant \omega t < \omega t_3$ 时

条件：在 $\omega t=\omega t_2$ 时，$u_U=u_W$；过 ωt_2 时刻后 $u_g=0$。

结论：二极管 VD、晶闸管 VT 关断，即 $i_T=i_D=i_d=0$；直流侧负载的电压 $u_d=0$。

3）当 $\omega t_3 \leqslant \omega t < \omega t_4$ 时

条件：在 $\omega t=\omega t_3$ 时刻，$u_{g3}>0$；比较交流侧三相相电压瞬时值，u_U 最小，即 $u_{VU}>0$。

结论：二极管 VD_4、晶闸管 VT_3 导通，即 $i_{D4}=i_{T3}=i_d>0$；直流侧负载的电压 $u_d=u_{VU}>0$。

4）当 $\omega t_4 \leqslant \omega t < \omega t_5$ 时

条件：在 $\omega t=\omega t_4$ 时刻，$u_U=u_V$；过 ωt_4 时刻后 $u_g=0$。

结论：二极管 VD、晶闸管 VT 关断，即 $i_T=i_D=i_d=0$；直流侧负载的电压 $u_d=0$。

5）当 $\omega t_5 \leqslant \omega t < \omega t_6$ 时

条件：在 $\omega t=\omega t_5$ 时刻，$u_{g5}>0$；比较交流侧三相相电压瞬时值，u_V 最小，即 $u_{WV}>0$。

结论：晶闸管 VT_5、二极管 VD_6 导通，即 $i_{D6}=i_{T5}=i_d>0$；直流侧负载的电压 $u_d=u_{WV}>0$。

6）当 $\omega t_6 \leqslant \omega t < \omega t_7$ 时

条件：在 $\omega t=\omega t_6$ 时刻，$u_V=u_W$；过 ωt_6 时刻后 $u_g=0$。

结论：二极管 VD、晶闸管 VT 关断，即 $i_T=i_D=i_d=0$；直流侧负载的电压 $u_d=0$。

3. 基本数量关系

（1）输出端直流电压：

$$U_d =2.34U_2\frac{1+\cos\alpha}{2} \tag{2-20}$$

（2）晶闸管可能承受的最大正向、反向电压均为 $\sqrt{6}\,U_2$。

（3）移相范围为 $0°\sim180°$。

2.8.3 电感性负载

三相半控桥式可控整流电路电感性负载时输出的电压波形与阻性的波形相似，当

$\alpha=120°$ 时 u_d 波形如图 2.52 所示。在交流电一个周期内，用 ωt 坐标点将波形分为六段，设电路已处于工作状态，下面对波形逐段进行分析。

1）当 $\omega t_1 \leqslant \omega t < \omega t_2$ 时

条件：在 $\omega t = \omega t_1$ 时刻，$u_{g1}>0$；比较交流侧三相相电压瞬时值，u_W 最小，即 $u_{UW}>0$。

结论：二极管 VD$_2$、晶闸管 VT$_1$ 导通，即 $i_{D2}=i_{T1}=i_d>0$；直流侧负载的电压 $u_d=u_{UW}>0$。

2）当 $\omega t_2 \leqslant \omega t < \omega t_3$ 时

条件：在 $\omega t = \omega t_2$ 时刻，$u_U=u_W$，VD$_2$ 和 VD$_4$ 先并联，再与 VT$_1$ 串联对电感构成续流通路；过 ωt_2 时刻后，u_U 最小，VT$_1$ 与 VD$_4$ 串联对电感构成续流通路。

结论：二极管 VD$_4$、晶闸管 VT$_1$ 导通，即 $i_{T1}=i_{D4}=0$，$i_d>0$；直流侧负载的电压 $u_d=0$。

3）当 $\omega t_3 \leqslant \omega t < \omega t_4$ 时

条件：在 $\omega t = \omega t_3$ 时刻，$u_{g3}>0$；比较交流侧三相相电压瞬时值，u_U 最小，即 $u_{VU}>0$。

结论：二极管 VD$_4$、晶闸管 VT$_3$ 导通，即 $i_{D4}=i_{T3}=i_d>0$；直流侧负载的电压 $u_d=u_{VU}>0$。

4）当 $\omega t_4 \leqslant \omega t < \omega t_5$ 时

条件：在 $\omega t = \omega t_4$ 时刻，$u_U=u_V$，VD$_4$ 和 VD$_6$ 先并联，再与 VT$_3$ 串联对电感构成续流通路；过 ωt_4 时刻后，u_V 最小，VT$_3$ 与 VD$_6$ 串联对电感构成续流通路。

结论：二极管 VD$_6$、晶闸管 VT$_3$ 关断，即 $i_{T3}=i_{D6}=0$，$i_d>0$；直流侧负载的电压 $u_d=0$。

5）当 $\omega t_5 \leqslant \omega t < \omega t_6$ 时

条件：在 $\omega t = \omega t_5$ 时刻，$u_{g5}>0$；比较交流侧三相相电压瞬时值，u_V 最小，即 $u_{WV}>0$。

结论：晶闸管 VT$_5$、二极管 VD$_6$ 导通，即 $i_{D6}=i_{T5}=i_d>0$；直流侧负载的电压 $u_d=u_{WV}>0$。

6）当 $\omega t_6 \leqslant \omega t < \omega t_7$ 时

条件：在 $\omega t = \omega t_6$ 时刻，$u_V=u_W$，VD$_6$ 和 VD$_2$ 先并联，再与 VT$_5$ 串联对电感构成续流通路；过 ωt_6 时刻后，u_W 最小，VT$_5$ 与 VD$_2$ 串联对电感构成续流通路。

结论：二极管 VD$_2$、晶闸管 VT$_5$ 关断，即 $i_{T5}=i_{D2}=0$，$i_d>0$；直流侧负载的电压 $u_d=0$。

失控现象分析：大电感负载时，与单相半控桥式可控整流电路一样，桥路内部整流管有续流作用，u_d 波形与电阻负载时一样，不会出现负电压。但当电路工作时突然切除触发脉冲或把 α 快速调至 180° 时，也会发生导通晶闸管不关断而三个整流二极管轮流导通的失控现象，负载上仍有 $U_d=1.17\,U_2$ 的电压。为避免失控，感性负载的三相半控桥式可控整流电路也要接续流二极管。并接续流二极管后，只有当 $\alpha>60°$ 时才有续流电流。

2.8.4 电感性负载并接续流二极管

图 2.52 也可以看成三相半控桥式可控整流电路感性并接续流二极管 $\alpha=120°$ 时的输出波形。下面仅以 ωt_2 时刻为例，对续流二极管作用进行分析。

在 $\omega t = \omega t_2$ 时刻，$u_U=u_W$，$u_{UW}=0$，三相半控桥式可控整流电路的等效电路如图 2.53 所示。此时在续流二极管 VD 的钳位作用下，晶闸管 VD$_2$、VT$_1$ 自然关断。

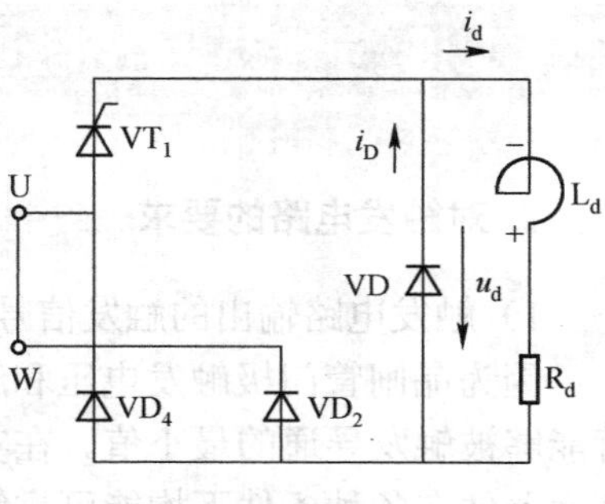

图 2.53　三相半控桥式整流电路 $u_{UW}=0$ 时的等效电路

【电路评价】

三相半控桥式可控整流电路的输出电压脉动较小，脉动频率较高，绕组和铁芯利用率较高。与三相全控桥式可控整流电路相比，它既简化了主电路，又降低了对触发电路的要求，但其动态响应速度也随之降低，所以三相半控桥式可控整流电路只适用于对整流指标要求不是特别高的场合。

上面所讨论的几种常用的三相可控整流电路，由于三相负载平衡、输出电压平稳，在功率较大的场合广泛应用。为了便于比较，现把各三相可控整流电路的一些参数列于表 2.3 中。

表 2.3　常用三相可控整流电路的参数比较

可控整流主电路		三相半波	三相全控桥式	三相半控桥式
$\alpha = 0°$ 时，空载直流输出电压平均值 U_d		$1.17\,U_2$	$2.34\,U_2$	$2.34\,U_2$
$\alpha \neq 0$ 时空载直流输出电压平均值	电阻负载或电感负载有续流二极管的情况	当 $0 \leqslant \alpha \leqslant \pi/6$ 时 $U_{d0} \cos\alpha$ 当 $\pi/6 \leqslant \alpha \leqslant 5\pi/6$ 时 $0.67\,U_2 \left[1 + \cos(\alpha + \pi/6) \right]$	当 $0 \leqslant \alpha \leqslant \pi/3$ 时 $U_{d0} \cos\alpha$ 当 $\pi/3 \leqslant \alpha \leqslant 2\pi/3$ 时 $U_{d0} \left[1 + \cos(\alpha + \pi/3) \right]$	$U_{d0} = \dfrac{1 + \cos\alpha}{2}$
	电感性负载的情况	$U_{d0} \cos\alpha$	$U_{d0} \cos\alpha$	$U_{d0} = \dfrac{1 + \cos\alpha}{2}$
晶闸管承受的最大正、反向电压		$\sqrt{6}U_2$	$\sqrt{6}U_2$	$\sqrt{6}U_2$
移相范围	电阻负载或电感负载有续流二极管的情况	$0 \sim 5\pi/6$	$0 \sim 2\pi/3$	$0 \sim \pi$
	电感性负载不接续流二极管的情况	$0 \sim \pi/2$	$0 \sim \pi/2$	不采用
晶闸管最大导通角		$2\pi/3$	$2\pi/3$	$2\pi/3$
特点与适用场合		电路简单，但元器件承受电压高，对变压器或交流电源因存在直流分量，故较少采用或在功率小的场合	各项指标好，用于电压控制要求高或要求逆变的场合，但要六只晶闸管触发，比较复杂	各项指标较好，适用于较大功率高电压场合

　项目资讯 3　晶闸管触发电路

要使晶闸管开始导通，必须施加触发脉冲，因此在晶闸管电路中必须有触发电路。触发电路性能的好坏直接影响晶闸管电路工作的可靠性，也影响了系统的控制精度，正确设计与选择触发电路可以充分发挥晶闸管装置的潜力，是保证装置正常运行的关键。

2.9　触发电路概述

1. 对触发电路的要求

1）触发电路输出的触发信号应有足够功率

因为晶闸管门极触发电压和触发电流是一个最小值的概念，它是在一定条件下保证晶闸管能够被触发导通的最小值。在实际应用中，考虑门极参数的离散性及温度等因素影响，为使元器件在各种条件下均能可靠触发，因此要求触发电压和触发电流的幅值短时间内可大大超过铭牌规定值，但不许超过规定的门极最大允许峰值。

2）触发信号的波形应该有一定的陡度和宽度

触发脉冲应该有一定的陡度，希望是越陡越好。如果触发脉冲不陡，就可能造成整流输出电压波形不对称，就可能造成晶闸管串联不均压、并联不均流的问题。

触发脉冲也应该有一定的宽度，以保证在触发期间阳极电流能达到擎住电流而维持导通。表2.4中列出了不同可控整流电路、不同性质负载常采用的触发脉冲宽度。

表2.4　不同可控整流电路、不同性质负载常采用的触发脉冲宽度

可控整流电路形式	单相可控整流电路		三相半波和三相半控桥式可控整流电路		三相全控桥式可控整流电路	
	电阻负载	电感性负载	电阻负载	电感性负载	单宽脉冲	双窄脉冲
触发脉冲宽度 B	>1.8° 10μs	10°～20° (50～100μs)	>1.8° 10μs	10°～20° (50～100μs)	70°～80° (350～400μs)	10°～20° (50～100μs)

3）触发脉冲与晶闸管阳极电压必须同步

所谓同步是指触发电路的工作频率与主电路交流电源的频率应当保持一致，且每个触发脉冲与施加于晶闸管的交流电压保持一定的相位关系。在触发器中，能提供一定相位的电压信号称为同步电压，为保证触发电路和主电路频率一致，利用一个同步变压器，将其一次侧接入为主电路供电的电网，由其二次侧提供同步电压信号。由于触发电路不同，要求的同步电源电压的相位也不一样，可以根据变压器的不同连接方式来得到。

【实践问题】

问题：在安装、调试晶闸管装置时，常会碰到一种故障：分别单独检查主电路和触发电路都正常，但把它们连接起来工作就不正常，输出电压的波形也不规则。

答案：这种故障往往是不同步造成的。为使可控整流器输出值稳定，触发脉冲与电源波形必须保持固定的相位关系，使晶闸管都能在每一个周期相同的相位上触发。

4）满足主电路移相范围的要求

不同的主电路形式、不同的负载性质对应不同的移相范围，因此要求触发电路必须满足各种不同场合的应用要求，必须提供足够宽的移相范围。

5）门极正向偏压越小越好

有些触发电路在晶闸管触发之前，会有正向门极偏压，为了避免晶闸管误触发，要求这正向偏压越小越好，最大不得超过晶闸管的不触发电压值 U_{GD}。

6）其他要求

触发电路还应具有动态响应快、抗干扰能力强、温度稳定性好等性能。

【课堂讨论】

问题1：什么情况下晶闸管不能触发导通？

答案：可能有如下几种触发不能导通的情况。

（1）晶闸管的门极断线或者是门极阴极间短路。

（2）晶闸管要求的触发功率太大，触发回路输出功率不够。例如，单结晶体管触发电路的稳压管稳压值太低，单结晶体管分压比太低或电容太小等。

（3）脉冲变压器二次侧极性接反。

（4）整流装置输出没有接负载。

（5）晶闸管损坏。

（6）触发脉冲相位与主电路电压相位不对应。

问题2：什么情况下晶闸管触发导通后又自己关断？

答案：晶闸管触发导通了又自己关断，可能有如下几种情况。

（1）晶闸管的擎住电流太大。

（2）负载回路电感太大，晶闸管的触发脉冲宽度太窄。

（3）负载回路电阻太大，晶闸管的阳极电流太小。

（4）触发脉冲幅度太小。

问题3：什么情况下晶闸管不触发自己就会导通？

答案：晶闸管不触发自己就会导通，可能有如下几种情况。

（1）晶闸管所需的触发电压、触发电流太小。

（2）晶闸管两端没有阻容保护，加在晶闸管上的电压上升率太高，造成正向转折导通。

（3）因温度升高，晶闸管漏电流增大，或正向阻断能力下降甚至丧失正向阻断能力，变成二极管了，引起晶闸管误导通。

（4）晶闸管门极引线受干扰引起误触发。

（5）没有触发脉冲时，触发电路输出端就有一定的电压。

2. 对触发信号波形的分析

常见的晶闸管触发电压波形如图 2.54 所示，下面简单加以介绍。

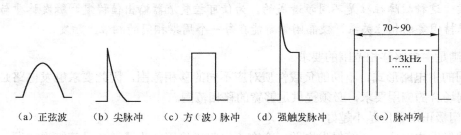

图 2.54　常见的晶闸管触发电压波形

1）正弦波

正弦波触发信号波形如图 2.54（a）所示，它是由阻容移相电路产生的。正弦波波形前沿不陡峭，因此很少采用。

2）尖脉冲

尖脉冲触发信号波形如图 2.54（b）所示，它是由单结晶体管触发电路产生的。尖脉冲波形前沿陡峭，但持续作用时间短，只适用于触发小功率、阻性负载的可控整流器。

3）方脉冲

方脉冲触发信号波形如图 2.54（c）所示，它是由带整形环节的振荡电路产生的。方脉冲波形前沿陡峭，持续作用时间长，适用于触发小功率、感性负载的可控整流器。

4）强触发脉冲

强触发脉冲触发信号波形如图 2.54（d）所示，它是由带强触发环节的晶体管触发电路产生的。强触发脉冲波形前沿陡峭、幅值高，平台持续作用时间长，晶闸管采用强触发脉冲触发可缩短开通时间，提高管子承受电流上升率的能力，有利于改善串并联元器件的动态均压与均流，增加触发的可靠性，适用于触发大功率、感性负载的可控整流器。

5）脉冲列

脉冲列触发信号波形如图 2.54（e）所示，它是由数字式触发电路产生的。脉冲列波形前沿陡峭，持续作用时间长，有一定的占空比，减小了脉冲变压器的体积，适用于触发控制要求高的可控整流器。

3. 脉冲变压器的作用

触发电路通常是通过脉冲变压器输出触发脉冲，脉冲变压器有以下作用。

（1）将触发电路与主电路在电气上隔离，有利于防止干扰，也更安全。

（2）阻抗匹配，降低脉冲电压，增大脉冲电流，更好触发晶闸管。

（3）可改变脉冲正负极性或同时送出两组独立脉冲。

4. 防止误触发的措施

1）触发电路受干扰原因分析

如果接线正确，干扰信号可能从以下几方面串入。

（1）电源安排不当，变压器一、二次侧或几个二次线圈之间形成干扰。其他晶闸管触发时造成电源电压波形有缺口形成干扰。

（2）触发电路中的放大器输入、输出及反馈引线太长，没有适当屏蔽。特别是触发电路中晶体管的基极回路最受干扰。

（3）空间电场和磁场的干扰。

（4）布线不合理，主回路与控制回路平行走线。

（5）元器件特性不稳定。

2）防止误触发的措施

晶闸管装置在调试与使用中常会遇到各种电磁干扰，引起晶闸管误触发导通，这种误触发大都是干扰信号侵入门极回路引起的，为此可采取以下措施。

（1）门极电路采用金属屏蔽线，并将金属屏蔽层可靠接"地"。

（2）控制线与大电流线应分开走线，触发控制部分用金属外壳单独屏蔽，脉冲变压器应尽量靠近晶闸管门极，装置的接零与接壳分开。

（3）在晶闸管门极、阴极间并接 $0.01\sim0.1\mu F$ 的小电容可有效吸收高频干扰，要求高的场合可在门极、阴极间设置反向偏压。

（4）采用触发电流大，即不灵敏的晶闸管。

（5）元器件要进行老化处理，剔除不合格产品。

2.10 单结晶体管触发电路

由单结晶体管组成的触发电路，具有简单、可靠、触发脉冲前沿陡、抗干扰能力强及温度补偿性能好等优点，在小容量晶闸管装置中得到广泛应用。

2.10.1 单结晶体管的结构

单结晶体管又称为双基极管，其电气符号如图 2.55（a）所示。从外形上看，单结晶体管主要有陶瓷封装式和金属壳封装式，电气技术人员接触较多的是金属壳封装式，其实物如图 2.55（b）所示，引脚排列如图 2.55（c）所示。从内部结构上看，它是一种只有一个 PN 结和两个电阻接触电极的半导体器件，其内部等效电路如图2.55（d）所示。

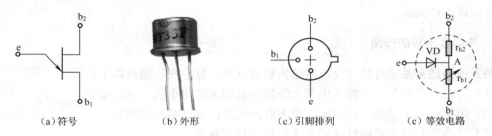

（a）符号　　　　　　（b）外形　　　　　（c）引脚排列　　　　（c）等效电路

图 2.55　单结晶体管符号、外形、引脚排列及等效电路

触发电路常用的单结晶体管型号有 BT33 和 BT35 两种。B 表示半导体，T 表示特种管，第一个数字 3 表示有三个电极，第二个数字 3（或 5）表示耗散功率 300mW（或 500mW）。单结晶体管的主要参数如表 2.5 所示。

表 2.5　单结晶体管的主要参数

参数名称		分压比 η	峰点电流 I_P	谷点电流 I_v	谷点电流 U_v	最大反压 U_{bbmax}	耗散功率 P_{max}
参数名称		单　位	μA	mA	V	V	mw
BT33	A	0.45～0.9	<4	>1.5	<3.5	≥30	300
	B					≥60	
	C	0.3～0.9			<4	≥30	
	D					≥60	
BT35	A	0.45～0.9			<3.5	≥30	500
	B				>3.5	≥60	
	C	0.3～0.9			<4	≥30	
	D					≥60	

2.10.2 单结晶体管的测量

对于一个品质合格的单结晶体管来说，其发射极对两个基极的正向电阻小于反向电阻，一般是 $r_{b1} > r_{b2}$；两个基极之间的正、反向电阻相等，阻值为 2～12kΩ。

下面以型号为 BT33 的单结晶体管为测量实例，介绍单结晶体管的测量方法。

1）判别单结晶体管发射极

测量方法：把万用表置于 $R \times 100$ 挡，黑表笔接假设的发射极，红表笔分别接另外两极，如图 2.56 和图 2.57 所示。

测量结论：当出现两次低电阻测量值时，黑表笔所接的电极就是单结晶体管的发射极。

2）判别单结晶体管基极

测量方法：把万用表置于 $R \times 100$ 挡，用黑表笔接发射极，红表笔分别接另外两极。

测量结论：在这两次测量中，对应电阻值较大的那一次测量，红表笔所接的就是 b_1 极。例如，图 2.56（b）所示的测量示数比图 2.57（b）所示的测量示数大，那么在图 2.56（b）中，黑表笔所接的电极应该是 b_1 极。

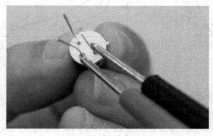
（a）测量方法

（b）万用表测量示数

图 2.56　测量发射极与 b_1 极之间的电阻

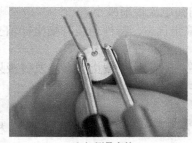
（a）测量方法

（b）万用表测量示数

图 2.57　测量发射极与 b_2 极之间的电阻

【实践经验】

　　单结晶体管性能的好坏可以通过测量其各极间的电阻值是否正常来判断。用万用表 $R \times 1k$ 挡，将黑表笔接发射极 e，红表笔依次接两个基极（b_1 和 b_2），正常时均应有几 $k\Omega$ 至十几 $k\Omega$ 的电阻值。再将红表笔接发射极 e，黑表笔依次接两个基极，正常时阻值为无穷大。

　　单结晶体管两个基极（b_1 和 b_2）之间的正、反向电阻值均为 $2 \sim 12k\Omega$ 范围内，若测得某两极之间的电阻值与上述正常值相差较大时，则说明该单结晶体管已损坏。

2.10.3　单结晶体管的伏安特性

单结晶体管的伏安特性是指两个基极 b_2 和 b_1 之间加某一固定直流电压 U_{bb} 时，发射极电流 i_e 与发射极正向电压 u_e 之间的关系。其试验电路及伏安特性如图 2.58 所示。

从图 2.58 可以看出，若在两个基极 b_1 和 b_2 之间加上正电压 U_{bb}，则 A 点电压为

$$U_A = \frac{r_{b1}}{r_{b1} + r_{b2}} U_{bb} = \eta U_{bb}$$

式中　η——分压比，其值一般在 0.3～0.85 之间。

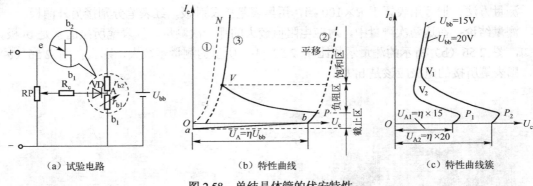

（a）试验电路　　　　　　　（b）特性曲线　　　　　　（c）特性曲线簇

图2.58　单结晶体管的伏安特性

如果单结晶体管发射极电压 u_e 由零开始逐渐增加，就可以测得管子的伏安特性。以下把伏安特性划分为三个区域，分别进行分析。

1）截止区

当 $0<u_e<U_A$ 时，单结晶体管的发射结反向偏置，管子处于截止状态，发射极只有很小的反向漏电流流过。随着发射极电压的增大，发射极的反向漏电流逐渐减小。

当 $u_e=U_A$ 时，单结晶体管的发射结零偏，管子处于截止状态，特性曲线与横坐标轴交于 b 点，发射极的电流值为零。

当 $U_A<u_e<U_A+U_D$ 时，单结晶体管的发射结正向偏置，管子处于截止状态，发射极只有很小的正向漏电流。随着发射极电压的增大，发射极的正向漏电流逐渐增大。

2）负阻区

当 $u_e≥U_A+U_D$ 时，单结晶体管的发射结正向偏置，发射极电流显著增加，管子 b_1 极的电阻值迅速减小，发射极电压相应下降，管子呈负阻特性。

管子由截止区进入负阻区的临界点称为峰点，与其对应的发射极电压和电流，分别称为峰点电压 U_P 和峰点电流 I_P。显然，峰点值是能够促使单结晶体管导通所需要的最小值。

3）饱和区

当管子 b_1 极的电阻值不再减小时，发射极电流会跟随发射极电压缓慢地上升，管子呈正阻特性。

管子由负阻区进入正阻区的临界点称为谷点，与其对应的发射极电压和电流，分别称为谷点电压 U_V 和谷点电流 I_V。显然，谷点值是能够维持单结晶体管导通所需要的最小值。

【课堂讨论】

问题：单结晶体管的导通和截止条件是什么？

答案：①峰点是单结晶体管由截止到导通的阈值点，要想使单结晶体管导通，在其发射极所施加的电压必须大于或等于峰点电压；②谷点是单结晶体管由导通到截止的阈值点，要想使单结晶体管截止，在其发射极所施加的电压必须小于谷点电压。

【课堂讨论】

问题：单结晶体管的主要应用是什么？

答案：单结晶体管具有典型的负阻特性，特别适用于开关系统中的弛张振荡器，可用于晶闸管的触发电路。

2.10.4 单结晶体管自激振荡电路

单结晶体管自激振荡电路如图 2.59（a）所示。在电源未接通时，A 点的电压值为零。当电源接通后，电源通过电阻 R_3 和 R_4 对电容 C_1 充电。当 A 点的电压值上升到单结晶体管的峰点电压 U_P 时，单结晶体管导通，电容 C_1 对电阻 R_1 放电。当 A 点的电压值下降到单结晶体管的谷点电压 U_v 时，单结晶体管关断，电源再次对电容 C_1 充电，重复上述过程，在 B 点上就产生了一系列尖脉冲，如图 2.59（b）所示。

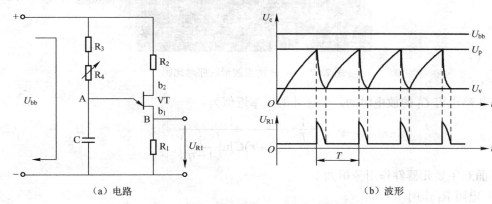

（a）电路　　　　　　　　　　　　（b）波形

图 2.59　单结晶体管自激振荡电路

【工程经验】

图 2.59 中的元器件参数如表 2.6 所示，经过实践验证，这些元器件参数可以直接选用，用户无须再重新设计或选择元器件参数，只要按要求搭接电路，便可直接进行电路调试，调试过程一般也都非常顺利。

表 2.6　锯齿波的晶闸管触发电路元器件清单

符号	规格	符号	规格	符号	规格	符号	规格	符号	规格
R_1	51Ω	R_2	510Ω	R_3	2KΩ	R_4	47KΩ	C_7	0.022μF

用示波器观察图 2.59 中 A 点的电压波形，该波形的形状为锯齿波，如图 2.60 所示。

用示波器观察图 2.59 中 B 点的电压波形，该波形的形状为尖脉冲，如图 2.61 所示。

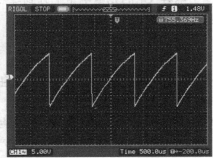

图 2.60　A 点电压波形实测图

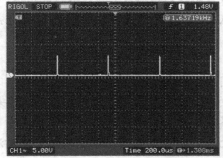

图 2.61　B 点的电压波形实测图

用示波器观察图 2.59 中 A、B 两点电压波形的时序，并对比两者的频率和相位，如图 2.62 所示。

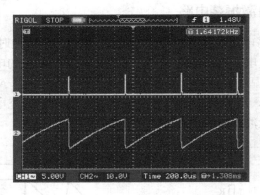

图 2.62　A、B 两点波形时序对比图

若忽略电容 C_1 的放电时间，尖脉冲的频率近似为

$$f = \frac{1}{T} = \frac{1}{(R+r)C\ln\left(\dfrac{1}{1-\eta}\right)} \qquad (2-21)$$

下面对主要元器件作用分析如下。

1）电阻 R_1 作用

电阻 R_1 的作用是输出尖脉冲，一般取值为 51Ω。电阻 R_1 不能太小，如果太小，放电电流在电阻 R_1 上形成的压降就很小，产生脉冲的幅值就很小；它也不能太大，如果电阻 R_1 太大，在电阻 R_1 上形成的残压就大，对晶闸管的门极产生干扰。

2）电阻 R_2 作用

电阻 R_2 的作用是温度补偿，一般取值为 510Ω。当单结晶体管产生温升时，通过电阻 R_2 使单结晶体管的工作保持稳定。

3）电阻 R_3 作用

电阻 R_3 的作用是限流，一般取值为 2kΩ。它是为了防止当电阻 R_4 调节到接近零值时，因充电电流过大造成单结晶体管一直导通无法关断而停振。

4）可调电阻 R_4 作用

电阻 R_4 的作用是调整尖脉冲频率，一般取值为 47kΩ。改变可调电阻 R_4 的阻值大小，就可改变电源对电容 C_1 的充电时间常数，也就改变了电容 C_1 的充电电压上升到峰点的时间，从而改变了单结晶体管触发电路的振荡频率，以及触发脉冲到来的时刻。

　【课堂讨论】

问题：在调试图 2.59（a）所示的电路时，不管电阻 R_4 的阻值如何调整，发现输出电阻 R_1 上的电压波形如图 2.63 所示，始终没有尖脉冲出现，这是为什么呢？

答案：产生上述问题的原因很可能是（R_3+R_4）的值选择太大，使电容 C_1 的充电电压始终无法达到峰点电压，单结晶体管就无法导通，触发电路就不能振荡，所以无法产生尖脉冲。

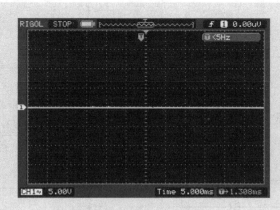

图 2.63　输出端电压波形

2.10.5　具有同步环节的单结晶体管触发电路

如果使用图 2.64（a）所示的电路来触发单相半波可控整流电路，根据晶闸管导通和关断条件，可画出 u_d 波形，如图 2.64（b）所示。从图 2.64（b）中可以看出，晶闸管在每个周期内的导通时间长短不同，输出电压 u_d 值不稳定。出现这种问题的原因就在于锯齿波充电的起始时间点和主电路交流电压 u_2 相电压过零变正时间点不能保持一致。为此，必须设法让它们能够通过一定的方式联系起来，使两者在时间点上保持一致，这种协调配合关系称为同步。

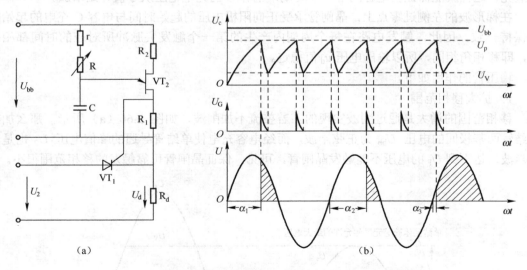

（a）　　　　　　　　　　　　（b）

图 2.64　没有同步环节的单结管触发电路

图 2.65（a）与图 2.64（a）相比，不同之处就在于该电路使用了同步电源，该电源由同步变压器 Ts、整流二极管 VD、限流电阻 R_1 和稳压二极管 VT_1 组成，其输出的电压波形为梯形。

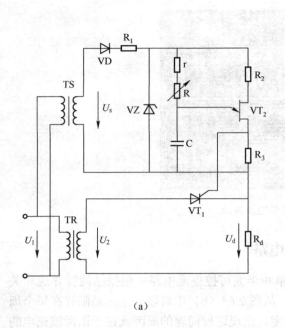 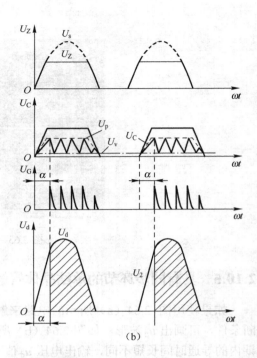

（a） （b）

图 2.65 具有同步环节的单结管触发电路

在梯形波的右侧过零点上，不管电容 C 此时存有多少电荷都势必通过导通的单结晶体管而放完，这样就能保证在电源的下一个周期，电容 C 的充电电压从零值开始增加。

在梯形波的左侧过零点上，晶闸管承受正向阳极电压的起始时间与电容 C 充电的起始时间保持一致。因此，触发电路在每个周期内产生的第一个触发尖脉冲所对应的时间都相等的，即移相角相同，所以输出电压 u_d 值稳定。

稳压管的作用如下。

1）扩大移相范围

移相范围的增大是通过削波实现的。若整流不加削波，如图 2.66（a）所示，那么加在单结管两基极间的电压 U_{bb} 为正弦半波，而经电容充电使单结管导通的峰值电压 U_P 也是正弦半波，达不到 U_P 的电压不能触发晶闸管，可见，保证晶闸管可靠触发的移相范围很小。

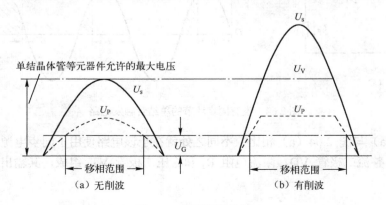

图 2.66 稳压管的作用

2）输出脉冲幅值一致

采用稳压管削波（限幅），将使 U_{bb} 在半波范围会平坦很多，U_P 的波形是接近于方波的梯形波，所以输出的触发脉冲幅值一致。

3）提高抗干扰能力

要增加移相范围，只有提高正弦半波 u_s 的幅值，如图 2.66（b）所示，这样会使单结管在 $\alpha=90°$ 附近承受很大的电压。如采用稳压管削波（限幅），将使元器件所承受的电压限制在安全值范围内，提高了晶闸管工作的稳定性。

 【课堂讨论】

问题：在图 2.66（a）中，如果稳压二极管损坏，电路能否正常工作？最理想的同步信号是什么？

答案：电路能正常工作，因为正弦半波电压 u_s 仍然可作为同步电压，整个电路还具有同步环节，但此时电路输出脉冲的移相范围减小，脉冲幅度不一致，工作的稳定性差。最理想的同步信号是方波形式，对应脉冲的移相范围宽，脉冲幅度相同，抗干扰能力强，但能够产生方波的电路复杂，为简化电路，所以单结管触发电路通常采用梯形波作为同步电压信号。

 【实践经验】

（1）在单结晶体管未导通时，稳压管能正常削波，其两端电压为梯形波，可是一旦单结晶体管导通，稳压管就削波了，用万用表测量同步变压器二次电压值正常。出现这现象一般是由于所选的稳压电阻值太大或稳压管容量不够造成的。

（2）触发电路各点波形调试正常后，有时出现触发尖脉冲难以触通晶闸管（晶闸管是好的），造成这种情况的原因有两个，一是充放电电容 C 值太小，二是单结晶体管分压比太低以致触发尖脉冲功率不够。

2.11 同步电压为锯齿波的晶闸管触发电路

单结晶体管触发电路通常只用于小容量及要求不高的场合。对于触发脉冲的波形、移相范围等有特定要求、容量较大的晶闸管装置，大都采用由晶体管组成的触发电路，目前都用以集成电路形式出现的集成触发器。为了讲清触发移相的原理，现以常用的锯齿波同步的分立元器件电路来分析。

同步电压为锯齿波的晶闸管触发电路如图 2.67 所示，所用元器件的参数如表 2.7 所示。该电路由五个基本环节组成：脉冲形成与放大、锯齿波形成及脉冲移相、同步、双脉冲形成和强触发环节。

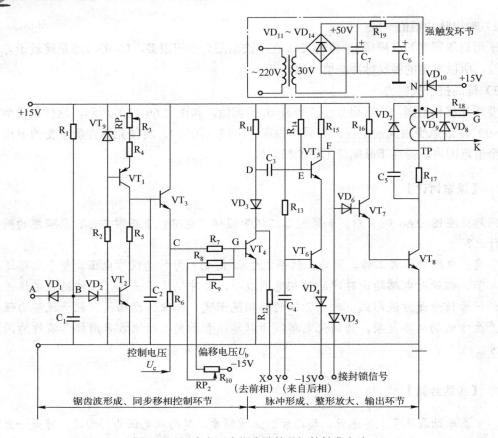

图 2.67　同步电压为锯齿波的晶闸管触发电路

表 2.7　锯齿波的晶闸管触发电路元器件清单

符号	规格	符号	规格	符号	规格	符号	规格	符号	规格
R_1	10kΩ	R_{11}	30kΩ	VD_2	2CP12	VD_{12}	2CZ11A	VT_8	3DA1B
R_2	4.7kΩ	R_{12}	1.0kΩ	VD_3	2CP12	VD_{13}	2CZ11A	VT_9	2CW12
R_3	1.5kΩ	R_{13}	30kΩ	VD_4	2CP12	VD_{14}	2CZ11A	C_1	1μF
R_4	4.7kΩ	R_{14}	30kΩ	VD_5	2CP12	VT_1	3CG1D	C_2	1μF
R_5	0.2kΩ	R_{15}	6.2kΩ	VD_6	2CP12	VT_2	3DG12B	C_3	0.1μF
R_6	10kΩ	R_{16}	0.2kΩ	VD_7	2CP12	VT_3	3DG12B	C_4	0.1μF
R_7	3.3kΩ	R_{17}	30 Ω	VD_8	2CP12	VT_4	3DG12B	C_5	0.47μF
R_8	12kΩ	R_{18}	20kΩ	VD_9	2CP12	VT_5	3DG12B	C_6	1μF
R_9	6.2kΩ	R_{19}	300kΩ	VD_{10}	2CZ11A	VT_6	3DG12B	C_7	0.1μF
R_{10}	1.5kΩ	VD_1	2CP12	VD_{11}	2CZ11A	VT_7	3DG12B	C_1	1μF

2.11.1　脉冲形成与放大环节

在图 2.67 中，晶体管 VT_4 与 VT_5、VT_6 组成单稳态电路，通过 VT_4 的工作状态控制单稳态电路的翻转，产生触发脉冲。晶体管 VT_7、VT_8 组成复合功率放大电路，用以提高输出脉冲的功率。

1. 电路处于稳态

条件：令晶体管 VT_4 截止，即 $u_{b4}<0.7V$。

1）晶体管的工作状态

晶体管 VT_4 截止→D 点为高电位→+15V 电源通过 R_{13}、R_{14} 分别向晶体管 VT_5、VT_6 注入足够大的基极电流→晶体管 VT_5、VT_6 导通→F 点为低电位，电位为 –13.7 V→晶体管 VT_7、VT_8 截止→电路无触发脉冲输出。

2）对电容 C_3 的正向充电过程

电容 C_3 正向充电路径为：+15V 电源→通过 R_{11}→D 点→│C_3│→E 点→VT_5 的发射极→VT_6→VD_4→–15V 电源。

如果充电时间足够长，电容 C_3 的左极板电位为+15V，右极板电位为 –13.3V，电容 C_3 的电压为 28.3V。

2. 电路处于暂稳态

条件：令晶体管 VT_4 导通，即 $u_{b4}\geqslant0.7V$。

1）晶体管的工作状态

晶体管 VT_4 导通→D 点跳变为低电位，电位为 1V，即电容 C_3 的左极板电位跳变为 1V，右极板电位跟随跳变为–27.3V，即 E 点电位为–27.3V→晶体管 VT_5、VT_6 截止→F 点为高电位，F 点电位为+2.1 V→晶体管 VT_7、VT_8 导通→电路有触发脉冲输出。

2）对电容 C_3 的反向充电过程

电容 C_3 反向充电路径为：+15V 电源→通过 R_{14}→E 点→│C_3│→ D 点→VD_3→VT_4→电压参考点。

随着反向充电时间的延长，电容 C_3 的右极板电位逐渐回升，直到 C_3 的右极板电位回升到–13.3V，重新促使晶体管 VT_5、VT_6 再次导通，C_3 反向充电过程结束。

 【课堂讨论】

问题 1：触发脉冲的宽度是由什么来确定的？

答案：触发脉冲的宽度是由晶体管 VT_7、VT_8 导通时间确定的，而 VT_7、VT_8 的导通时间是由晶体管 VT_5、VT_6 截止时间确定的，VT_5、VT_6 截止时间是由电容 C_3 的反向充电时间常数 $\tau = R_{14} \times C_3$ 确定的，调整 R_{14} 的阻值大小就能改变电容 C_3 的右极板电位由–27.3V 回升到–13.3V 的时间，就能改变 VT_5、VT_6 的截止时间，改变 VT_7、VT_8 的导通时间，最终改变触发脉冲的宽度，R_{14} 是主脉冲的脉宽调整电阻。

问题 2：触发脉冲的前沿是由什么来确定的？

答案：触发脉冲的前沿是由单稳态电路翻转时刻决定的，什么时候单稳态电路由稳态翻转到暂稳态，即什么时候晶体管 VT_4 由截止转为导通，那么什么时候就会出现脉冲前沿，VT_4 导通的起始时刻就是触发脉冲出现的时刻。

问题3：射极跟随器 VT_3 的作用是什么？

答案：射极跟随器 VT_3 的主要作用是隔离，目的是为了减小锯齿波电压与控制电压 U_C、偏移电压 U_b 之间的影响。

【工程经验】

在图 2.67 中，如果晶体管 VT_5 选用的是 S9013，实测 F 点电压波形如图 2.68 所示。如果晶体管 VT_5 选用的是 S9014，实测 F 点电压波形如图 2.69 所示。比较图 2.68 和图 2.69，发现前者触发脉冲的前沿不陡峭，而后者触发脉冲的前沿陡峭。通过分析图 2.67 得知，触发脉冲波形是在晶体管 VT_5 截止期间得到的。在晶体管 VT5 由饱和导通转为截止的瞬间，晶体管 VT_5 集电极跳变为高电平，形成触发脉冲的前沿，要想使触发脉冲的前沿陡峭，晶体管的频率特征必须要好。由于 S9013 的频率特征只有 30MHz，关断特性相对较差，所以触发脉冲的前沿不够陡峭，而 S9014 的频率特征高达 150MHz，关断特性相对较好，所以触发脉冲的前沿陡峭。

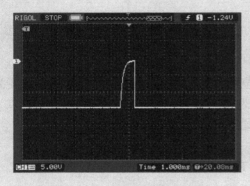

图 2.68　选用 9013 时电压波形

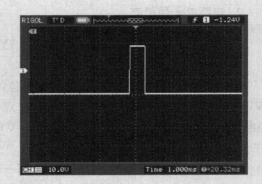

图 2.69　选用 9014 时电压波形

2.11.2　锯齿波形成与脉冲移相环节

1. 锯齿波形成

如图 2.70 所示，在 A 点有交流形式的同步信号 u_s 输入。当 u_s 波形处于负半周期下降段时，电容 C_1 经 VD_1 放电，极性为上负下正，忽略 VD_1 正向压降，B 点波形与 A 点一致，VT_2 因发射结反偏而截止。当 u_s 波形处于负半周期上升段时，由于 B 点电位上升比 A 点慢，所以 VD_1 反偏，+15V 经 R_1 对 C_1 先放电再反充电。在 B 点电位尚未达到 1.4V 这段时间，VT_2 截止，恒流源电流 I_{C1} 对 C_2 恒流充电，形成锯齿波的上升沿。当 B 点电位上升到 1.4V 时，B 点电位被钳位在 1.4V，直到 u_s 的下一个负半周期来临时结束。在 B 点电位为 1.4V 这段时间，VT_2 导通，电容 C_2 经 R_5、VT_2 迅速放电，形成锯齿波的下降沿。可见，只要周期性地控制 VT_2 的通断，在电容 C_2 两端就能得到线性很好的锯齿波电压，用示波器实测 A、B、C 三点电压波形，分别如图 2.71 和图 2.72 所示。

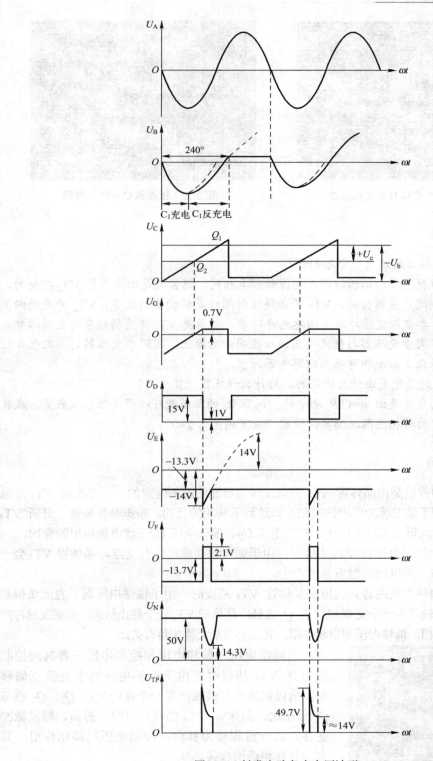

图 2.70 触发电路各点电压波形

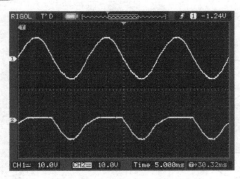 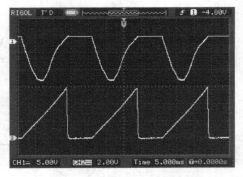

图 2.71　A 点和 B 点电压波形　　　　　　　图 2.72　B 点和 C 点电压波形

 【课堂讨论】

问题 1：如何理解锯齿波与主电路同步？

答案：所谓同步就是要求锯齿波与主电源的频率相同。锯齿波是由开关管 VT_2 控制的，VT_2 由截止变导通期间产生锯齿波，VT_2 截止持续时间就是锯齿波的底宽，VT_2 开关的频率就是锯齿波的频率。要使触发脉冲与主回路电源同步，必须使 VT_2 开关的频率与主回路电源频率达到同步才行。同步变压器与整流变压器接在同一电源上，用同步变压器的二次电压控制 VT_2 的通断，就保证了触发脉冲与主回路电源同步。

问题 2：锯齿波的底宽是由什么决定的，为什么说底宽越宽越好？

答案：锯齿波的底宽是由 $\tau_1 = C_1 R_1$ 决定的，调节 R_1 的阻值就可以调整锯齿波底宽。底宽越宽，对应触发脉冲的移相范围就越宽，通常将底宽调整为 240°。

2. 脉冲移相环节

由于触发脉冲的前沿是由晶体管 VT_4 由截止转为导通的时刻确定的，只要控制 VT_4 导通的起始时刻也就控制了触发脉冲出现的时刻，即达到了移相的目的。根据叠加原理，分析 VT_4 的基极电位时，可看成锯齿波同步电压、控制电压 U_C、偏移电压 U_b 三者单独作用的叠加。

当同步电压单独控制晶体管 VT_4 基极时，由于锯齿波与横轴没有交点，晶体管 VT_4 会一直处于饱和导通状态，所以没有触发脉冲产生。

当同步电压和偏移电压两者共同控制晶体管 VT_4 基极时，由于偏移电压属于直流负偏移量，所以锯齿波与横轴产生一个交点 Q_1。在 Q_1 点处，晶体管 VT_4 处于截止状态，有触发脉冲产生，这一过程称为定相，偏移电压起定相作用，其大小与最大移相角有关。

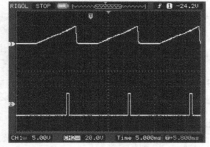

当同步电压、偏移电压和控制电压三者共同控制晶体管 VT_4 基极时，由于控制电压属于直流正偏移量，所以锯齿波与横轴产生一个新的交点 Q_2。Q_2 点与 Q_1 点相比，晶体管 VT_4 的截止时间点提前，触发脉冲前移，这一过程称为移相，控制电压起移相作用，其大小与移相范围有关。

用示波器实测晶体管 VT_4 基极和触发脉冲波形，如图 2.73 所示。

图 2.73　晶体管 VT_4 基极和触发脉冲波形

【实践经验】

由于测试所使用的示波器只有两个通道，所以无法同时进行多通道综合测试。在有条件情况下，可以使用探头不"共地"的多通道示波器进行测试，同时观察各主要测试点电压波形。当然，也可以通过仿真软件进行多通道仿真测试，通过对图 2.67 所示电路的仿真测试，得到各主要测试点电压仿真波形如图 2.74 所示。

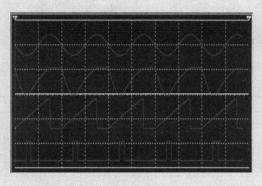

图 2.74 主要测试点电压仿真波形

【实践经验】

调节控制电压的大小，用示波器观察发现触发脉冲的移相范围很小。通过分析图 2.67 得知，触发脉冲的移相范围与锯齿波的底宽有直接关系，如果锯齿波的底比较宽，则对应触发脉冲的移相范围就大；反之，如果锯齿波的底比较窄，则对应触发脉冲的移相范围就小。锯齿波的底宽受电容 C_1 的参数影响较大，当发现触发脉冲的移相范围小这种现象时，在排除直流偏移电压选择失当原因后，应考虑适当加大电容 C_1 的参数。

【实践经验】

在图 2.67 中，用示波器观察 F 点的电压波形，发现该点波形为一条低电平直线。继续用示波器观察电容 C_2 的电压波形，发现该点波形正常为锯齿波。断电后，检查发现晶体管没有严重发热现象。因为晶体管 VT_5 集电极上的电压波形为一条低电平直线，说明晶体管 VT_5 长时间导通，又因为晶体管 VT_5 长时间导通，说明晶体管 VT_4 长时间截止。检查晶体管 VT_4，发现该晶体管损坏，在重新更换晶体管后，电路工作恢复正常。

2.11.3 双窄脉冲形成环节

在图 2.67 中，由 VT_5、VT_6 两管构成逻辑"或"门。当 VT_5、VT_6 都导通时，VT_7、VT_8 都截止，没有脉冲输出，但不论 VT_5、VT_6 哪个截止，都会使 F 点变为+2.1V 电位，VT_7、VT_8 导通，有脉冲输出，控制 VT_5 截止，产生主脉冲；控制 VT_6 截止，产生补脉冲。所以只要用适当的信号来控制 VT_5 和 VT_6 前后间隔 60° 截止，就可以获得双窄触发脉冲。第一个主脉冲是由本相触发电路控制电压发出的，而相隔 60° 的第二个补脉冲则是由它的后相触发电路，通过 X、Y 端相互连线使本相触发电路的 VT_6 截止而产生的。VD_3、R_{12} 的作用是为了防止双脉冲信号的相互干扰。

例如，三相全控桥式可控整流电路电源的三相 U、V、W 为正相序时，晶闸管的触发顺序为 $VT_1 \rightarrow VT_2 \rightarrow VT_3 \rightarrow VT_4 \rightarrow VT_5 \rightarrow VT_6$，彼此间隔为 60°，六块触发板的 X、Y 如图 2.75 所示方式连接（即后相的 X 与前相的 Y 端相连），就可得到双脉冲。

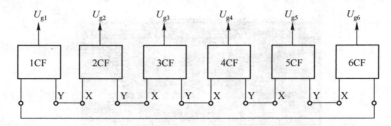

图 2.75 触发电路 X、Y 端的连接

【实践经验】

使用锯齿波同步触发电路触发的晶闸管装置，要求三相电源有确定的相序。在新装置安装使用时，必须先测定电源的相序，按照装置要求正确连接，才能正常使用。如电源的相序接反了，虽然装置的主电路与同步变压器同时反相序，同步没有破坏，但因主电路晶闸管的导通次序在管子下标不变时，改为 $VT_6 \rightarrow VT_5 \rightarrow VT_4 \rightarrow VT_3 \rightarrow VT_2 \rightarrow VT_1$，与原来次序相反，即原来先导通的管子变成后导通，此时六个触发电路的 X、Y 端之间的连接关系未变。由于管子的导通先后次序反了，使得原来由后相对前相补发附加脉冲变为前相对后相补发脉冲，使补发的附加脉冲变成触发脉冲，导致原来调整好的脉冲移相范围向前移（左移）60°。因此出现控制电压 U_C 减小时 U_d 仍有较大数值；U_C 最大时 U_d 出现间隔为 60° 的两次最大值，使装置不能正常工作。

2.11.4 强触发环节

强触发环节如图 2.67 右上方点画线框内电路所示。变压器二次侧 30V 电压经桥式整流使 C_7 两端获得 50V 的强触发电源，在 VT_8 导通前，经 R_{19} 对 C_6 充电，使 N 点电位达到 50V。当 VT_8 导通时，C_6 经脉冲变压器一次侧、R_{17} 和 VT_8 快速放电。因放电回路电阻很小，C_6 两端电压衰减很快，N 点电位迅速下降。一旦 N 点电位低于 15V 时，VD_{10} 二极管导通，脉冲变压器改由 +15V 稳压电源供电。这时虽然 50V 电源也向 C_6 再充电，但因充电时间常数太大，N 点电位只能被钳制在 14.3V。当 VT_8 截止时，50V 电源又通过 R_{19} 对 C_6 再充电，使 N 点电位再达到 50V，为下次触发做准备。电容 C_5 是为提高 N 点触发脉冲前沿陡度而附加的。

2.11.5 脉冲封锁环节

在事故情况下或在可逆逻辑无环流系统，要求一组晶闸管桥路工作，另一组桥路封锁，这时可将脉冲封锁引出端接零电位或负电位，晶体管 VT_7、VT_8 就无法导通，触发脉冲就无法输出。串接二极管 VD_5 是为了防止封锁端接地时，经 VT_5、VT_6 和 VD_4 到 $-15V$ 之间产生大电流通路。

 【实践经验】

在调试锯齿波触发电路时，为了正确、快速完成工作，可按以下步骤进行调试。

（1）检查接线无误后，将偏置电压 U_b 和控制电压 U_C 调节旋钮调到零位，即使 $U_b=0$，$U_C=0$。

（2）接通交、直流电源，用双踪示波器观察图 2.67 中 A 点和 B 点的电压波形，正常情况下波形应如图 2.74 所示。调节斜率电位器 R_3 时，锯齿波的斜率应能变化。

（3）观察图 2.67 中 D 点、E 点、F 的电压波形及脉冲变压器输出电压 U_{TP} 波形，正常情况下波形应如图 2.74 所示。

（4）用双踪示波器同时观察 U_C 和 U_{TP} 波形，调节控制电压 U_C 时，U_C 上平直部分的宽度应能变化，同时 U_{TP} 能前后移动。

（5）不同的整流电路或不同负载情况下有不同的移相范围。为了充分利用锯齿波中间线性段，应尽量通过调节偏置电压 U_b 使主电路移相范围的中点与锯齿波的中点重合。

（6）以三相全控桥可逆电路 180° 移相范围为例：令 $U_C=0$，调节偏置电压 U_b，脉冲 U_{TP} 的前沿应能调节到横坐标的 120° 位置，即三相全控桥的 $\alpha=90°$，否则应将电阻 R_1 或电容 C_1 适当加大或减小，使 α 能调节到 90°。

（7）调节 U_C，触发脉冲将移动。当 $U_C>0$ 时，U_{TP} 向前移动，$\alpha<90°$，晶闸管电路处于整流状态，至 $U_C=+U_{CM}$ 时，$\alpha=0°$。当 $U_C<0$ 时，U_{TP} 向后移动，$\alpha>90°$，晶闸管电路处于逆变状态，至 $U_C=-U_{CM}$ 时，$\alpha=180°$。触发电路满足 $\alpha=0\sim180°$ 的要求。

2.12 集成化晶闸管移相触发电路

随着晶闸管技术的发展，对其触发电路的可靠性提出了更高的要求，集成触发电路具有体积小、温漂小、性能稳定可靠、移相线性度好等优点，它近年来发展迅速，应用越来越广。本节介绍由集成元件 KC04、KC42、KC41 组成的六脉冲触发器。

2.12.1 KC04 移相触发电路

KC04 移相触发器如图 2.76 所示。它有 16 个引出端，16 端接 $+15V$ 电源，3 端通过 $30k\Omega$ 电阻和 6.8Ω 电位器接 $-15V$ 电源，7 端接地。正弦同步电压经 $15k\Omega$ 电阻接至 8 端，进入同步环节。3、4 端接 $0.47\mu F$ 电容与集成电路内部三极管构成电容负反馈锯齿波发生器。9 端为锯齿波电压、负直流偏压和控制移相电压中和比较输入。11 和 12 端接 $0.47\mu F$ 电容后接 $30k\Omega$ 电阻，再接 15V 电源与集成电路内部三极管构成脉冲形成环节。脉宽由时间常数 $0.047\mu F\times30k\Omega$ 决定。13 和 14 端是提供脉冲列调制和脉冲封锁控制端。1 和 15 端输出相位差 180° 的两个窄脉冲。KC04 移相触发器主要引脚输出波形如图 2.77 所示。

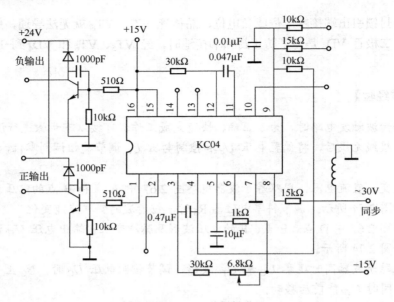

图 2.76　KC04 移相触发器

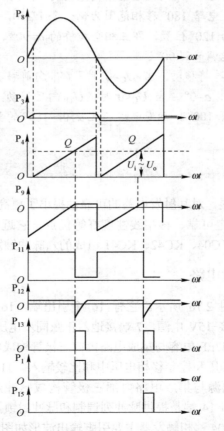

图 2.77　KC04 移相触发器主要引脚输出波形

2.12.2　KC42 脉冲形成器

在需要宽触发脉冲输出场合，为了减小触发电源功率与脉冲变压器体积，提高脉冲前沿陡度，常采用脉冲列触发方式。KC42 脉冲形成器如图 2.78 所示。它主要是在三相全控桥式、三相半控桥式、单相全控桥式、单相半控桥式等线路中作为脉冲调制源。

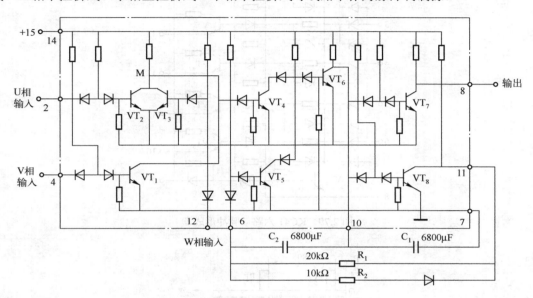

图 2.78　KC42 脉冲调制形成器

1. 工作原理

当三个 KC04 任意一个有输出时，TV_1、TV_2、TV_3 "或非" 门电路中将有一个管子导通，VT_4 截止，VT_5、VT_6、VT_8 环形振荡器起振，VT_6 导通，10 端为低电平，VT_7、VT_8 截止，8、11 端为高电平，8 端有脉冲输出。此时，电容 C_2 由 11 端→R_1→C_2→10 端充电，6 端电位随着充电逐渐升高，当升高到一定值时，VT_5 导通，VT_6 截止，10 端为高电平，VT_7、VT_8 导通，环形振荡器停振。8、11 端为低电平，VT_7 输出一个窄脉冲。同时，电容 C_2 再由 $R_1 // R_2$ 方向充电，6 端电位降低，降低到一定值时，VT_5 截止，VT_6 导通，8 端又输出高电平，以后又重复上述过程，形成循环振荡。

2. 实践应用

当脉冲列调制器用于三相全控桥可控整流电路时，来自三块 KC04 锯齿波触发器 13 端的脉冲信号分别送至 KC42 脉冲形成器的 2、4、12 端。VT_1、VT_2、VT_3 构成 "或非" 门电路，VT_5、TV_6、VT_8 组成环形振荡器，VT_4 控制振荡器的起振与停振。VT_6 集电极输出脉冲列时，经 VT_7 倒相放大后由 8 端输出信号。

2.12.3　KC41 六路双脉冲形成器

KC41 六路双脉冲形成器不仅具有双脉冲形成功能，还具有电子开关控制封锁功能。

KC41 内部电路与内部接线如图 2.79 所示，其有关各点输出波形如图 2.80 所示。

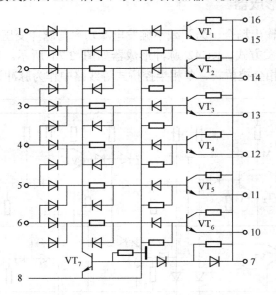

图 2.79　KC41 六路双脉冲形成器

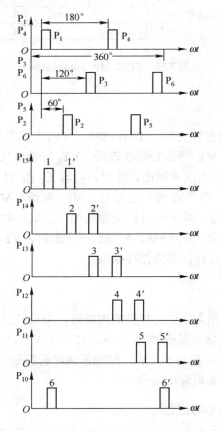

图 2.80　KC41 六路双脉冲形成器主要引脚输出波形

把三块 KC04 输出的脉冲接到 KC41 的 1～6 端时，集成内部二极管完成"或"功能，形成双窄脉冲。在 10～15 端可获得六路放大了的双脉冲。VT$_7$ 是电子开关，当控制端 7 接逻辑"0"，VT$_7$ 截止，各电路可输出触发脉冲。因此，使用两块 KC41，两控制端分别作为正、反组整流电路的控制输出端，即可组成可逆系统。

2.12.4 由集成元件组成三相触发电路

图 2.81 是由三块 KC04、一块 KC41 和一块 KC42 组成的三相触发电路，组件体积小，调整维修方便。同步电压 u_{TA}、u_{TB}、u_{TC} 分别加到 KC04 的 8 端上，每块 KC04 的 13 端输出相位差为 180° 的脉冲分别送到 KC42 的 2、4、12 端，由 KC42 的 8 端可获相位差为 60° 的脉冲列，将此脉冲列再送回到每块 KC04 的 14 端，经 KC04 鉴别后，由每块 KC04 的 1 和 15 端送至 KC41，组合成所需的双窄脉冲列，再放大后输出到六只相应的晶闸管控制极。

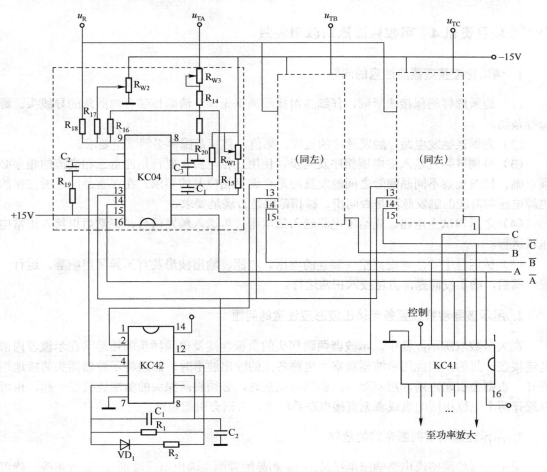

图 2.81 三相六脉冲形成电路

2.12.5 数字触发电路

前面介绍触发器电路均为模拟触发电路，其优点是结构简单、可靠，但缺点是易受电网电压影响，触发脉冲不对称度较高。数字触发器电路是为了克服上述缺点而设计的，图 2.82 为微机控制数字触发器系统框图。控制角 α 设定值以数字形式通过接口送至微机，微机以基准点作为计时起点开始计数，当计数值与控制角要求一致时，微机就发出触发信号，该信号经输出脉冲放大、隔离电路送至晶闸管。对于三相全控桥式可控整流电路，要求每一电源周期波形产生 6 对触发脉冲，不断循环。采用微机使数字触发电路变得简单、可靠，控制灵活，精确度高。

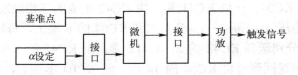

图 2.82　微机控制数字触发器系统框图

 项目资讯4　可控整流器的应用实践

1. 调试可控整流器应注意的问题

（1）旋紧螺钉确保接线紧固，仔细核对接线确保无误。清除掉装置内散落的导线头、螺母等杂物。

（2）先调试触发电路。触发脉冲的宽度、幅值、移相范围等必须满足要求。

（3）再调试装置输入端电压相序及同步。使用三相电源，要特别注意三相交流的相序必须正确。仔细观察不同晶闸管之间触发脉冲是否满足相位差的要求。在观察晶闸管所在相的电源电压与对应的触发脉冲是否同步、移相范围是否满足要求。

（4）之后调试主电路。先给主电路送入低电压，再送入触发信号，正常后再接入正常电压试运行。

（5）试运行中要注意观察整流装置的电压、电流、输出波形及有无异常声响等。运行一段时间后，确实没问题，方可投入正常运行。

2. 用示波器观察装置各点输出波形应注意的问题

在大多数双踪示波器中，示波器两路探头的负极性端及电源插头的接地端在示波器内部是连接在一起的，因此用示波器观察主电路各点的输出波形时，必须将示波器插头的接地端断开，否则会引起短路。用双踪示波器同时观察时，必须将两探头的负端连接在一起，也可以选择两个电位相同的点或者无直接电联系的点，否则会引起短路。

3. 用示波器观察判断电路的故障

用示波器检测整流电路输出电压波形 u_d 和晶闸管两端输出电压波形 u_T 是否正确，就可知道整流电路工作是否正常，也可以逐步分析判断出故障所在。下面以三相全控桥式可控整流电路、带电感性负载为例，给出分析方法。

图 2.83 三相全控桥式可控整流电路及 $\alpha=60°$ 时输出电压 u_d 和晶闸管两端输出电压 u_T 的波形。一周期内，u_d 由 6 个相同的波形组成，每个波头 60°。

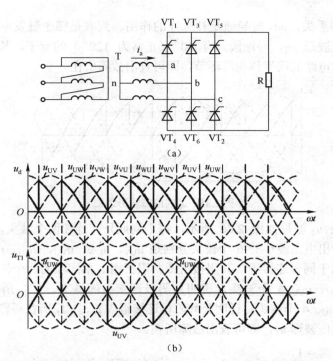

图 2.83　全控桥式可控整流电路及 $\alpha=60°$ 时输出电压 u_d 和晶闸管两端输出电压 u_T 的波形

可控整流器在实际运行中，如果发现输出电压 u_d 下降，首先用示波器检查 u_d 的波形，根据波头的情况，再做进一步检查，判断出故障所在。现举几例如下。

【例1】　如果用示波器测得每个周期 u_d 波形如图 2.84 所示，与正确的波形相比少了两个波头。由图 2.84 可见，在 ωt_1 时刻不能正常换相，到 ωt_2 时刻才恢复正常，$\omega t_1 \sim \omega t_2$ 为 120°，少了两个连续的波头。波形中出现负值是由于电感中的储能释放、回馈给电源所致。正常运行时每个晶闸管导通 120°，无论少哪两个连续的波头，都可以判断出是有一个晶闸管没有导通，或者是管子损坏造成桥臂断路，或者是没有触发脉冲。例如，少了 u_{UV}、u_{UW}，说明是共阴极联结组 U 相的 VT$_1$ 没有导通；少了 u_{UW}、u_{VW}，说明是共阳极联结组 W 相的 VT$_2$ 没有导通。具体哪一个晶闸管没有导通，在各桥臂熔断器完好、连线无松脱的前提下，用示波器测量各管子的端电压波形 u_T，哪个管子的端电压波形 u_T 没有导通段，即为故障元器件。

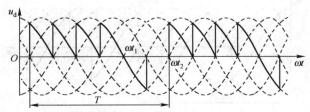

图 2.84　u_d 的故障波形之一

【例2】　如果每个周期 u_d 波形如图 2.85 所示，少了一个波头。由图 2.85 可见，在 ωt_1 时刻不能正常换相，到 ωt_2 时刻才恢复正常，$\omega t_1 \sim \omega t_2$ 为 60°，说明有个晶闸管仅导通了 60°，不会是桥臂断路，问题出在触发电路。根据三相全控桥的触发电路为双窄脉冲的特点，ωt_2 时未导通说明主脉冲丢失，ωt_2 时导通是补脉冲的作用。到底是哪个触发电路的问题，可以测量各管子的端电压波形 u_T，导通段只有 60°（正常为 120°）的管子，其触发电路有问题，进一步检查该触发电路的同步移相等环节，即可查出故障所在。

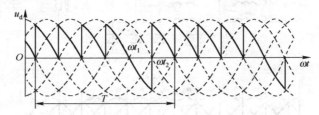

图 2.85　u_d 的故障波形之二

【例 3】　如果 u_d 波形如图 2.86 所示，每个周期只有连续两个波头，少了连续 4 个波头。三相全控桥输出电压波形的 6 个波头分别是 u_{UV}、u_{UW}、u_{VU}、u_{WU}、u_{WV}，无论少了哪 4 个波头，都说明属于同一连接组（共阴极组或共阳极组）不同项的两个桥臂断路。例如，少了 u_{UV}、u_{UW}、u_{VW}、u_{VU} 4 个波头，说明共阴极连接组的 VT$_1$、VT$_3$ 所在桥臂断路；少了 u_{VU}、u_{WU}、u_{WV}、u_{UV} 4 个波头，说明是共阳极连接组 VT$_4$、VT$_6$ 所在桥臂断路。通过进一步检查各管子的端电压波形 u_T，即可查出故障所在。

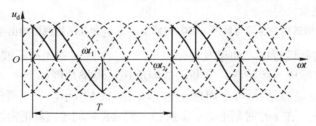

图 2.86　u_d 的故障波形之三

【例 4】　如果 u_d 波形如图 2.87 所示，每个周期少了 4 个波头，但不是连续少 4 个波头，而是每半个周期有一个，再连续少两个。不难看出，上、下半周期是相同的两相电源导电，电源相电流方向相反，类似于单相桥。因此，故障为交流侧某相断路或某相上下两个桥臂同时断路。例如，只有 u_{UV}、u_{VU} 两个波头，说明是 W 相断路或 W 相上下两个桥臂同时断路。先检查交流侧有无断相，若三相都有电，再检查各元器件的端电压波形，即可查出故障所在。

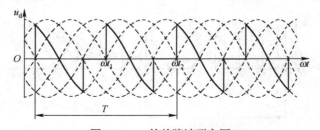

图 2.87　u_d 的故障波形之四

【例 5】　如果测得 u_d 波形如图 2.88 所示，每个周期少了连续 3 个波头。三相全控桥输出电压波形的 6 个波头中，无论少了哪 3 个连续波头，都可以看出是两个不同相的桥臂断路，一个属于共阴极连接组，一个属于共阳极连接组。例如，少了 u_{UW}、u_{VW}、u_{VU} 3 个波头，说明是 VT$_2$、VT$_3$ 所在桥臂断路。通过进一步检查各管子的端电压波形 u_T，即可查出故障所在。

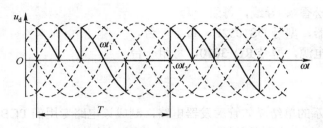

图 2.88 u_d 的故障波形之五

上述分析同样适用于三相全控桥电阻负载，如果是电阻负载，仅仅输出电压 u_d 波形不会出现负值，其余与上述分析相同。由此可见，熟悉了利用 u_d 和 u_T 的波形分析故障的这一方法，也就不难通过各种整流电路 u_d 和 u_T 的故障波形来分析判断出故障所在。

 项目实训 单结晶体管触发器的制作训练

1. 实训目标

（1）掌握晶闸管主电路及触发电路的结构。
（2）能按工艺要求安装电路。
（3）会对电路中使用的元器件进行检测。
（4）掌握触发电路的调试方法，会用示波器观察、记录及分析波形。
（5）掌握晶闸管主电路测试方法，会测量测试点的电压、电流。
（6）能结合故障现象进行故障原因分析与排除。

2. 实训器材

（1）单结晶体管触发器实训板或 PCB 万用线路板，每组一块。
（2）单结晶体管触发器电路套件，元器件清单如表 2.8 所示，每组一套。

表 2.8 单结晶体管触发器的元器件清单

序号	符号	元器件名称	电气符号	实物图	安装要求	注意事项
1	VT1	单结晶体管			垂直安装 剪脚留头 1mm	引脚判别
2	R1	色环电阻				
3	R2	色环电阻			水平安装 剪脚留头 1mm	色环朝向一致
4	R3	色环电阻				
5	R4	可调电阻			垂直安装 剪脚留头 1mm	旋于中值
6	C1	瓷片电容			垂直安装 剪脚留头 1mm	电容极性

（3）MF47 型万用表，每组一只。

（4）35W 内热式电烙铁 、斜口钳、尖嘴钳，每组一套。

（5）焊锡丝、松香 、导线，每组一套。

（6）低频示波器，型号 DS1052E，每组一台。

（7）直流稳压电源，型号 RD-3010，每组一台。

3. 实训步骤

根据图 2.59 所示的单结晶体管触发器电路，制成该电路专用的 PCB 实训板，如图 2.89 所示。各院校也可根据自身条件使用 PCB 万用线路板来搭接实际电路。

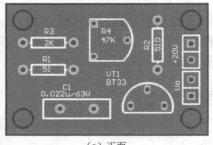
（a）正面

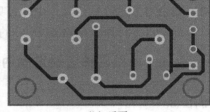
（b）反面

图 2.89　锯齿波振荡器实训板

操作提示：电路搭接完成后必须经指导教师检查通过后方可通电。

1）准备阶段

【操作步骤 1】 清点材料。

操作要求：请按表 2.8 所示的元器件清单一一核对元器件的型号及数量；记清每个元器件的名称与外形。

【操作步骤 2】 元器件检查。

操作要求：用目测的方法对各元器件的外观质量进行检查，检查器身上的标称值是否与原理图一致；用万用表测量法对各元器件的主要参数进行测量，判定各元器件内在质量的好坏，判别各元器件的引脚极性。

【操作步骤 3】 氧化层清除。

操作要求：用断锯条制成小刀，刮去金属引脚表面的氧化层，使引脚露出金属光泽，如图 2.90 所示。

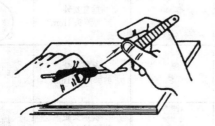
（a）操作示意图

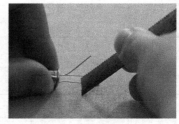
（b）实操照片

图 2.90　引脚氧化膜的处理

【操作步骤4】　元器件镀锡。

操作要求：在刮干净的引脚上镀锡，可将引脚蘸一下松香酒精溶液后，将带锡的热电烙铁头压在引脚上，并转动引脚，即可使引脚均匀地镀上一层很薄的锡层，如图 2.91 所示。

（a）操作示意图　　　　　　　　　　　　　　　　　　（b）实操照片

图2.91　引脚镀锡的处理

2）安装阶段

【操作步骤1】　识别实训板。

操作要求：对照实训板，识别实训板上的线路和元器件待安装的位置。

【操作步骤2】　安装元器件。

操作要求：元器件安装要求及注意事项如表 2.8 所示，分别将各元器件安装在图 2.89 所示的实训板上；检查各元器件引脚极性安装的是否正确。

【注意事项】

（1）元器件在安装时应注意极性，切勿安错。

（2）安装完毕后，务必将电阻R4置于中间位置。

（3）电路板四周用4个螺母固定支撑。

【操作步骤3】　焊接元器件。

操作要求：电烙铁的握法采用握笔法，如图 2.92 所示，焊锡丝的拿法采用推进法，如图 2.93 所示；焊接过程分焊接、检查、剪短三步完成，操作动作如图 2.94 所示。焊接时应注意元器件可靠的电气连接、足够的机械强度及光洁整齐的外观。在焊接完成后，要检查焊点是否合格，并清洁焊接表面。

（a）示意图　　　　　　　　　　　　　　　　　　（b）实操照片

图2.92　电烙铁的握法

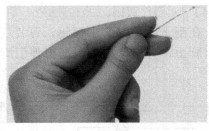

（a）示意图　　　　　　　　　　　　　　　　　（b）实操照片

图 2.93　焊锡丝的拿法

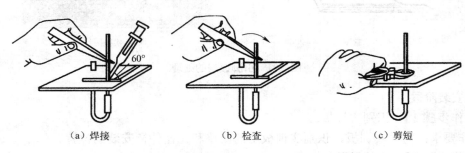

（a）焊接　　　　　　　　　（b）检查　　　　　　　　　（c）剪短

图 2.94　焊接动作要领

【焊接标准】

　　焊点形状近似圆锥而且表面微微凹陷；焊件的连接面呈半弓形凹面，焊件与焊料交界处平滑；无裂缝、无针孔。

 【注意事项】

　　（1）电烙铁的温度要适当，这可用电烙铁头放到松香上去检验，一般以松香熔化较快又不冒烟的温度为适宜。

　　（2）焊接的时间要适当，一般一两秒内要焊好一个焊点，若没完成，宁愿等一会儿再焊一次。若时间过长，焊点上的焊剂完全挥发，就失去了助焊的作用，造成焊点表面粗糙、发黑、不光亮等毛病，而且还容易使焊点氧化；但时间也不宜过短，时间过短则焊点达不到焊接的温度，焊料不能充分熔化，易造成虚焊。

　　（3）焊料与焊剂的使用要适量，若使用焊料过多，则多余的焊料会流入管座的底部，易造成引脚之间的短路，降低引脚之间的绝缘性；若使用焊剂过多，则易在引脚周围形成绝缘层，造成引脚与管座之间的接触不良。反之，焊料与焊剂使用过少，则易造成虚焊。

　　（4）焊接过程中不要触动焊接点，在焊接点上的焊料未完全凝固时，不应移动被焊元器件及导线，否则焊点易变形，也可能虚焊。同时也要注意不要烫伤周围的元器件及导线。

【工程经验】

　　电烙铁是捏在手里的，使用时千万注意安全。新买的电烙铁先要用万用表电阻挡检查一下插头与金属外壳之间的电阻值，万用表指针应该不动。否则应该彻底检查。最近生产的内热式电烙铁，厂家为了节约成本，电源线都不用橡皮花线了，而是直接用塑料电线，比较不安全。强烈建议换用橡皮花线，因为它不像塑料电线那样容易被烫伤、破损，以至短路或触电。

3）质量检查

经过安装、焊接等工艺过程以后，最终完成锯齿波振荡器实训板的制作，如图 2.95 所示。在通电前，必须对实训板进行安装质量检查，只有通过质量检查，并确认合格的实训板才可通电调试。

图 2.95　实训板

【质检要点】

（1）根据图 2.59 和图 2.89，检查是否有漏装的元器件或连接导线。

（2）根据图 2.59 和图 2.89，检查各元器件极性安装的是否正确。

（3）检查焊点是否有错焊、漏焊、虚焊、假焊和连焊，焊点周围是否有助焊剂残留物，焊接部位有无热损伤和机械损伤现象。在检查中发现有可疑现象时，可用镊子轻轻拨动焊接部位进行检查，并确认其质量。

4）电路调试

【操作步骤1】　观察输入端电压波形。

操作要求：示波器测试条件如表 2.9 所示。用示波器单通道观察输入端（直流侧两极之间）的电压波形，如图 2.96 所示；记录波形，将图 2.96 与图 2.59（b）进行对比，说明对比结果。

表2.9　示波器测试条件

通道	状态	V/格	位置	耦合方式	带宽限制	反相
CH1	On	10.00V/格	−29.6mV	DC	Off	Off
通道	输入电阻	探头				
CH1	1M Ohm	1X				
时间	参考时间	S/格	延时			
Main	中心	5.000ms/格	1.308000ms			
触发	信号源	斜率	触发模式	耦合	水平的	延迟
边缘触发	CH1	上升沿	自动	直流	0.00μV	500ns
捕获	采样	存储深度	采样频率			
普通	实时	普通	50.0kSa			

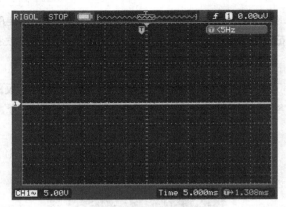

图 2.96　输入端的电压波形

【操作步骤 2】　观察电容 C1 充放电电压波形。

操作要求：示波器测试条件如表 2.10 所示。用示波器单通道观察电容 C1 充放电（电容 C 两极板之间）的电压波形，如图 2.97 所示；记录波形，将图 2.97 与图 2.59（b）进行对比，说明对比结果。

表 2.10　示波器测试条件

通道	状态	V/格	位置	耦合方式	带宽限制	反相
CH1	On	5.00V/格	800mV	AC	Off	Off
通道	输入电阻	探头				
CH1	1M Ohm	1X				
时间	参考时间	S/格	延时			
Main	中心	500.0μs/格	−200.0000μs			
触发	信号源	斜率	触发模式	耦合	水平的	延迟
边缘触发	CH1	上升沿	自动	直流	1.48V	500ns
捕获	采样	存储深度	采样频率			
普通	实时	普通	500.0kSa			

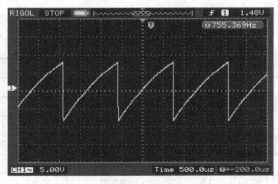

图 2.97　电容充放的波形

【操作步骤 3】　观察输出端电压波形。

操作要求：示波器测试条件如表 2.11 所示。用示波器单通道观察输出端（电阻 R1 两端）的电压波形，如图 2.98 所示；记录波形，将图 2.98 与图 2.59（b）进行对比，说明对比结果。

表 2.11　示波器测试条件

通道	状态	V/格	位置	耦合方式	带宽限制	反相
CH1	On	5.00V/格	800mV	AC	Off	Off
CH2	On	10.00V/格	−20V	AC	Off	Off
通道	输入电阻	探头				
CH1	1M Ohm	1X				
CH2	1M Ohm	1X				
时间	参考时间	S/格	延时			
Main	中心	200.0μs/格	1.308 000ms			
触发	信号源	斜率	触发模式	耦合	水平的	延迟
边缘触发	CH1	上升沿	自动	直流	1.48V	500ns
捕获	采样	存储深度	采样频率			
普通	实时	普通	1.000MSa			

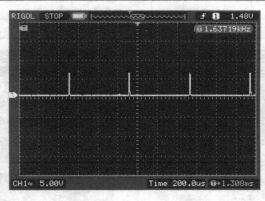

图 2.98　输出端的电压波形

本实训电路板各主要点电压综合测试的波形如图 2.99 所示。

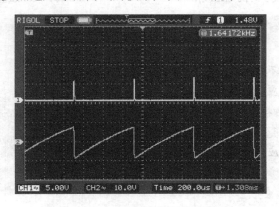

图 2.99　综合测试的波形

【操作步骤 4】 综合测试

操作要求：示波器测试条件如表 2.12 所示。改变电位器 R4 的阻值，使可调电阻 R4 阻值先由最小至最大，再由最大至最小，用示波器双通道观察输出端频率的变化范围，如图 2.100 和图 2.101 所示，说明实训板工作是否正常。

表 2.12 示波器测试条件

通道	状态	V/格	位置	耦合方式	带宽限制	反相
CH1	On	500mV /格	−380mV	DC	Off	Off
CH2	On	500mV/格	−1.24V	DC	Off	Off
通道	输入电阻	探头				
CH1	1M Ohm	1X				
CH2	1M Ohm	1X				
时间	参考时间	S/格	延时			
Main	中心	500.0μs/格	−300.000 0μs			
触发	信号源	斜率	触发模式	耦合	水平的	延迟
边缘触发	CH1	上升沿	自动	DC	1.18V	500ns
捕获	采样	存储深度	采样频率			
普通	实时	普通	500.0kSa			

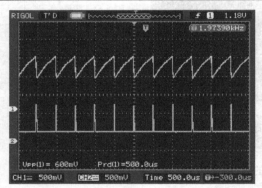

图 2.100 R4 阻值较小时的电压波形

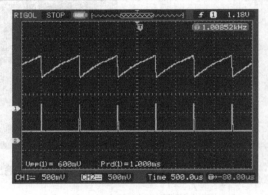

图 2.101 R4 阻值较大时的电压波形

【注意事项】

（1）首次通电时间不能超过 3s，且手不能离开电源。

（2）每个实训小组应有一个监护人。

（3）上电后，不能触摸实训板上的带电部位，不要随意翻动实训板，不能在路测量电阻值。

（4）注意元器件管壳温度不超过相应电流下的允许值。

（5）出现问题时，应首先断开电源，然后再进行检查和检修。

4. 实训问题解答

【问题 1】 在调试图 2.59 所示的电路时，逐渐减小可调电阻 R4 的阻值，用示波器观察发现输出脉冲的个数在逐渐减少。当可调电阻 R_4 的阻值减小到某一数值时，发现锯齿波振荡器只产生一个脉冲输出；再进一步减小电位器 R_4 的阻值时，甚至连一个脉冲也看不见了。

答案：这是因为限流电阻 R_3 的阻值太小，对电容 C_1 的充电速度过快，结果在梯形波上升沿阶段单结管就导通了，对应产生的输出脉冲幅值太小，所以用示波器观察不到输出脉冲。

【问题 2】 在调试图 2.59 所示的锯齿波振荡电路时，直流电源工作正常，有 20V 电压输出，但触发电路却没有振荡，检查单结晶体管，发现单结晶体管是好的。

答案：该电路是单结晶体管振荡经典电路，电路中元器件的参数选择应该没有问题。电路没有振荡可能有三方面原因：第一方面原因可能是直流电源的极性接反；第二方面原因可能是电路虚接；第三方面原因可能是单结晶体管的引脚接反。其中，第三方面原因在实训中发生的概率较高。

5. 实训考核方法

该项目采取单人逐项考核方法，教师（或是已经考核优秀的学生）对每个同学都要进行如下四项考核。

（1）能否正确连接晶闸管主电路？

（2）能否准确读取晶闸管主电路参数信息？

（3）能否会用示波器观测触发电路上的各点波形？

（4）能否会进行简单的故障排除？

6. 项目实训报告

项目实训报告内容应包括项目实训目标、项目实训器材、项目实训步骤、照明电路的原理图及安装图、晶闸管主电路的参数验证、主电路晶闸管的耐压波形及输出波形、触发电路的振荡波形及脉冲波形。

 网上学习

网上学习是培养学生学习能力、创新能力的一种新形式，也是学生获取和扩大专业学习资讯一种重要途径。学习时间在课外，由学生自己灵活掌握，但学习内容和范围则由老师给出要求或建议。

1. 学习课题

（1）我国目前可控整流器大的生产厂商有哪些？这些生产厂商生产的晶闸管系列代号、商标分别是什么？

（2）可控整流技术最新进展有哪些？发展方向如何？

（3）上网查找整流器的外形图片，下载 5～10 张有代表性的照片用于同学间学习交流。

（4）上网查找并了解整流技术及整流技术发展史。

（5）进入并参与网上"电力电子技术论坛"，增加感性认识。

2. 学习要求

（1）在学习中要认真记好学习记录，记录可以是纸介质形式也可以是电子文档形式。记录的内容应包括学习课题中的相关问题答案、搜索网址、多媒体资料等。

（2）每人写出 500 字以内的学习总结或提纲。

（3）学习资讯交流。在每次课前，开展"我知、我会"小交流，挑选有学习"成果"、有代表性的同学进行发言。

思考题与习题

（1）在可控整流电路带纯电阻负载与大电感负载两种情况下，负载电阻 R_d 上的 U_d 与 I_d 乘积是否等于负载功率？为什么？

（2）100V 交流电源接于一只晶闸管与 8Ω 电阻串联的单相半波可控整流电路，用直流电压表测得管子两端电压为 40V，试求输出直流平均电压 U_d、平均电流 I_d 及晶闸管的控制角 α。

（3）具有中点二极管的单相半控桥式可控整流电路如图 2.102 所示，试画出 $\alpha=90°$ 时，u_d 与 u_{T1} 波形。

（4）某电阻负载，$R_d=50\Omega$，要求 U_d 在 0～600V 之间连续可调，试用单相半波与单相全波两种可控整流电路来供给，分别计算晶闸管额定电压、额定电流。

（5）单相全控桥式可控整流电路，大电感负载，$U_2=220V$，$R_d=4\Omega$，试计算 $\alpha=60°$ 时，输出电压 U_d、电流 I_d 的值？画出输出电压 u_d 波形、晶闸管 u_{T1} 波形；如果负载并接续流二极管，其 U_d、I_d 的值又为多少？画出输出电压 u_d 波形、晶闸管 u_{T1} 波形及 i_d、i_{T1}、i_D 波形。

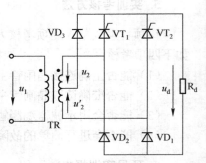

图 2.102　习题 3 附图

（6）单相半控桥式可控整流电路对恒温电炉供电，电炉电热丝电阻为 34Ω，直接由 220V 输入，试选用晶闸管？

（7）过电压自动断电晶闸管保护电路如图 2.103 所示，试分析电路的工作原理。

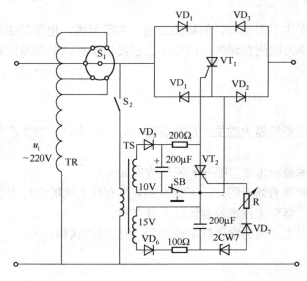

图 2.103　习题 7 附图

（8）晶闸管简易充电电源电路如图 2.104 所示，试分析该电路的工作原理。

（9）不使用变压器的单结晶体管触发单相半波可控整流电路如图 2.105 所示，试画出 $\alpha=90°$ 时，①～③点及负载两端电压的波形。

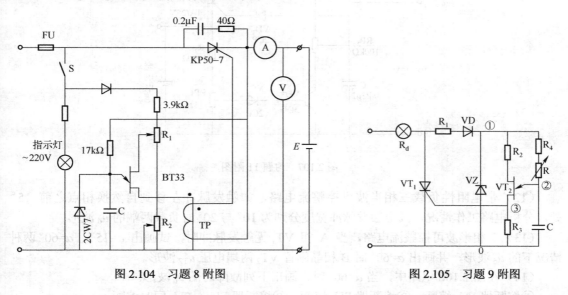

图 2.104　习题 8 附图　　　　　　　　图 2.105　习题 9 附图

（10）电动机正反转定时控制电路如图 2.106 所示，调节电位器 RP_1 与 RP_2 可调节正反转工作时间，试说明电路工作原理？

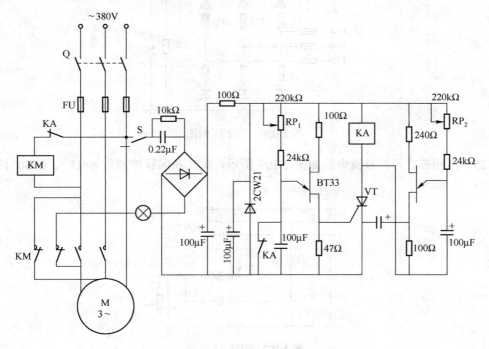

图 2.106　习题 10 附图

（11）晶闸管整流自动恒流充电器电路如图 2.107 所示，试说明电路工作原理？

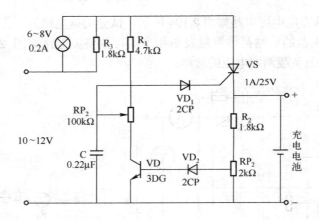

图 2.107　习题 11 附图

（12）带电阻性负载三相半波可控整流电路，如触发脉冲左移到自然换相点之前 15°处，分析电路工作情况，画出触发脉冲宽度分别为 10°与 20°时负载两端的 u_d 波形。

（13）三相半波可控整流电路，当 A 相 VT$_1$ 无触发脉冲时，试画出 α=15°、α=60° 两种情况下的 u_d 波形，并画出 α=60° 时 B 相晶闸管 VT$_2$ 两端电压 u_{T2} 波形。

（14）在图 2.108 电路中，当 α=60° 时，画出下列故障时的 u_d 波形。

①熔断器 FU$_1$ 熔断；②熔断器 FU$_2$ 熔断；③熔断器 FU$_2$、FU$_3$ 同时熔断。

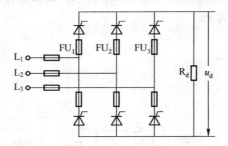

图 2.108　习题 14 附图

（15）两相零式可控整流电路如图 2.109 所示，画出晶闸管控制角 α=15°、α=60° 两种情况下的 u_d 波形。

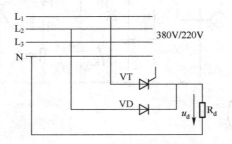

图 2.109　习题 15 附图

项目 **3**　有源逆变器

 预期目标

知识目标：

（1）了解逆变的概念、分类及应用。

（2）了解变流装置与外接直流电势之间的能量传递过程。

（3）掌握有源逆变的工作原理。

（4）掌握有源逆变的条件。

（5）掌握采用有源逆变电路的分析及参量计算。

（6）掌握有源逆变失败的原因及最小逆变角的确定。

（7）了解绕线转子异步电动机串级调速的控制过程。

（8）了解有源逆变在直流高压输电方面的应用。

能力目标：

（1）能够阐述有源逆变电路的典型应用。

（2）能够详细分析至少一例有源逆变电路的工作过程。

 项目情境

高压直流输电的视频播放

【任务描述】

以长江三峡水利工程为背景，介绍超远距离、超高压直流输电技术，进而导入有源逆变技术的应用。

【实验条件】

多媒体教室（包含计算机、投影仪）、控制台。

【活动提示】

超高压直流输电技术是电力领域近年来发展起来的一门高新技术，把以前不可实现的直流电能传输变为可行。请大家把现代直流输电和传统交流输电这两种方式进行认真对比，从中发现电力电子技术的优势，提高大家的专业学习兴趣。

 项目资讯　有源逆变及应用

在工业生产中不但要将固定频率、固定的交流电转变为可调电压的直流电，即可控整流，还要将直流电转变为交流电，这一过程称为逆变。逆变与整流互为可逆过程，能够实现可控整流的晶闸管装置称为可控整流器；能够实现逆变的晶闸管装置称为逆变器。如果同一晶闸管装置既可以实现可控整流，又可以实现逆变，这种装置则称为变流器。

逆变电路可分为有源逆变和无源逆变两类。

有源逆变的过程：直流电→逆变器→交流电→交流电网，这种将直流电变成和电网同频率的交流电并将能量回馈给电网的过程称为有源逆变。有源逆变的主要应用有：直流电动机的可逆调速、绕线转子异步电动机的串级调速、高压直流输电等。

无源逆变的过程：直流电→逆变器→交流电→用电器，这种将直流电变成某一频率或频率可调的交流电并供给用电器使用的过程称为无源逆变。无源逆变的主要应用有：交流电动机变频调速、不间断电源 UPS、开关电源、中频加热炉等。

3.1　晶闸管装置与直流电机间的能量传递

如图 3.1 所示是交流电网经变流器接直流电机的系统原理图。图 3.1 中变流器的状态可逆是指整流与逆变，直流电机的状态可逆是指电动与发电。

1．晶闸管装置整流状态、直流电机电动运行状态

条件：如图 3.1（a）所示，晶闸管装置工作在整流状态，装置直流侧极性是上正下负；直流电机工作在电动运行状态，其电枢电势 E 的极性也是上正下负，且 $|U_d| > |E|$。

结论：系统回路产生顺时针方向电流 i_d，电流 i_d 从晶闸管装置正极性端流出，装置提供能量输出，处于整流状态；电流 i_d 从直流电机正极性端流进，直流电机吸收能量，处于电动状态。电流 i_d 的大小为

$$i_d = \frac{U_d - E}{R}$$

2．晶闸管装置逆变状态、直流电机发电运行状态

条件：如图 3.1（b）所示，晶闸管装置工作在逆变状态，装置直流侧极性是上负下正；直流电机工作在发电运行状态，其电枢电势 E 的极性也是上负下正，且 $|E| > |U_d|$。

结论：系统回路产生顺时针方向电流 i_d，电流 i_d 从晶闸管装置正极性端流进，装置吸收能量，处于逆变状态；电流 i_d 从直流电机正极性端流出，直流电机提供能量输出，处于发电状态。电流 i_d 的大小为

$$i_d = \frac{E - U_d}{R}$$

3．晶闸管装置整流状态、直流电机发电运行状态

条件：如图 3.1（c）所示，晶闸管装置工作在整流状态，装置直流侧极性是上正下负；直流电机工作在发电运行状态，其电枢电势 E 的极性是上负下正。

结论：系统回路产生顺时针方向电流 i_d，电流 i_d 从晶闸管装置正极性端流出，装置提供能量输出，处于整流状态；电流 i_d 从直流电机正极性端流出，直流电机提供能量输出，处于发电状态。电流 i_d 的大小为

$$i_d = \frac{U_d + E}{R}$$

由于 R 的阻值可能很小，电流 i_d 将很大，相当于短路。这在实际工作中是不允许的。

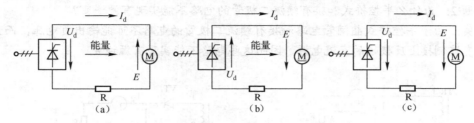

图 3.1　晶闸管装置与直流电机间的能量传递

3.2　有源逆变的工作原理

现以卷扬机为例，由单相全波变流器供电，直流电动机作为动力，分析重物提升与下降两种工作情况。

1．重物提升过程

在重物提升过程中，如图 3.2（a）所示，变流器直流侧 u_d 波形正面积大于负面积，$U_d > 0$，极性是上正下负；直流电机电枢电势 E 的极性也是上正下负，且 $|U_d| > |E|$。变流器处于整流状态提供给直流电机能量，直流电机处于电动运行状态提升重物。此过程与图3.1（a）所示的情形一致。

2．重物下降过程

在重物下降过程中，如图 3.2（b）所示，变流器直流侧 u_d 波形负面积大于正面积，$U_d < 0$，极性是上负下正；直流电机电枢电势 E 的极性也是上负下正，且 $|E| > |U_d|$。变流器处于逆变状态吸收直流电机能量，直流电机处于发电运行状态下降重物。此过程与图3.1（b）所示的情形一致。

因此，可得出实现有源逆变的条件如下。

（1）控制角 $\alpha > 90°$，保证晶闸管大部分时间在电压负半波导通，使输出电压 $U_d < 0$。

（2）直流侧要有直流电源 E，且 $|E| > |U_d|$，其方向与电流方向相同，使晶闸管承受正向阳极电压。

（3）回路中要有足够大的电感 L_d。

上述（1）、（2）是实现有源逆变的必要条件，（3）是实现有源逆变的充分条件。

　【课堂讨论】

问题 1：实现有源逆变时，为什么要求控制角 $\alpha > 90°$？

答案：晶闸管装置在可控整流时其直流侧的共阴极端是正极性，电流从正极性端流出；由于晶闸管具有单向导电特性，所以在有源逆变时，回路电流方向也必须与可控整流时保持一致。为保证有源逆变时晶闸管装置直流侧的极性与外接电动势同极性相接，装置直流侧的极性就必须是下正上负，u_d 波形就必须是负面积大于正面积，晶闸管在电源负半周期导通时间比正半周期导通时间长，因此要求控制角 $\alpha > 90°$。

问题2：为什么半控桥式和接有续流二极管的电路不能实现有源逆变？

答案：由于半控桥式晶闸管电路和接有续流二极管的电路不可能输出负电压，而且也不允许在直流侧接上反极性的直流电源，因而这些电路不能实现有源逆变。

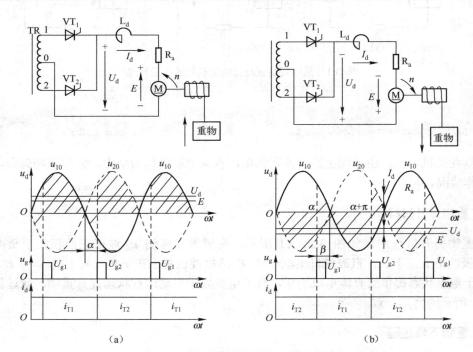

图3.2　全波可控整流与有源逆变

3.3　逆变角的确定

当变流器工作在逆变状态时，控制角 $\alpha > 90°$，平均电压 $U_d = U_{d0}\cos\alpha$。为方便计算，我们引入了逆变角 β，它和控制角 α 的关系为 $\beta = \pi - \alpha$，则 $U_d = U_{d0}\cos(\pi - \beta) = -U_{d0}\cos\beta$。逆变角为 β 的触发脉冲位置可从 $\alpha = \pi$ 时刻开始前移（左移）β 角度来确定。

图 3.3（a）画出了四种不同的控制角 α，如果分别在 ωt_1、ωt_2、ωt_3、ωt_4 时刻触发晶闸管时，则对应的 $\alpha_1=60°$、$\alpha_2=90°$、$\alpha_3=120°$、$\alpha_4=180°$。根据前面讲的，$\beta = \pi - \alpha$，因此和 α_1、α_2、α_3、α_4 对应的是 $\beta_1=120°$、$\beta_2=90°$、$\beta_3=60°$、$\beta_4=0°$。在波形图中把 $\alpha=180°$ 处作为计算 β 的起点，即图 3.3（a）中的 B 点，然后顺着电位上升的电压波形（如 u_U）向左计算，算出 β 的大小。例如，在 ωt_1 处触发晶闸管 VT_1，这时 $\alpha_1=60°$，同时也相当于 $\beta_1=120°$。而在 ωt_3 处触发晶闸管 VT_1 的时候，$\alpha_3=120°$，而此时 $\beta_3=60°$。从上述讨论可知，α 和 β 是从两个方向表示晶闸管 VT 的触发时刻，从图 3.3（a）中的 A 点算到 ωt_1 的角度是 α_1，从 B 点算到 ωt_1 的角度就是 β_1。不论是用 α_1 表示还是用 β_1 表示，晶闸管 VT 的触发时刻是相同的。

图 3.3（b）画出了单相电路中 $\alpha_1=60°$、$\alpha_2=120°$、$\alpha_3=180°$ 与 $\beta_1=120°$、$\beta_2=60°$、$\beta_3=0°$ 的一一对应关系。

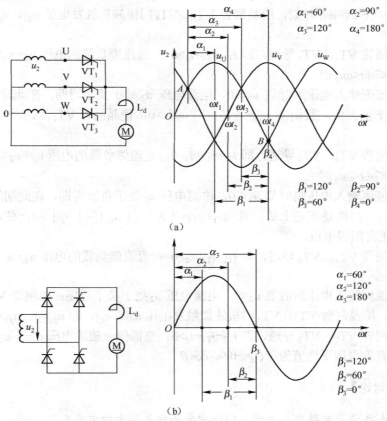

（a）

（b）

图 3.3 逆变角 β 的表示法

3.4 常用的有源逆变电路

3.4.1 单相全控桥式有源逆变电路

单相全控桥式有源逆变电路如图 3.4（a）所示，该电路的波形分析如图 3.4（b）所示。在交流电 u_2 半个周期内，用 ωt 坐标点将波形分为三段，下面对波形逐段进行分析。

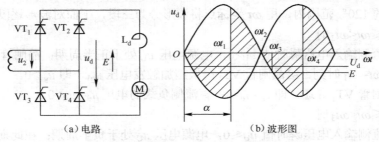

（a）电路　　　　（b）波形图

图 3.4 单相全控桥式有源逆变电路与波形图

1）当 $\omega t_1 \leqslant \omega t < \omega t_2$ 时

条件：交流侧输入电压瞬时值 $u_2>0$，电源电压 u_2 处于正半周期；晶闸管 VT$_1$、VT$_4$ 承受正向阳极电压；在 $\omega t=\omega t_1$ 时刻，给晶闸管 VT$_1$、VT$_4$ 门极施加触发电压 u_{g1}、u_{g4}，即 $u_{g1}>0$、$u_{g4}>0$。

结论：晶闸管 VT$_1$、VT$_4$ 导通，即 $i_{T1}=i_{T4}=i_d>0$；直流侧负载的电压 $u_d=u_2>0$。

2）当 $\omega t_2 \leqslant \omega t < \omega t_3$ 时

条件：交流侧输入电压瞬时值 $u_2 \leqslant 0$，电源电压 u_2 处于负半周期；在此期间外接感生电动势 E 极性是下正上负，且 $u_{T1}+u_{T4}=|E|-|u_2|>0$，使晶闸管 VT$_1$、VT$_4$ 继续承受正向阳极电压。

结论：晶闸管 VT$_1$、VT$_4$ 导通，即 $i_{T1}=i_{T4}=i_d>0$；直流侧负载的电压 $u_d=u_2 \leqslant 0$。

3）当 $\omega t_3 \leqslant \omega t < \omega t_4$ 时

条件：交流侧输入电压瞬时值 $u_2 \leqslant 0$，电源电压 u_2 处于负半周期，在此期间电感 L_d 产生的感生电动势 u_L 极性是下正上负，且 $u_{T1}+u_{T4}=|E|+|u_L|-|u_2|>0$，使晶闸管 VT$_1$、VT$_4$ 继续承受正向阳极电压。

结论：晶闸管 VT$_1$、VT$_4$ 导通，即 $i_{T1}=i_{T4}=i_d>0$；直流侧负载的电压 $u_d=u_2<0$。

4）当 $\omega t=\omega t_4$ 时

条件：交流侧输入电压瞬时值 $u_2<0$，电源电压 u_2 处于负半周期；晶闸管 VT$_2$、VT$_3$ 承受正向阳极电压；给晶闸管 VT$_2$、VT$_3$ 门极施加触发电压 u_{g2}、u_{g3}，即 $u_{g2}>0$、$u_{g3}>0$。

结论：晶闸管 VT$_2$、VT$_3$ 导通，即 $i_{T2}=i_{T3}=i_d>0$；直流侧负载的电压 $u_d=|u_2|>0$。

其输出的直流电压平均值为：$U_d=-0.9u_2\cos\beta$

【课堂讨论】

问题：在有源逆变电路中，为什么回路中要串联足够大的电感 L_d？

结论：我们所说的电路工作在有源逆变状态，是对整个工作过程而言的。实际上在每一瞬间电路不一定都工作在有源逆变状态。例如，图 3.4（b）在 $\omega t_1 \sim \omega t_2$ 这段时间里，电源电压 u_2 处于正半周期，输出电压 U_d 的极性为下负上正，与 E 反极性相连，两电源均供出能量，只是这段时间较短，通过电感 L_d 作用限制电流不会上升很大。所以，回路中要有足够大的电感 L_d 是实现有源逆变的充分条件。

3.4.2 三相半波有源逆变电路

三相半波有源逆变电路如图 3.5（a）所示，该电路的波形分析如图 3.5（b）所示。在交流电一个周期的 120° 范围内，用 ωt 坐标点将波形分为三段，下面对波形逐段进行分析。

1）当 $\omega t_1 \leqslant \omega t < \omega t_2$ 时

条件：交流侧输入电压瞬时值 $u_U>0$，电源电压 u_U 处于正半周期；晶闸管 VT$_1$ 承受正向阳极电压；在 $\omega t=\omega t_1$ 时刻，给晶闸管 VT$_1$ 门极施加触发电压 u_{g1}，即 $u_{g1}>0$。

结论：晶闸管 VT$_1$ 导通，即 $i_{T1}=i_d>0$；直流侧负载的电压 $u_d=u_U>0$。

2）当 $\omega t_2 \leqslant \omega t < \omega t_3$ 时

条件：交流侧输入电压瞬时值 $u_U \leqslant 0$，电源电压 u_U 处于负半周期；在此期间外接感生电

动势 E 极性是下正上负，且 $u_{T1}=|E|-|u_A|>0$，使晶闸管 VT_1 继续承受正向阳极电压。

结论：晶闸管 VT_1 导通，即 $i_{T1}=i_d>0$；直流侧负载的电压 $u_d=u_U<0$。

3）当 $\omega t_3 \leqslant \omega t < \omega t_4$ 时

条件：交流侧输入电压瞬时值 $u_U<0$，电源电压 u_U 处于负半周期，在此期间电感 L_d 产生的感生电动势 u_L 极性是下正上负，且 $u_{T1}=|E|+|u_L|-|u_U|>0$，使晶闸管 VT_1 继续承受正向阳极电压。

结论：晶闸管 VT_1 导通，即 $i_{T1}=i_d>0$；直流侧负载的电压 $u_d=u_U<0$。

4）当 $\omega t = \omega t_4$ 时

条件：交流侧输入电压瞬时值 $u_V>0$，电源电压 u_V 处于正半周期；晶闸管 VT_2 承受正向阳极电压；给晶闸管 VT_2 门极施加触发电压 u_{g2}，即 $u_{g2}>0$。

结论：晶闸管 VT_2 导通，即 $i_{T2}=i_d>0$；直流侧负载的电压 $u_d=u_V>0$。

其输出的直流电压平均值为

$$U_d = -1.17\, u_2 \cos\beta$$

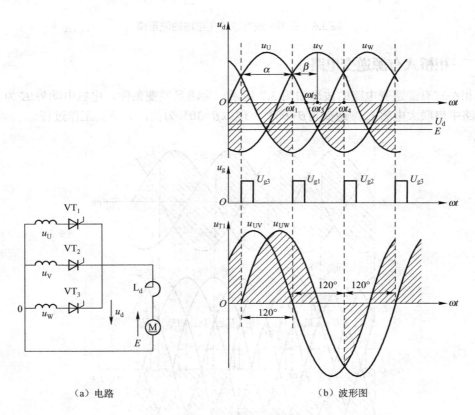

（a）电路   （b）波形图

图 3.5 三相半波有源逆变电路与波形图

图 3.6（a）、（b）分别画出了 $\beta=30°$、$\beta=90°$ 时逆变电压波形和晶闸管 VT_1 承受的电压波形。

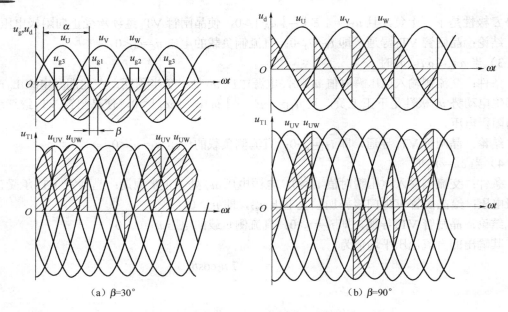

（a）β=30°　　　　　　　　　（b）β=90°

图 3.6　三相半波有源逆变电路的波形图

3.4.3　三相桥式有源逆变电路

三相桥式有源逆变电路的波形如图 3.7 所示。为满足逆变条件，电机电动势 E 为上负下正，回路中串联大电感 L_d，逆变角 $\beta<90°$。现以 $\beta=30°$ 为例，分析其工作过程。

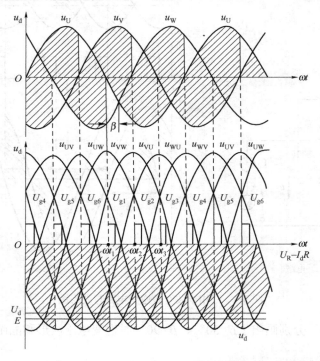

图 3.7　三相桥式有源逆变电路的波形图

（1）在图 3.7 中，在 ωt_1 处加上双窄脉冲触发 VT$_1$ 和 VT$_6$，此时电压 u_U 为负半波，给 VT$_1$ 和 VT$_6$ 以反向电压。但$|E|>|u_{UV}|$，E 相对 VT$_1$ 和 VT$_6$ 为正向电压，加在 VT$_1$ 和 VT$_6$ 上的总电压（$|E|-|u_{UV}|$）为正，使 VT$_1$ 和 VT$_6$ 两管导通，有电流 i_d 流过电路，变流器输出的电压 $u_d = u_{UV}$。

（2）经过 60° 后，在 ωt_2 处加上双窄脉冲触发 VT$_2$ 和 VT$_1$，由于此前 VT$_6$ 是导通的，从而使加在 VT$_2$ 上的电压 u_{VW} 为正向电压，当 VT$_2$ 在 ωt_2 时刻被触发后即刻导通，而 VT$_2$ 导通后，VT$_6$ 因承受的电压 u_{WV} 为反压而关断，完成了从 VT$_6$ 到 VT$_2$ 的换相。在第二次触发后第三次触发前（$\omega t_2 \sim \omega t_3$），变流器输出的电压 $u_d = u_{UW}$。

（3）又经过 60° 后，在 ωt_3 处再次加上双窄脉冲触发 VT$_2$ 和 VT$_3$，使 VT$_2$ 继续导通，而 VT$_3$ 导通后使 VT$_1$ 因承受反向电压 u_{VW} 而关断，从而又进行了一次由 VT$_1$ 和 VT$_3$ 的换流。

按照 VT$_1$～VT$_6$ 换流顺序不断循环，晶闸管 VT$_1$～ VT$_6$ 轮流依次导通，整个周期始终保证有两只晶闸管是导通的。控制 β 使输出电压平均值$|U_d|<|E|$，则电动机直流能量经三相桥式有源逆变电路转换成交流能量送到电网中去，从而实现了有源逆变。

3.5　逆变失败及最小逆变角的确定

3.5.1　逆变失败的原因

逆变失败也叫逆变颠覆。晶闸管变流电路工作在整流状态时，如果晶闸管损坏、触发脉冲丢失或快速熔断器烧断时，其后果是至多出现缺相、直流输出电压减小。但在逆变状态时，如果发生上述情况，则情况要严重得多。晶闸管变流器工作在逆变状态下，晶闸管大部分的时间或全部时间在电流电压的负半周导通，晶闸管之所以在电源电压负半周能导通完全是依赖于电动机反电动势 E。由于电路的输出直流电压和电动机电动势 E 两电源同极性相连（见图 3.7），此时电路输出的直流电流 $I_d = \dfrac{E - U_d}{R}$ 较小。如果当某种原因使晶闸管换相失

败，本来在负半波导通的晶闸管会一直导通到正半波，使输出电压极性反过来，即极性为上正下负，如图 3.8 虚线所示。结果 U_d 和 E 变成反极性相连，此时电路电流 $I_d = \dfrac{E + U_d}{R}$ 会非常大，从而造成短路事故，使逆变无法正常进行。

造成逆变失败通常有电源、晶闸管和触发电路等主要方面的原因。

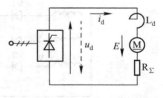

图 3.8　逆变失败电压极性图

1. 交流电源方面的原因

（1）电源缺相或一相熔丝熔断。如果运行当中发生电源缺相，则与该相连接的晶闸管无法导通，使参与换相的晶闸管无法换相而继续工作到相应电压的正半波，从而造成逆变器电压 U_d 与电机电动势 E 反极性连接而短路，使换相失败。

（2）电源突然断电。此时变压器二次侧输出电压为零，而一般情况下电动机因惯性作用无法立即停车，反电动势也不会在瞬间为零，在 E 的作用下晶闸管继续导通。由于回路电阻

一般都较小，电流 $I_d=E/R$ 仍然很大，会造成事故导致逆变失败。

（3）晶闸管快速熔断器烧断。此情况与电源缺相情况相似。

（4）电压不稳，波动很大。

2. 触发电路的原因

（1）触发脉冲丢失。三相半波有源逆变电路如图 3.9（a）所示。在正常工作条件下，u_{g1}、u_{g2}、u_{g3} 触发脉冲间隔 120°，轮流触发 VT_1、VT_2、VT_3 晶闸管。ωt_1 时刻 u_{g1} 触发 VT_1 晶闸管，在此之前 VT_3 已导通，由于此时 u_U 虽为零值，但 u_W 为负值，因而 VT_1 承受 u_{UW} 正向电压而导通，VT_3 关断。到达 ωt_2 时刻，在正常情况下应该有 u_{g2} 触发信号触发 VT_2 导通，VT_1 关断。在图 3.9（b）中，假如由于某种原因 u_{g2} 丢失，VT_2 虽然承受 u_{UW} 正相电压，但因无触发信号不能导通，因而 VT_1 就无法关断，继续导通到正半波结束。到 ωt_3 时刻 u_{g3} 触发 VT_3，由于 VT_1 此时仍然导通，VT_3 承受 u_{UW} 反向电压，不能满足导通条件，因而 VT_3 不能导通，而 VT_1 仍然继续导通，输出电压 U_d 极性变成上正下负，和 E 反极性相连，造成短路事故，逆变失败。

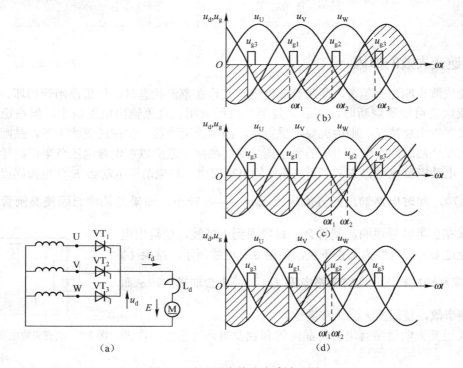

图 3.9　有源逆变换流失败波形图

（2）触发脉冲分布不均匀（不同步）。如图 3.9（c）所示，触发电路本应该在 ωt_1 时刻进行正常换相，也就是给 VT_2 提供触发脉冲，使 VT_2 导通、VT_1 关断。但是，由于脉冲延迟至 ωt_2 时刻才出现（例如，触发电路三相输出脉冲不同步，u_{g1} 和 u_{g2} 之间的间隔角度大于 120°，使 u_{g2} 出现邋遢）。此时 VT_2 承受反向电压，VT_2 没有满足导通条件，所以 VT_2 不导通，VT_1 仍继续导通，直至导通至正半波，形成短路，造成逆变失败。

（3）逆变角β太小。如果触发电路没有保护措施，在移相控制时，β太小也可能造成逆变失败。由于整流变压器存在漏抗，换相时电流不能突变，换相电流——关断晶闸管的电流从0到I_d和导通晶闸管的电流从I_d到0都不能在瞬间完成，因此存在换相时出现两晶闸管同时导通的现象。同时导通的时间对应一个角度，用换相重叠角γ表示。在正常工作的情况下，ωt_1时刻触发VT_2、关断VT_1，完成VT_1到VT_2的换相。当$\beta<\gamma$（见图3.10中放大部分），由于β太小，在过ωt_2时刻（对应$\beta=0°$），换相尚未结束，即VT_1没关断。过ωt_2时刻U相电压u_U大于V相电压u_V，使VT_1仍承受正压而继续导通。VT_2导通短时间后又受反相电压而关断，与触发脉冲u_{g2}丢失的情况一样，造成逆变失败。

3. 晶闸管本身的原因

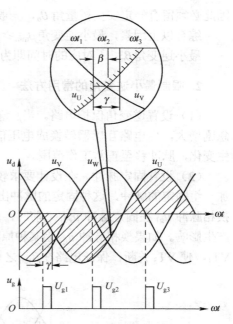

图3.10　β太小造成逆变失败

无论是整流还是逆变，晶闸管都是按一定规律关断、导通，电路处于正常工作状态。倘若晶闸管本身没有按预期的规律工作，就可能造成逆变失败。例如，应该导通的晶闸管导通不了（这和前面说的丢失脉冲情况是一样的），会造成逆变失败。在应该关断的状态下误导通了，也会造成逆变失败。如图3.9（d）所示，VT_2本应在ωt_2时刻导通，但由于某种原因ωt_1时刻VT_3导通了。一旦VT_3导通，使VT_1承受u_{WU}的反向电压而关断。在ωt_2时刻触发VT_2，由于此时VT_2承受u_{WU}反向电压，所以VT_2不会导通，而VT_3继续导通，致使逆变失败。除晶闸管本身不导通或误导通外，晶闸管连接线的松脱、保护器件的动作等原因也可能引起逆变失败。

3.5.2　最小逆变角的确定及限制

1. 最小逆变角的确定

为保证逆变能正常工作，使晶闸管的换相能在电压负半波换相区之内完成换相，触发脉冲必须超前一定的角度给出，也就是说，对逆变角β必须要有严格的限制。

（1）换相重叠角γ。由于整流变压器存在漏抗，使晶闸管在换相时存在换相重叠角γ。如图3.10所示，在此期间，要换相的两只晶闸管都导通，如果$\beta<\gamma$，则在ωt_2时刻（即$\beta=0°$处），换相尚未结束，一直延至ωt_3时刻，此时，$u_U>u_V$，晶闸管VT_2关不断，VT_1不能导通，就会使逆变失败。γ值随电路形式、工作电流的大小不同而不同，一般选取$15°\sim25°$电角度。

（2）晶闸管关断时间t_g对应的电角度δ_0。晶闸管从导通到完全关断需要一定的时间，这个时间t_g一般由管子的参数决定，通常$200\sim300\mu s$，折合成电角度δ_0为$4°\sim5.4°$。

（3）安全裕量角θ_a。由于触发电路各元器件的工作状态会发生变化（如温度的影响），使触发脉冲的间隔出现不均匀，即不匀称现象，再加上电源电压的波动、波形畸变等因素，因此必须留有一定安全裕量角 θ_a，一般取 θ_a 为 10° 左右。

综合以上因素，最小逆变角 $\beta_{min} \geqslant \gamma + \delta_0 + \theta_a = 30° \sim 35°$

最小逆变角 β_{min} 所对应的时间即为电路提供给晶闸管保证可靠关断的时间。

2. 限制最小逆变角的常用方法

（1）设置逆变角保护电路。当 β 角小于最小逆变角 β_{min} 或 β 角大于 90° 时，主电路电流急剧增大，由电路互感器转换成电压信号，反馈到触发电路，使触发电路的控制电压 U_c 发生变化，脉冲移至正常工作范围。

（2）设置固定脉冲。在设计要求较高的逆变电路时，为了保证 $\beta \geqslant \beta_{min}$，常在触发电路附加一组固定的脉冲，这种固定的脉冲出现在 $\beta = \beta_{min}$ 时刻，不能移动，如图 3.11 中的 u_{gd1}。当换相脉冲 u_{g1} 在固定脉冲 u_{gd1} 之前时，由于 u_{g1} 触发 VT_1 导通，则固定脉冲 u_{gd1} 对电路工作不产生影响。如果换相脉冲 u_{g1} 因某种原因移到 u_{gd1} 后（如图 3.11 中的 ωt_2 时刻），则 u_{gd1} 触发 VT_1，使 VT_3 关断，保证电路在 β_{min} 之前完成换相，避免了逆变失败。

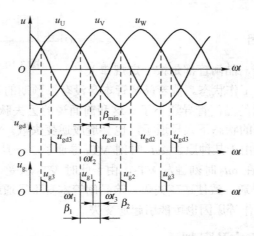

图 3.11　设置固定脉冲

（3）设置控制电压 U_c 限幅电路。由于触发脉冲的移相大多采用垂直移相控制，控制电压 U_c 的变化决定了 β 的变化，因此，只要给控制端加上限幅电路，也就限制了 β 的变化范围，避免由于 U_c 变化引起的 β 超范围变化而引起的逆变失败。

3.6　绕线转子异步电动机的串级调速

串级调速是通过绕线式异步电动机的转子回路引入附加电势而产生的。它属于变转差率来实现串级调速的。与转子串电阻的方式不同，串级调速可以将异步电动机的功率加以应用（回馈电网），因此效率高。它能实现无级平滑调速，低速时机械特性也比较硬。特别是晶闸管低同步串级调速系统，技术难度小，性能比较完善，因而获得了广泛的应用。

晶闸管串级调速系统是在绕线转子异步电动机转子侧用大功率的二极管，将转子的转差频率交流电变为直流电，再用晶闸管逆变器将转子电流返回电源以改变电机转速的一种调速方式。

串级调速主电路如图 3.12 所示，逆变电压 $U_{d\beta}$ 为引入转子电路的反电动势，改变逆变角 β 即可改变反电动势大小，达到改变转速的目的。U_d 是转子整流后的直流电压，其值为

$$U_d = 1.35 s E_{20}$$

式中　E_{20}——转子开路线电动势（$n=0$）；

　　　s——电动机转差率。

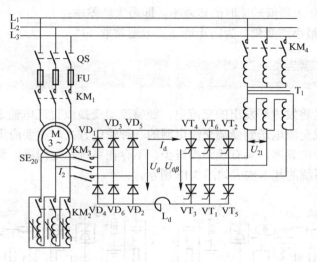

图 3.12　晶闸管串级调速主电路

当电动机转速稳定，忽略直流回路电阻时，则整流电压 U_d 与逆变电压 $U_{d\beta}$ 大小相等、方向相反。当逆变变压器 T_1 二次线电压为 U_{2l} 时，则

$$U_{d\beta} = 1.35 U_{2l} \cos\beta = U_d = 1.35 s E_{20}$$

$$S = \frac{U_{2l}}{E_{20}} \cos\beta$$

上式说明，改变逆变角 β 的大小即可改变电动机的转差率，实现调速，其调速过程大致如下。

启动：接通 KM_1、KM_2 接触器，利用频敏变阻器启动电动机。对于水泵、风机等负载用频敏变阻器启动；对矿井提升、传输带、交流轧钢等可直接启动。当电动机启动后，断开 KM_2 接通 KM_3、KM_4，装置转入串速调节。

调速：当电动机稳定运行在某转速时，此时 $U_d=U_{d\beta}$、如 β 增大则 $U_{d\beta}$ 减小，使转子电流瞬时增大，致使电动机转矩增大而转速提高，并使转差率 s 减小，当 U_d 减小到 $U_{d\beta}$ 相等时，电动机稳定运行在较高的转速上；反之，减小 β 则电动机转速下降。

停车：先断开 KM_1，延时断开 KM_3、KM_4，电动机停车。

通常电动机转速越低返回电网的能量越大，节能越显著，但调速范围过大将使装置的功率因数变差，逆变变压器和变流装置的容量增大，一次投资增大，故串级调速比宜在 2∶1 以下。

逆变变压器均采用 Y/D 或 D/Y 联结，大容量装置采用逆变桥串、并联十二脉波电路控

制，有利于改善电流波形，减小变流装置对电网的影响。其二次电压 U_{21} 的大小要和异步电动机转子电压值相互配合，当两组桥路连接形式相同时，最大转子整流电压与最大逆变电压相同等，即

$$U_{dmax}=1.35s_{max}E_{20}=U_{d\beta max}=1.35U_{21}\cos\beta_{min}$$

$$U_{21}=\frac{s_{max}E_{20}}{\cos\beta_{min}}$$

式中　　s_{max}——调速要求最低转速时的转差率，即最大转差率；

　　　　β_{min}——电路最小逆变角，为防止逆变失败通常取 30°。

3.7　直流高压输电

直流高压输电是将发电厂发出的交流电，经整流器变换成直流电输送至受电端，再用逆变器将直流电变换成交流电送到受端交流电网的一种输电方式。主要应用于远距离大功率输电和非同步交流系统的联网，具有线路投资少、不存在系统稳定问题、调节快速、运行可靠等优点。直流输电系统的基本构成如图 3.13 所示。

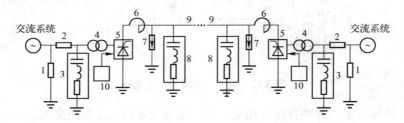

1—无功补偿装置；2—交流断路器；3—交流滤波器；4—换流变压器；
5—换流装置；6—平波电抗器；7—避雷器；8—直流滤波器；
9—直流输电线；10—保护和控制

图 3.13　直流输电系统的基本构成

1. 直流高压输电历史

人们对电能的认识和应用首先是从直流开始的。法国物理学家和电气技师 M·德普勒于 1882 年将装设在米斯巴赫煤矿中的 3 马力直流发电机所发的电能，以 1500～2000V 直流电压送到了 57km 以外的慕尼黑国际博览会上，完成了第一次输电试验。此后在 20 世纪初，试验性的直流输电的电压、功率和距离分别达到过 125kV、20MW 和 225km。但由于采用直流发电机串联获得高压直流电源，受端电动机也是用串联方式运行，不但高压大容量直流电机的换向困难而受到限制，串联运行的方式也比较复杂，可靠性差，因此直流输电在近半个世纪的时期里没有得到进一步发展。20 世纪 50 年代，高压大容量的可控汞弧整流器研制成功，为高压直流电的发展创造了条件；同时电力系统规模的扩大，使交流输电的稳定性问题等局限性也表现得更明显，直流输电技术又重新为人们所重视。1954 年瑞典本土和哥德兰岛之间建成一条 96km 长的海底电缆直流输电线，直流电压为±100kV，传输功率为 20MW，是世界上第一条工业性的高压直流输电线。20 世纪 50 年代后期，可控硅整流元器件的出现，为换流设备的制造开辟了新的途径。30 年来，随着电力电子技术的进步，直流输电有了

新的发展。到 20 世纪 80 年代，世界上已投入运行的直流输电工程共有近 30 项，总输送容量约 2 万 MW，最长的输送距离超过 1000km。并且还有不少规模更大的工程正在规划设计和建设中。

直流输电的发展也受到一些因素的限制。首先，直流输电的换流站比交流系统的变电所复杂、造价高、运行管理要求高；其次，换流装置（整流和逆变）运行中需要大量的无功补偿，正常运行时可达直流输送功率的 40～60%；换流装置运行中在交流侧和直流侧均会产生谐波，要装设滤波器；直流输电以大地或海水作为回路时，会引起沿途金属构件的腐蚀，需要防护措施。要发展多端直流输电，就要研制高压直流断路器。

2. 直流高压输电的优势

直流输电与交流输电相比有以下优点。

（1）当输送相同功率时，直流线路造价低，架空线路杆塔结构较简单，线路走廊窄，同绝缘水平的电缆可以运行于较高的电压。

（2）直流输电的功率和能量损耗小。

（3）对通信干扰小。

（4）线路稳态运行时没有电容电流，没有电抗压降，沿线电压分布较平稳，线路本身无须功补偿。

（5）直流输电线联系的两端交流系统不需要同步运行，因此可用以实现不同频率或相同频率交流系统之间的非同步联系。

（6）直流输电线本身不存在交流输电固有的稳定问题，输送距离和功率也不受电力系统同步运行稳定性的限制。

（7）由直流输电线互相联系的交流系统各自的短路容量不会因互联而显著增大。

（8）直流输电线的功率和电流的调节控制比较容易并且迅速，可以实现各种调节、控制。如果交、直流并列运行，有助于提高交流系统的稳定性和改善整个系统的运行特性。

3. 高压直流输电原理

高压直流输电在跨越江河、海峡和大容量远距离的电缆输电、联系两个不同频率（50Hz与 60Hz）的交流电网、同频率两个相邻交流电网的非同步并联等方面发挥着重要作用，它能减少输电线中的能量损耗、提高输电效益及增加电网稳定性和操作方便。因此，在世界范围内高压直流输电获得迅速的发展。图 3.14 为高压直流输电的原理示意图，u_1、u_2 为两个交流电网系统，两端为高压变流阀，为了绝缘与安全采用光控大功率晶闸管串并组成桥路，用光脉冲同时触发多只光控晶闸管。通过分别控制两个变流阀的工作状态，就可控制电功率流向，如 u_1 电网向 u_2 电网输送功率时，则左边变流阀工作在整流状态，右边变流阀工作于有源逆变状态。为了保证交流电网波形质量，变流阀设计与滤波环节必须十分重视。

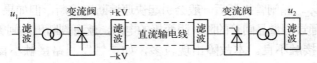

图 3.14　高压直流输电的原理示意图

项目3实训 对晶闸管串级调速装置的基本认识

1．实训目标

（1）了解有源逆变的实际应用。
（2）掌握晶闸管串级调速装置的结构。
（3）了解晶闸管串级调速装置的操作。
（4）了解晶闸管串级调速装置的一般故障及排除方法。

2．实训场所及器材

（1）地点：某污水处理场。
（2）晶闸管串级调速装置型号： GKGJA-22KW 晶闸管串级调速装置。

3．实训步骤

（1）装置的外形结构认识。

观察装置结构，认真察看并记录设备上的有关信息，包括型号、电压、电流、功率、转速调节范围等。对照原理图，识别该装置的晶闸管整流器、逆变器、电抗器、频敏变阻器、触发器、保护电路等组成部分。

相关要求：根据 GKGJA 装置结构，画出整个系统的结构框图，并对每一部分的名称用文字进行标注。

（2）专业人员技术讲座。

题目：故障分析处理经验谈

内容纪要：

在长期维修 GKGJA 装置之后，发现装置使用过程中存在不少问题，在这里与大家一起探讨。

1．启动投入调速后，电动机转速下降，调节失控

因启动时，电动机运转正常，只是切换至调速后，出现电动机转速下降，故可判断为触发模块工作不正常。重点检查触发电路，测量模块的输入电压为 220V，正常；测量触发模块的输出电压为零，说明触发模块没有工作。

经拆开模块检查，通过静态测量，发现电源变压器损坏，造成模块工作电源消失，没有输出电压。

2．启动并投入调速后过电流动作跳闸，保护停机。

本故障出现较多，其原因也较多，分析如下。

（1）晶闸管损坏。晶闸管损坏后一般会引起快速熔断器熔断，但如果未熔断时，就会引起GLJ动作停机，通过测量晶闸管的阳、阴两极的电阻，就可判断出晶闸管的好坏。

（2）触发回路接触不良。本故障出现较多，如果触发回路接触不良，将会引起各触发信号错乱，晶闸管导通角发生错乱，引起逆变失败，从而引发过电流动作。对于这种故障，可以采用送上控制电源后，测量模块输出端到晶闸管输入端的线路压降就可以反映线路的接触情况，正常电压应为零，故障时会有一定电压。在本装置中，因触发信号经过穿心螺栓引入另一面的晶闸管；由于该装置放置在曝气池附近，受曝气池潮湿、腐蚀空气的影响，长时间的作用下，螺栓易生锈而产生接触不良，处理后正常。

（3）触发模块损坏。触发模块损坏后，将会引起某一相晶闸管全导通，引起过电流动作；模块内一般是三极管中某一个或多个击穿引起晶闸管某一相或多相全导通，引起直流电流大造成过电流继电器动作，通过静态测量来找出损坏的三极管更换即可。

3．启动后电动机电流偏大，投入调速时发现直流电压不随直流电流而改变

启动电动机并投入调速后，发现直流电压表为满偏，直流电流为 60A，测量自动开关 ZK 下面的输入交流电流为 75A，比额定值略大，调节调速电位器 RP 时，发现直流电流增加，但直流电压不下降，后检查电动机，发现电动机并没有转动！仔细检查各交流接触器的触头后，发现定子主回路交流接触器有一相触头接触不良，造成定子绕组 "跑单相"，而电动机负载较大，无法启动。因电动机控制装置离电动机较远，操作人员不能及时发现，还以为是调速装置有故障。

为什么出现 "跑单相" 时，会引起这种现象呢？ 电动机 "跑单相" 堵转时，电动机转差率为 1，频敏变阻器工作在频率高、阻抗大的状态下，电动机定子电流增加不大，热继电器不能迅速动作，这时电动机的定、转子绕组相当于变压器一次、二次绕组，转子绕组的交流电压经过整流器整流后的直流电压为一定值，这时调节调速电位器时，当然会产生直流电流上升而直流电压不下降的现象。而当时测量输入端的交流电流的方法不对，没有考虑逆变器的影响，因逆变时交流接触器闭合，和电动机定子绕组并联，把转子电压逆变回电网，会使各相均有电流流过，并不反映电动机有无缺相，应直接测量电动机定子绕组的电流。

4．电动机滑环易发生烧坏

本故障主要为电动机长时间运转（该厂一般为 24 小时运转），碳粉积集在滑环、碳刷架上引起绝缘下降造成短路。尤其是电动机在速度较低下运行时，因转差率较大，这时转子绕组感应的电压较高，易击穿短路，在潮湿的天气更厉害；轻者可以见到碳刷架上碳粉在冒火，重者将滑环、碳刷架烧坏。通过将原铜质滑环更换成钢质滑环减少磨损，将 D201 型碳刷改为较难磨损的 J201 型碳刷，平时加强检查和保养，解决了该问题。

5．运行中频敏变阻器烧坏

频敏变阻器仅在电动机启动时使用，平时不通电，一般不会烧坏，除非多次启动过程烧坏，但现在是在运行中烧坏，说明控制线路有故障；经检查发现控制线路中的中间继电器线圈已开路。在正常运行工作状态中，中间继电器是通电工作的，并通过其辅助触点断开控制频敏变阻器的交流接触器，使得频敏变阻器在启动完毕后撤出工作状态。若在运行中，中间继电器线圈回路断开，使得中间继电器失电，导致控制频敏变阻器的交流接触器接通，频敏变阻器投入长期工作，因频敏变阻器设计是短时工作制的，长时间通电必然造成过热烧坏。

4．实训考核方法

该项目采取单人逐项考核方法，教师（或是已经考核优秀的学生）对每个同学都要进行如下4项考核。

（1）能否准确描述晶闸管串级调速装置的结构？

（2）能否准确读取晶闸管串级调速装置的铭牌信息？

（3）能否识别晶闸管串级调速装置的主要元器件？

（4）能否了解晶闸管串级调速装置出现的简单故障？

5．项目实训报告

项目实训报告内容应包括项目实训目标、项目实训器材、项目实训步骤、晶闸管串级调速装置的铭牌记录、装置的结构记录、可能出现的简单故障等。

网上学习

网上学习是培养学生学习能力、创新能力的一种新形式，也是学生获取和扩大专业学习资讯一种重要途径。学习时间在课外，由学生自己灵活掌握，但学习内容和范围则由老师给出要求或建议。

1．学习课题

（1）我国有源逆变应用的产品有哪些？生产这些产品的知名厂商有哪些？商标、品牌分别是什么？

（2）我国有源逆变有哪些应用？它们有何特点？

（3）上网查找有源逆变产品图片，下载5～10张有代表性的照片用于同学间学习交流。

（4）上网查找并了解变流技术及晶闸管发展史。

2．学习要求

（1）在学习中要认真记好学习记录，记录可以是纸介质形式，也可以是电子文档形式。记录的内容应包括学习课题中的相关问题答案、搜索网址、多媒体资料等。

（2）每人写出500字以内的学习总结或提纲。

（3）学习资讯交流。在每次课前，开展"我知、我会"小交流，挑选有学习"成果"、有代表性的同学进行发言。

思考题与习题

（1）什么叫有源逆变？什么叫无源逆变？

（2）实现有源逆变的条件是什么？哪些电路可以实现有源逆变？

（3）为什么有源逆变工作时，变流器直流侧会出现负的直流电压，而电阻负载和大电感负载不能？

（4）在只有电阻和电感的整流电路中，能否使变流装置稳定运行于逆变状态？为什么？对于有 R、L 的整流电路，在运行过程中是否有运行于逆变状态的时刻？如果有，试说明这种逆变是怎样产生的？

（5）可逆电路为什么要限制最小逆变角？试绘图说明？

（6）在图 3.15 中，一个工作在整流电动机状态，另一个工作在逆变发电机状态，试求：①标出 U_d、E 及 i_d 的方向；②说明 E 与 U_d 的大小关系；③当 α 与 β 的最小值均为 30° 时，变流电路控制角 α 的移相范围为多大？

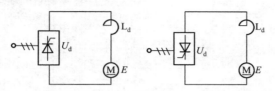

图 3.15　习题 3 附图

（7）试画出三相半波共阴极接法时，$\beta=60°$ 的 u_d 与 u_{T3} 的波形。

项目 4 全控型电力电子器件

 预期目标

知识目标：

（1）了解电力电子器件的定义、特征、分类及应用。

（2）了解可关断晶闸管的结构、工作原理、主要特性及参数。

（3）了解电力晶体管的结构及工作原理，了解其主要特性、参数及驱动电路。

（4）掌握可关断晶闸管的测量方法。

（5）了解功率场效应管的结构及工作原理，了解其主要特性、参数及驱动电路。

（6）了解绝缘栅双极晶体管的结构及工作原理，了解其主要特性、参数及驱动电路。

（7）了解全控型电力电子器件的主要特点、性能及应用场合的区别。

能力目标：

（1）能识别全控型电力电子器件及其模块，能正确读取器件标识信息。

（1）能识别电力晶体管的驱动与保护电路，会分析其损坏的原因。

（2）会判定可关断晶闸管的电极，会正确检查可关断晶闸管的触发能力及关断能力。

（3）能识别功率场效应管的栅极驱动电路。

（4）能识别绝缘栅双极晶体管的驱动电路。

 项目情境

可关断晶闸管的通断实验

【任务描述】

按如图 4.1 所示搭接电路。检查无误后合上开关 K，观察灯泡发光情况。当图 4.1（c）中电路灯亮后，再闭合 K，观察灯泡是否还亮。

（1）在图 4.1（a）中，给晶闸管加反向阳极电压（即阳极 A 端为−、阴极 K 端为+），观察晶闸管能否导通。

（2）在图 4.1（b）中，给晶闸管加正向阳极电压，同时加正极性控制信号 U_G（即门极 G 端为+、阴极 K 端为−），观察晶闸管能否导通。

（3）在图 4.1（c）中，灯泡点亮后保持晶闸管正向阳极电压，同时加负极性控制信号 U_G（即门极 G 端为−、阴极 K 端为+），观察晶闸管能否继续导通。

【实验条件】

电气实验台（包含直流稳压电源、元器件及连接导线）、万用表。

【活动提示】

可关断晶闸管和普通晶闸管一样，也具有单向可控导电特性，但可关断晶闸管的关断还可以通过加负极性控制信号 U_G 实现，请同学们在实践活动过程中仔细观察这一特点。

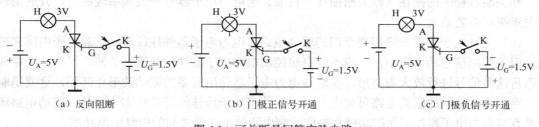

（a）反向阻断　　　　　（b）门极正信号开通　　　　　（c）门极负信号开通

图4.1　可关断晶闸管实验电路

 项目资讯　对电力电子器件的认识

4.1　电力电子器件概述

电力电子器件是指可直接用于处理电能的主电路中，对电能进行变换或控制的电子器件。

4.1.1　电力电子器件的主要特征

电力电子器件与对电能进行控制的其他开关器件相比较，有以下一些主要的特征。

（1）电力电子器件一般是两极或三极器件。电力电子器件中的两个主电极是连接于主电路的；对三极器件来说，另一个极是控制极。两个主电极中有工作电流流过时，电位低的主电极为公共极，器件的开通与关断就是通过施加在控制极与公共极的信号来实现控制的。因此，主电极与控制极之间有电的联系，不是隔离的。

（2）电力电子器件处理电功率的能力强。具体地说就是其额定电压与额定电流的大小是其最重要的参数。其处理电功率的能力小至瓦级，大至兆瓦级，一般都远大于处理信息的电子器件。电力电子器件的另一个比较重要的参数就是开关速度。

（3）电力电子器件一般都工作于开关状态。因为电力电子器件处理功率较大，所以工作于开关状态可降低本身的功率损耗，提高效率。电力电子器件的开关状态就像普通的三极管的饱和导通与截止状态一样。导通（通态）时电力电子器件阻抗很小，接近于短路，管压降接近于零，而电流由外电路决定；阻断（断态）时电力电子器件阻抗很大，接近于断路，电流几乎为零，而电力电子器件两端的电压由外电路决定。工作特性接近于普通电力开关，因此也常常将电力电子器件称为电力电子开关，或称为电力半导体开关。电路分析时，为简单起见，也往往用理想开关来代替。

（4）电力电子器件使用中一般要进行保护。利用半导体材料制成的电力电子器件承受过电压和过电流的能力比较弱。在实际应用中，除了选择电力电子器件时要留有足够的安全裕量外，还必须根据实际情况采取一定的过电压、过电流保护措施，确保运行安全。

（5）电力电子器件一般需要安装散热器。尽管电力电子器件工作在开关状态，但期间自身的功率损耗通常远大于信息电子器件及电磁开关，为了电力电子器件不至于因损耗发热而烧坏，不仅要在电力电子器件封装上比较讲究，而且工作中一般都要安装散热器。导致电力电子器件发热的功率损耗主要由器件的通态损耗、断态损耗、开通过程中的损耗（即开通损耗）和关断过程中的损耗（即关断损耗）构成。当电力电子器件开关频率较高时，开通损耗和关断损耗随之增大。

（6）电力电子器件一般需要专门的驱动电路。电力电子器件往往需要信息电子电路来控制，但该控制信号功率较小，一般不能直接控制电力电子器件的开通和关断，需要一个中间电路将这些信号进行放大与整形，实现与电力电子器件所需要的驱动波形相匹配，这就是驱动电路。性能良好的驱动电路可使电力电子器件工作于最佳的开关状态。另外，驱动电路还常具有对电力电子器件的保护功能和提供控制电路与主电路之间的电气隔离功能。

4.1.2 电力电子器件的分类

电力电子器件常用的有三种分类方法。

（1）按照电力电子器件能够被控制电路信号所控制的程度，可分为以下三种类型。

① 半控型器件。半控型器件是通过控制信号可控制其导通而不能控制其关断的电力电子器件。半控型器件的关断是由其他主电路中承受的电压和电流决定的。这类半控型器件主要是晶闸管及其大部分派生器件。

② 全控型器件。全控型器件是通过控制信号既可控制其导通、又可控制其关断的电力电子器件。与半控型器件相比，由于可通过控制信号关断，故又称为自关断器件。在 20 世纪 70 年代后期出现的电力电子器件一般都属于这种类型，如门极可关断晶闸管、电力晶体管、电力场效应晶体管、绝缘栅双极型晶体管等。

③ 不可控型器件。不可控型器件是不能用可控制信号来控制其通断的电力电子器件，即整流二极管。它对外引出只有阳极和阴极两个电极，其通断完全由其在主电路中承受的电压和电流决定。

（2）按照电力电子器件内部电子和空穴两种载流子参与导电的情况，也可分为三类，这也是大多数电力电子书籍中常见的分类方法。

① 单极型器件。单极型器件一般为电子导电型。属于单极性器件的有电力场效应晶体管和静电感应晶体管。

② 双极型器件。双极型器件一般为电子和空穴共同参与导电。属于双极型器件的有电力二极管、普通晶闸管、可关断晶闸管、电力晶体管、静电感应晶闸管等。

③ 复合型器件。复合型器件是由单极型器件和双极型器件集成复合而成的混合型器件。属这类器件的有 IGBT。

（3）按照驱动电路加在电力电子器件控制端的驱动信号的性质，可将电力电子器件分为两类。

① 电流驱动型器件。电流驱动型器件是通过从控制端注入或抽出电流来实现器件的导通或关断的。属于电流驱动型的有普通晶闸管、可关断晶闸管、电力晶体管等。电流驱动型

器件的控制功率较大，控制电路复杂，工作频率较低，但容量较大。

　　② 电压驱动型器件。电压驱动型器件是通过控制端与公共端之间施加一定的电压信号来实现器件的导通或关断的。由于电压信号是用于改变器件内部的电场从而实现器件的开通或关断的，所以电压驱动型器件又称为场控器件或场效应器件。常见的电压驱动型器件有功率 MOSFET、IGBT 等。电压驱动型器件驱动电路简单，控制功率小，工作效率高，性能稳定，因此成为电力电子器件的重要发展方向。

4.1.3　电力电子器件的特点、性能及应用场合

　　电力电子器件的主要性能指标为电压、电流、开关速度、允许承受的最大通态临界电流上升率 di/dt、最高断态临界电压上升率 du/dt、通态压降、通态开关参数等。表 4.1 为常用电力电子器件主要特点、性能及应用情况的比较。

表 4.1　常用电力电子器件的比较

器件名称	普通晶闸管 (SCR)	电力晶体管 (GTR)	门极可关断晶闸管 (GTO)	电力场效应晶体管 (MOSFET)	绝缘栅双极型晶体管 (IGBT)	静电感应晶体管 (SIT)	静电感应晶闸管 (SITH)
主要特征	正向可控制导通、不可控制关断，反向阻断，属半控型器件	结构和特性类似于三极管，基极控制导通与关断，属全控型器件	单向导电、反向阻断，门极可控制其导通与关断，属于全控型器件	场控型器件，正向由门极控制导通与关断，反向导电容量低，压降大，属全控型器件	场控复合型器件，兼有 GTR 与 MOSFET 的优点，正向由门极控制开通和关断，反向阻断，属全控型器件	结构类似于结型场效应晶体管，栅压与漏电压均可控制漏源电流，器件呈非饱和类晶体管特征	在 SIT 基础上发展而来，器件通态时有很强电导调制效应，类似整流二极管特性，门极控制开通与关断，压降较低，反向阻断
常态	阻断	阻断	阻断	阻断	阻断	导通/阻断	导通/阻断
目前容量	4500A/12000V	1000A/1800V	6000A/6500V	150A/1000V	1000A/4500V	300A/2000V	2500A/4000V
最大开关速度 /kHz	0.4	5	10	20000	50	50000	100
di/dt/(A·μs^{-1})	低	中	较高	高	高	高	中等
di/dt/(V·μs^{-1})	低	中	较高	高	高	高	高
控制方式	电流	电流	电流	电压	电压	电压	电压
门极（栅极）驱动功率	中等	高	高	低	低	低	中等
使用难易程度	容易	较难	难	容易	中等	容易	容易
应用领域	大容量领域，如直流输电，传动装置，化学电源等	中容量领域，有逐渐被 IGBT 取代的趋势	大容量领域，如机车牵引、不间断电源	小容量、高频领域，如开关电源、电机控制等	中、小容量领域占绝对优势，如感应加热、超声波器械、高压电源等	中容量高频领域，如感应加热、超声波器械、高压电源等	大、中容量高频领域，如机车牵引、高频 PWM 变频器、逆变器等

4.2　可关断晶闸管

　　可关断晶闸管又称为门控晶闸管，简称 GTO。它不仅具有普通晶闸管的全部优点，如耐压高、电流大、使用方便和价格低等；同时它还有自身特点，如具有自关断能力、工作效率高、无须辅助关断电路等。因此，可关断晶闸管被广泛用于斩波调速、变频调速、逆变电源等领域。

4.2.1 内部结构

可关断晶闸管的结构与普通晶闸管的结构相似，也属于 PNPN 四层三端器件，其内部结构、等效电路及图形符号如图 4.2 所示。虽然可关断晶闸管的外部只引出了三个电极，但其内部却包含许多个共阳极的小 GTO，这是为实现门极控制关断所采取的特殊设计。

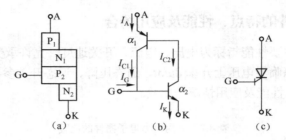

图 4.2 可关断晶闸管内部结构、等效电路及图形符号

4.2.2 工作原理

（1）导通原理。只有在可关断晶闸管的门极施加正向触发信号，它才可能导通。可关断晶闸管的触发导通原理与普通晶闸管的触发导通原理相同。在如图 4.2 所示的等效电路中，当可关断晶闸管阳极加上正向电压、门极加正向触发信号时，在等效晶体管 NPN 和 PNP 内形成如下正反馈过程：

$$I_G \uparrow \longrightarrow I_{C2} \uparrow \longrightarrow I_A \uparrow \longrightarrow I_{C1} \uparrow$$

随着晶体管 $N_2P_2N_1$ 的发射极电流和 $P_1N_1P_2$ 发射极电流的增加，两个等效晶体管均饱和导通，可关断晶闸管则完成了导通过程。

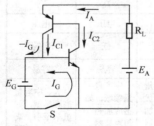

图 4.3 关断等效电路

（2）关断原理。只要在可关断晶闸管门极施加负向触发信号，它就能被关断。可关断晶闸管的关断原理与普通晶闸管的关断原理截然不同。如图 4.3 所示，在关断可关断晶闸管时，将开关 S 闭合，门极加上负偏置电压 E_G，晶体管 $P_1N_1P_2$ 的集电极电流 I_{C1} 被抽出，形成门极负电流 $-I_G$，由于 I_{C1} 的抽走，使 $N_1P_2N_2$ 晶体管的基极电流减小，进而使 I_{C2} 也减小，引起 I_{C1} 进一步下降。如此循环，最后导致可关断晶闸管的阳极电流消失而关断。

4.2.3 主要特性

（1）静态特性。可关断晶闸管阳极伏安特性如图 4.4 所示，它与普通晶闸管的伏安特性极其相似，且 U_{DRM} 和 U_{RRM} 等术语的含义也相同。

可关断晶闸管通态压降特性如图 4.5 所示，随着阳极通态电流 I_A 的增加，其通态压降 ΔU_T 也增加。一般希望通态压降越小越好，管压降小，可关断晶闸管的通态损耗就小。

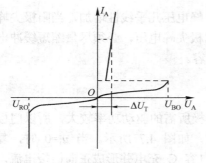

图 4.4　阳极伏安特性

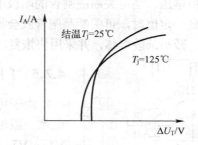

图 4.5　通态压降特性

（2）动态特性。从图 4.6 所示的可关断晶闸管动态特性曲线可得知，它的开通和关断都需要一段时间，开通时间取决于器件的特性、门极电流上升率 di_G/dt 及门极脉冲幅值的大小；关断时间取决于门极负脉冲幅值的大小、前沿陡度及脉冲后沿衰减速度。

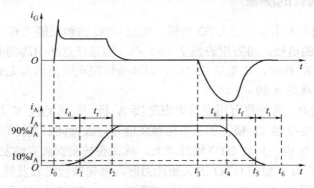

图 4.6　可关断晶闸管动态特性曲线

4.2.4　主要参数

可关断晶闸管的基本参数与普通晶闸管大多相同，不同的主要参数叙述如下。

（1）最大可关断阳极电流 I_{ATO}。在规定条件下，由门极控制可关断阳极电流的最大值。它是用来标称可关断晶闸管额定电流的参数。

可关断晶闸管的阳极电流允许值受两方面因素的限制：一是额定工作结温，其决定了可关断晶闸管的平均电流额定值；二是关断失败，因为电流过大，使器件饱和程度加深，导致门极失败关断。所以可关断晶闸管必须规定一个最大可关断阳极电流 I_{ATO} 作为其容量，I_{ATO} 即管子的铭牌电流。

（2）电流关断增益 β_{off}。电流关断增益 β_{off} 是指最大可关断电流 I_{ATO} 与门极负脉冲电流最大值 I_{GM} 之比。即

$$\beta_{off} = \frac{I_{ATO}}{I_{GM}}$$

β_{off} 表示可关断晶闸管的关断能力。当门极负电流上升率一定时，β_{off} 随可关断阳极电流的增加而增加；当可关断阳极电流一定时，β_{off} 随门极负电流上升率的增加而减小。

（3）阳极尖峰电压。阳极尖峰电压是在可关断晶闸管的关断过程中的下降时间尾部出现

的极值电压。当可关断晶闸管的阳极电流增加时，尖峰电压几乎线性增加，当阳极尖峰电压增加到一定值时，可关断晶闸管就会损坏。为减小阳极尖峰电压，必须尽量缩短缓冲电路的引线，减小杂散电感，并采用快恢复二极管及无感电容。

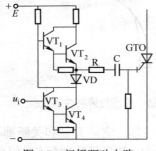

图 4.7　门极驱动电路

4.2.5　门极驱动电路

　　由于可关断晶闸管门极所需的驱动功率较大，所以门极驱动电路一般由分立器件构成，如图 4.7 所示。当 u_i=0 时，复合管 VT_1、VT_2 饱和导通，向电容 C 充电并形成正向门极电流，触发可关断晶闸管导通；当 u_i 为高电平时，复合管 VT_3、VT_4 饱和导通，电容 C 沿 VD、VT_4 放电，形成门极反向电流，使可关断晶闸管关断。放电电流在 VD 上的压降保证 VT_1、VT_2 截止。

4.2.6　可关断晶闸管的测量

　　下面分别介绍利用万用表判定 GTO 电极、检查 GTO 的触发能力和关断能力。

　　（1）判定 GTO 的电极。将万用表拨至 $R×1$ 挡，测量任意两引脚间的电阻，仅当黑表笔接 G 极，红表笔接 K 极时，电阻呈低阻值，对其他情况电阻值均为无穷大。由此可迅速判定 G、K 极，剩下的就是 A 极。

　　（2）检查触发能力。首先将万用表的黑表笔接 A 极，红表笔接 K 极，电阻为无穷大；然后用黑表笔尖也同时接触 G 极，加上正向触发信号，表针向右偏转到低阻值即表明 GTO 已经导通；最后脱开 G 极，只要 GTO 维持通态，就说明被测管具有触发能力。

　　（3）检查关断能力。检测 GTO 的关断能力时，可先按检测触发能力的方法使 GTO 处于导通状态，即用万用表 $R×1Ω$ 挡，黑表笔接阳极 A，红表笔接阴极 K，测得电阻值为无穷大。再将 A 极与门极 G 短路，给 G 极加上正向触发信号时，GTO 被触发导通，其 A、K 极间电阻值由无穷大变为低阻状态。断开 A 极与 G 极的短路点后，GTO 维持低阻导通状态，说明其触发能力正常。再在 GTO 的门极 G 与阳极 A 之间加上反向触发信号，若此时 A 极与 K 极间电阻值由低阻值变为无穷大，则说明晶闸管的关断能力正常，

4.3　电力晶体管

　　电力晶体管简称 GTR 或 BJT，它是一种电流控制型大功率器件。作为第二代电力电子器件的典型代表，电力晶体管克服了普通晶闸管不能自关断和开关速度慢的缺点，具有耐压高、电流大、开关特性好、可自关断等优点。因此，电力晶体管在中等容量、中等频率的电力电子电路中广泛应用，如 UPS 电源、电机控制、通用逆变器等。

4.3.1　基本结构

　　（1）外部结构。常见的电力晶体管外部结构如图 4.8 所示。电力晶体管工作时功耗大、温度高，单靠管子自身外壳散热，其散热效果是极其有限的。因此，在大功率电力晶体管的外壳上都开有安装孔，便于管子与外加散热器的连接。

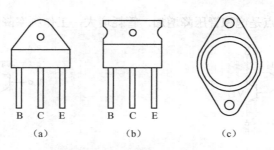

图 4.8　电力晶体管外部结构

（2）内部结构。电力晶体管的内部结构与一般双极型晶体管的内部结构相似，如图 4.9（a）所示。它也有三个电极，分别为 B（基极）、C（集电极）和 E（发射极），电气符号如图 4.9（b）所示。电力晶体管分为 PNP 型和 NPN 型两种类型，小功率的电力晶体管多采用 PNP 型，大功率的电力晶体管多采用 NPN 型。

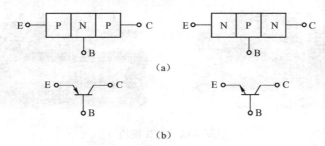

图 4.9　内部结构及电气符号

4.3.2　工作原理

电力晶体管的工作原理与小功率三极管的工作原理基本相同。当发射结处在正偏时，电力晶体管大电流导通；当发射结处在反偏时，电力晶体管处于截止状态。电力晶体管主要作为功率开关使用，工作于饱和导通与截止状态，不允许工作在放大状态。

在应用中，电力晶体管一般采用共发射极接法，集电极电流 i_c 与基极电流 i_b 的比值为

$$\beta = i_c / i_b \tag{4-1}$$

式中　β——GTR 的电流放大系数，它反映出基极电流对集电极电流的控制能力。

4.3.3　分类

电力晶体管常用类型有三种，即单管型、达林顿管型和模块型。

（1）单管型。单管型的电力晶体管是内部结构最为简单的一种。其优点是可靠性高，能改善器件的二次击穿特性，易于提高耐压能力，并易于散出内部热量；其缺点是电流增益较低。

（2）达林顿型。达林顿型的电力晶体管是由 2 个或多个晶体管复合而成，前级晶体管为驱动管，后级晶体管为输出管，可以是 PNP 型也可以是 NPN 型，其性质取决于驱动管，它与普通复合三极管相似。图 4.10 表示两个 NPN 晶体管组成的达林顿结构，VT$_1$ 为驱动管，VT$_2$ 为输出管，属于 NPN 型；图 4.11 的驱动管 VT$_1$ 为 PNP 晶体管，输出管 VT$_2$ 为 NPN 晶体管，故属于 PNP 型。与单管 GTR 相比，达林顿 GTR 优点是电流放大倍数很大，可以达

到几十至几千倍；其缺点是饱和管压降增加，管耗增大，工作频率降低。

图 4.10　NPN 型管　　　　　　　　　　　　　图 4.11　PNP 型管

（3）模块型。模块型的电力晶体管是将一个 GTR 管芯及辅助元件组装成一个基本单元，然后根据不同的用途将几个单元电路构成模块，集成在同一硅片上，如图 4.12 所示。模块型的电力晶体管优点是可靠性强、性价比高，同时也实现了小型化、轻量化。目前生产的 GTR 模块可将多达 6 个相互绝缘的单元电路制作在同一个模块内，便于组成三相桥电路。

图 4.12　GTR 模块

【课堂讨论】

> 问题：电力晶体管与电子线路中的小功率晶体管有什么不同？
> 答案：电力晶体管的基本结构和工作原理与小功率晶体管是一样的。两者都是三层半导体、两个 PN 结构成的，都有 NPN 和 PNP 两种结构。集电极与基极电流都满足关系：$i_C = \beta i_b$。两者都可接成共射极电路，其输出特性相同，都有截止区、放大区、饱和区等。但是两者应用的场合不同决定了对它们各自的特性和参数的要求不同及结构上的差异。对小功率晶体管而言，主要用途是信号放大，工作于线性区，对它的要求是增益大、特征频率高、噪声系数低、线性度好、温度漂移和时间漂移小等；对电力晶体管而言，主要用途是高电压、大电流场合，对它的要求是增益适当、有较高的工作频率和较低的功率损耗等。

4.3.4　主要特性

（1）静态特性。电力晶体管的静态特性如图 4.13 所示。其输出特性曲线分为以下四个区。

截止区 I：$U_{BE} \leq 0$，$U_{BC} < 0$，发射结、集电结均反偏。此时 $I_B = 0$，GTR 承受高电压，仅有微小的漏电流。

放大区 II：$U_{BE} > 0$，$U_{BC} < 0$，发射结正偏、集电结反偏。在该区内，I_C 与 I_B 呈线性关系。

临界饱和区 III：$U_{BE} > 0$，$U_{BC} < 0$，发射结正偏、集电结反偏。在该区内，I_C 与 I_B 呈非线性关系。

深饱和区Ⅳ：$U_{BE}>0$，$U_{BC}\geqslant 0$，发射结、集电结均正偏。此时，I_B 变化，I_C 不再变化，电流增益与通态电压降均为最小，集射极电压称为饱和压降，用 U_{CES} 表示，它的大小决定器件开关时功耗大小。GTR 作为开关应用时，其工作只稳定在截止和饱和两个状态。

（2）动态特性。电力晶体管动态特性曲线如图 4.14 所示，它的开通和关断时间在几微秒～十几微秒以内。管子的容量越大，开关时间也越长，但仍比晶闸管快很多，可用于频率较高的场合。

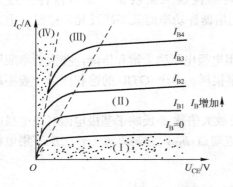

图 4.13　共射极电路的输出特性曲线

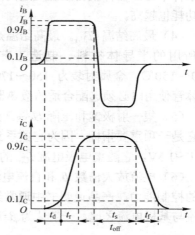

图 4.14　GTR 的动态特性

4.3.5　主要参数

（1）最高电压额定值。最高电压额定值是指集电极的击穿电压值。它不仅因器件不同而不同，而且会因外电路接法不同而不同。击穿电压包括如下。

① BU_{CBO} 为发射极开路时，集电极—基极的击穿电压。

② BU_{CEO} 为基极开路时，集电极—发射极的击穿电压。

③ BU_{CES} 为基极-射极短路时，集电极—发射极的击穿电压。

④ BU_{CER} 为基极-发射极间并联电阻时，集电极—发射极的击穿电压。

⑤ BU_{CEX} 为基极-发射极施加反偏压时，集电极—发射极的击穿电压。

这些击穿电压之间的关系为：$BU_{CBO} > BU_{CEX}>BU_{CES}>BU_{CER}>BU_{CEO}$，为确保使用安全，实际应用时的最高工作电压 $U_{TM} = (1/3\sim 1/2) BU_{CEO}$。

（2）最大电流额定值。最大电流额定值是指集电极最大允许电流 I_{CM}。它是指在最高允许结温下，不造成器件损坏的最大电流。超过该额定值必将导致 GTR 内部结构的烧毁。在实际使用中，可以利用热容量效应，根据占空比来增大连续电流，但不能超过峰值额定电流。在实际应用中，一般用如下方法来确定 I_{CM} 值。

① 在大电流条件下使用 GTR 时，大电流效应会使 GTR 的电性能变差，甚至使管子损坏。因此，I_{CM} 标定应当不引起大电流效应，通常规定 β 值下降到额定值的 1/2～1/3 时对应的 I_C 为 I_{CM} 值。

② 在低电压范围内使用 GTR 时，必须考虑饱和压降对功率损耗的影响。在这种情况

下，以集电极最大耗散功率 P_M 的大小来确定 I_CM 值。

（3）最大额定功耗 P_CM。最大额定功耗是指电力晶体管在最高允许结温时，所对应的耗散功率。它受结温限制，其大小主要由集电结工作电压和集电极电流的乘积决定。一般是在环境温度为 25℃时测定，如果环境温度高于 25℃，允许的 P_CM 值应当减小。由于这部分功耗全部变成热量使器件结温升高，因此散热条件对电力晶体管的安全可靠十分重要，如果散热条件不好，器件就会因温度过高而烧毁；相反，如果散热条件越好，在给定的范围内允许的功耗也越高。

（4）最高结温 T_JM。最高结温是指出正常工作时不损坏器件所允许的最高温度。它由器件所用的半导体材料、制造工艺、封装方式及可靠性要求来决定。塑封器件一般为 120～150℃，金属封装为 150～170℃。为了充分利用器件功率而又不超过允许结温，电力晶体管使用时必须选配合适的散热器。

（5）集—射极饱和压降 U_CES。处于深饱和区的集电极电压称为饱和压降，在大功率应用中它是一项重要指标，因为它关系到器件导通的功率损耗。单个 GTR 的饱和压降一般不超过 1～1.5V，它随集电极电流 I_CM 的增加而增大。

（6）电流放大倍数 β 和直流电流增益 h_FE。电流放大倍数 β 反映了基极电流对集电极电流的控制能力。产品说明书中通常给出的是直流电流增益 h_FE，它是直流工作情况下集电极电流与基极电流之比，一般认为 $\beta=h_\text{FE}$。

4.3.6　二次击穿与安全工作区

（1）二次击穿现象。

二次击穿是电力晶体管突然损坏的主要原因之一，成为影响其是否安全可靠使用的一个重要因素。前述的集电极—发射极击穿电压值 BU_CEO 是一次击穿电压值，一次击穿时集电极电流急剧增加，如果有外加电阻限制电流的增长时，则一般不会引起电力晶体管特性变坏。但不加以限制，就会导致破坏性的二次击穿。二次击穿是指器件发生一次击穿后，集电极电流急剧增加，在某电压电流点将产生向低阻抗高速移动的负阻现象。一旦发生二次击穿就会使器件受到永久性损坏。

（2）安全工作区。如果电力晶体管退出了饱和区，进入了放大区，那么其功耗将大增，就可能造成管子的损坏。为了使电力晶体管安全可靠地运行，必须使其工作在安全工作区范围内。安全工作区是由电力晶体管的二次击穿功率 P_SB、集射极最高电压 U_CEM、集电极最大电流 I_CM 和集电极最大耗散功率 P_CM 等参数限制的区域，如图 4.15 的阴影部分所示。安全工作区是在一定的温度下得出的，如环境温度 25℃或管子壳温 75℃等。使用时，如果超出上述指定的温度值，则允许功耗和二次击穿耐量都必须降低额定使用。

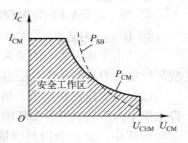

图 4.15　安全工作区

4.3.7　驱动电路与保护

基极驱动电路的作用是使电力晶体管能够可靠的开通与关断，GTR 基极驱动方式直接影响其工作状态，可使某些特性参数得到改善或变坏，例如，过驱动加速开通，减少开通损耗，但对关断不利，增加了关断损耗。驱动电路有无快速保护功能，则是电力晶体管在过电压、过电流后是否损坏的重要条件。电力晶体管的热容量小，过载能力差，采用快速熔断器和过电流继电器是根本无法保护电力晶体管的。因此，不再用切断主电路的方法，而是采用快速切断基极控制信号的方法进行保护。这就将保护措施转化成如何及时准确地测到故障状态和如何快速可靠地封锁基极驱动信号这两个方面的问题。

【课堂讨论】

问题：能否用快速熔断器和过电流继电器保护GTR？

答案：GTR 是大容量半导体器件，它的通流功率大而热容量小、过载能力低，并且存在 GTR 的二次击穿问题，由于过载和短路产生的功耗可在若干微秒的较短时间内使结温超过最大允许值导致器件损坏，利用平均动作时间为毫秒级的快速熔断器、过电流继电器等切断主电路过电流的方法是根本无法保护 GTR 的。

1. 分立元件驱动电路应用实例

由分立元件组成的驱动电路如图 4.16 所示。该电路由电气隔离和晶体管放大电路两部分构成。在电路中，二极管 VD_2 和电位补偿二极管 VD_3 组成贝克钳位抗饱和电路，可使电力晶体管导通时处于临界饱和状态。当负载轻时，如果 VT_5 的发射极电流全部注入电力晶体管 VT，会使 VT 深度饱和。但有了贝克电路后，当 VT 过饱和使得集电极电位低于基极电位时，VD_2 就会自动导通，使得多余的驱动电流流入集电极，维持 $U_{bc}{\approx}0$。这样，就使得 VT 导通时始终处于临界饱和。图 4.16 中的 C_2 为加速开通过程的电容，开通时，R_5 被 C_2 短路。这样就可以实现驱动电流的过充，同时增加前沿的陡度，加快开通。另外，在 VT_5 导通时 C_2 充电，充电的极性为左正右负，为电力晶体管的关断做准备。当 VT_5 截止 VT_6 导通时，C_2 上的充电电压为 VT 的发射结施加反电压，从而电力晶体管迅速关断。这个电路的优点是简单使用，但没有电力晶体管保护功能。

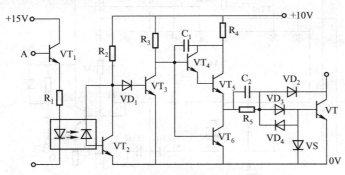

图 4.16　分立基极驱动电路

2. 集成驱动电路应用实例

电力晶体管常用的驱动芯片是 UAA4002，它不仅简化了基极驱动电路，提高了基极驱动电路的集成度、可靠性、快速性，而且它把对电力晶体管的保护和驱动结合起来，使电力晶体管运行在自身可保护的临界饱和状态下。UAA4002 芯片应用实例如图 4.17 所示，该电路具有以下功能与特点。

（1）输入/输出。⑤脚为控制信号的输入端，输入信号可以是电平或正、负脉冲，通过输入接口可将信号放大为 0.5A 的正向驱动电流或 3A 的反向关断电流，分别由⑯脚和①脚输出。驱动电流可自动调节，使电力晶体管工作在临界饱和状态。

（2）限流。在电源负载回路中串 0.1Ω 的取样电阻，用来检测电力晶体管的集电极电流，并将该信号引入芯片⑫脚。一旦发生过流，该信号使比较器状态发生变化，逻辑处理器检测并发出封锁信号，封锁输出脉冲，使电力晶体管关断。

（3）防止退饱和。用二极管 VD 检测电力晶体管的集电极电压，VD 正极接芯片⑬脚，负极接电力晶体管集电极，在电力晶体管导通时比较器检测 V_{CE} 端的电压，若高于⑪脚上的设定电压，比较器则向逻辑处理器发出信号，处理器发出封锁信号，关断电力晶体管，从而防止电力晶体管因基极电流不足或集电极电流过载一起退出饱和，图 4.17 中的负载端开路，动作阈值被自动限制在 5.5V。

（4）导通时间间隔控制。通过⑦脚外接电阻来确定电力晶体管的最小导通时间，通过⑧脚外接电容来确定电力晶体管的最大导通时间。

（5）电源电压监测。用⑭脚检测正电源电压的大小。当电源电压小于 7V 时，使电力晶体管截止，以免电力晶体管在过低的驱动电压下退饱和而造成损坏。负电压的检测可在②脚与⑥脚之间的外接电阻来实现。

（6）热保护。当芯片在温度超过 150℃时，能自动切断输出脉冲。当芯片温度降至极限值以下时恢复输出。

（7）延时功能。通过⑩脚接电阻来进行调整，使 UAA4002 的输入与输出信号前沿保持 1～20μs 的延时，防止发生直通、短路或误动作。若不需要延时，将此端接正电源。

（8）输出封锁。③脚加高电平时输出封锁，加低电平时解除封锁。

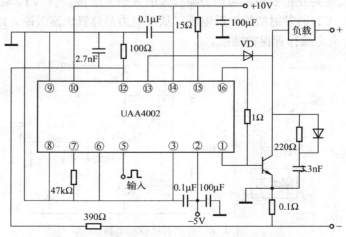

图 4.17　采用 UAA4002 驱动的开关电路

3. 电力晶体管损坏原因分析

一般认为电力晶体管损坏的主要原因如下。

（1）瞬态过压。由于感性负载或布线电感的影响，电力晶体管关断时会产生瞬态电压尖峰。瞬态过电压是电力晶体管二次击穿的主要原因，它的防护一般是给电力晶体管并一个 RC 支路，消除峰值电压，改善电力晶体管开关工作条件。

（2）过电流。流过电力晶体管的电流超过最大允许电流 I_{CM} 时，可能会使电极引线过热而烧断，或使结温过高而损坏。检测过电流信号是技术难点，检测到过电流信号后，通常是关闭电力晶体管的基极电流，利用电力晶体管的自关断能力切断电路。

（3）退饱和。电力晶体管的电路中工作在准饱和状态，但也可因外部电路条件的变化，使它退出了饱和区，进入了放大区，使得集电极耗散功率增大。

【课堂讨论】

问题：电力晶体管饱和与过电流的本质是否相同？

答案：电力晶体管饱和的条件是 $I_B \geq I_C/\beta$，即使 I_C 没达到过电流整定值，若 I_B 减小或 β 减小，也会产生退饱和现象。退饱和保护与过电流保护相似。即在故障发生时，利用电力晶体管的自关断能力切断电路。在一定条件下，退饱和保护可以取代过电流保护。条件是退饱和保护比过电流保护先动作。

4.4 功率场效应晶体管

功率场效应管也叫电力场效应晶体管，它是一种单极型的电压控制器件。功率场效应管不但具备自关断能力，而且还具有驱动功率小、工作频率高、无二次击穿、安全工作区宽等特点，但因为其电流、热容量小，耐压低，一般只适用于功率不超过 10kW 的电力电子装置。

4.4.1 基本结构和工作原理

（1）外部结构。常见的功率场效应管外部结构如图 4.18 所示，电气符号如图 4.19 所示。

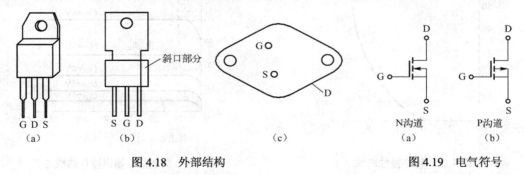

图 4.18 外部结构   图 4.19 电气符号

（2）内部结构。功率场效应管导电机理与小功率绝缘栅 MOS 管相同，但内部结构有很大区别。小功率绝缘栅 MOS 管是一次扩散形成的器件，导电沟道平行于芯片表面，横向导电。功率场效应管采用垂直导电结构，提高了器件的耐电压和耐电流的能力，如图 4.20 所示。

（3）工作原理。功率场效应管外部有三个电极：漏极 D、源极 S 和栅极 G。当栅源极之间加正向电压（$U_{GS}>0$）时，MOSFET内沟道出现，则管子开通，在漏、源极间流过电流

I_D。反之,当栅源极之间加反向电压($U_{GS}<0$)时,MOSFET内沟道消失,则管子关断。

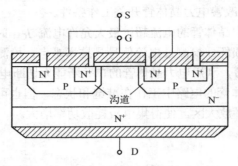

图 4.20 内部结构

4.4.2 静态特性

功率场效应管静态特性主要指输出特性和转移特性,与静态特性对应的主要参数有漏极击穿电压、漏极额定电压、漏极额定电流和栅极开启电压等。

(1)转移特性。在输出特性的饱和区内,当维持 U_{DS} 不变时,漏极电流 I_D 与栅源之间电压 U_{GS} 之间的关系称为转移特性,其特性曲线如图 4.21 所示。转移特性表示器件的放大能力,并且是与电力晶体管中的电流增益 β 相似。

(2)输出特性。当 U_{GS} 一定时,漏极电流 I_D 与漏源之间电压 U_{DS} 之间的关系称为输出特性,其特性曲线如图 4.22 所示。由该图可见,输出特性分为截止、饱和与非饱和三个区域。这里饱和、非饱和的概念与电力晶体管不同。饱和是指漏极电流 I_D 不随漏源电压 U_{GS} 的增加而增加,也就是基本保持不变;非饱和是指漏极电流 I_D 随 U_{GS} 增加呈线性关系变化。

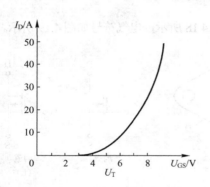

图 4.21 转移特性曲线

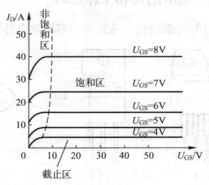

图 4.22 输出特性曲线

4.4.3 主要参数

(1)漏极击穿电压 BU_{DS}。漏极击穿电压是指不使器件被击穿的极限参数。在选择工作电压时,要依据器件的漏极击穿电压确定,并应留有充分的安全余量。

(2)栅源击穿电压 BU_{GS}。栅源击穿电压是指栅源极间所能承受的最高正、反向电压,一般栅源电压的极限值为 $\pm20V$。

（3）漏极连续电流 I_D 和漏极峰值电流 I_{DM}。漏极连续电流 I_D 和漏极峰值电流 I_{DM} 表征在连续电流下和脉冲电流下的电流容量。

（4）开启电压 U_T。栅极开启电压又称为阀值电压，它是指开通功率场效应管所需要的最低栅极电压。开启电压一般为 2～4V，这个值不能太大，否则将击穿器件。

（5）通态电阻 R_{on}。通态电阻 R_{on} 是指在确定的栅源电压 U_{GS} 下，功率场效应管由线性导电区进入饱和区恒流时的漏源极间直流电阻。它是影响最大输出功率的重要参数，在开关电路中它决定了输出电压幅度和自身损耗大小。

4.4.4　安全工作区

功率场效应管的安全工作区分为正向偏置安全工作区和开关安全工作区两种。

（1）正向偏置安全工作区。正向偏置安全工作区如图 4.23 所示，它由四条边界极限所包围：（Ⅰ）漏源通态电阻 R_{on} 限制线、（Ⅱ）最大漏极电流 I_{DM} 限制线、（Ⅲ）最大功耗 P_{DM} 限制线和（Ⅳ）最大漏源电压 U_{DSM} 线。

功率场效应管和电力晶体管安全工作区相比有两点明显不同：一是功率场效应管无二次击穿问题，故不存在二次击穿功率的限制，安全工作区较宽；二是功率场效应管的安全工作区在低压区受通态电阻的限制，而不像电力晶体管最大电流限制一直延伸到纵坐标处。这是因为在这一区段内，由于电压较低，沟道电阻增加，导致器件允许的工作电流下降。

（2）开关安全工作区。开关安全工作区表示功率场效应管在关断过程中的参数极限范围，如图 4.24 所示，它由最大漏极峰值电流 I_{DM}，最小漏源击穿电压 BU_{DS} 和最高结温确定。

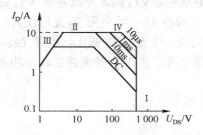

图 4.23　正向偏置安全工作区

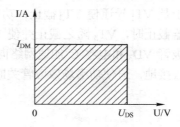

图 4.24　开关安全工作区

4.4.5　栅极驱动电路

因为功率场效应管的输入阻抗很高，器件在稳定工作状态时门极无电流流过，只有在开关过程中才有门极电流，因此器件所需驱动功率小，门极驱动电路简单，可用集电极开路的TTL 电路或 CMOS 电路直接驱动。功率场效应管的栅极驱动电路有多种形式，按驱动电路与栅极的连接方式不同可分为直接驱动和隔离驱动。

1. 直接驱动电路

TTL 器件驱动的栅控电路如图 4.25 所示。因 TTL 集成电路的输出高电平一般为 3.5V，而功率场效应管的开启电压通常是 2～6V，所以在驱动电路中采用集电极开路的 TTL，通过上拉电阻接到+10 ～ +15V 电源，如图 4.25（a）中的电阻 R，以提高输出驱动电平的幅值。但这种驱动电路在驱动功率场效应管开通时，因 R 值较大，器件的开通时间较长。

图 4.25（b）为改进的快速开通驱动电路。它不但能降低 TTL 器件的功耗，还能保证较高的开关速度。当 TTL 输出为低电平时，功率场效应管的输入电容经二极管 VD 接地，器件处于关断状态。当 TTL 输出为高电平时，功率场效应管的栅极经驱动管 VT 向输入电容充电。由于 VT 具有放大作用，所以充电能力提高，使开通速度加快。

图 4.25（c）是推挽式驱动电路，由于 VT_1 和 VT_2 为互补工作方式，所以开通和关断信号均得以放大，增加了驱动功率，提高了开关速度。这种工作方式更适合大功率场效应管的驱动。

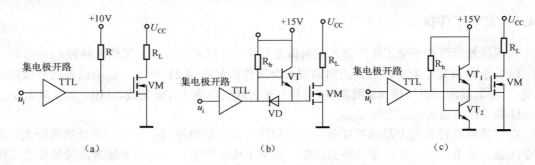

图 4.25　TTL 驱动电路

2. 隔离驱动电路

隔离驱动电路如图 4.26 所示。当光耦合器 B 导通时，VT_3 随之导通并使 VT_1 通过基极电流，于是 VT_1 导通使 VT_2 截止，功率场效应管的栅极由 U_{CC1} 经电阻 R_5 充电使其开通。当光耦合器截止时，VT_3 随之截止并使 VT_1 基极电流切断，于是 VT_1 截止。电源 U_{CC1} 经电阻 R_3、二极管 VD_3 和电容 C 加速网络向 VT_2 提供基极电流，使 VT_2 导通并由此将功率场效应管的栅极接地，迫使功率场效应管关断。

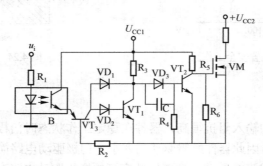

图 4.26　光电隔离式驱动电路

3. 集成驱动电路

性能良好的驱动电路是功率场效应管能安全有效工作的关键。为此许多国际著名的半导体器件制造公司都在开发生产与本公司功率场效应管配套的集成驱动电路，各自形成了自己的系列产品，为电力电子设备的开发带来了很大的方便。其中，以美国国际整流器(IR)公司最为突出。自 1990 年以来，国际整流器公司依靠自身在高频 MOS 器件及驱动电路方面雄厚的技术实力和精湛的生产工艺，已批量推出了 IR21 系列几十种功率场效应管的驱动电路。目前，用于驱动功率场效应管的专用集成电路较常用的是 IR2110、IR2115、IR2130 芯片，图 4.27 为 IR2110 芯片内部原理框图。值得一提的是，由于功率场效应管所需要的驱动功率比电力 GTR 要小得多，其集成驱动电路几乎没有采用厚膜集成这一结构形式的，都是采用单片集成结构，封装形式采用标准双列直插式、双列扁平表面贴装式、四面引线扁平表面贴装式等；并且许多单片集成电路可以驱动 2 只甚至 6 只功率场效应管。

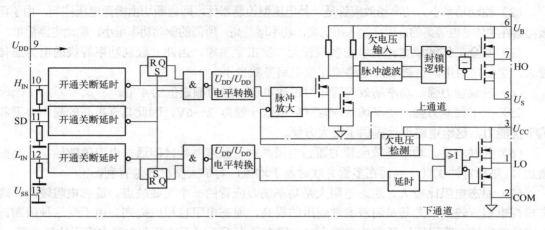

图 4.27　IR2110 内部原理框图

4.4.6　功率场效应管模块

功率场效应管模块是把由 MOSFET 管芯组装成的多个单元封装在一起，构成 MOSFET 模块。功率场效应管模块的内部结构类型多达 20 种，几种典型的功率场效应管模块内部电路如图 4.28 所示。

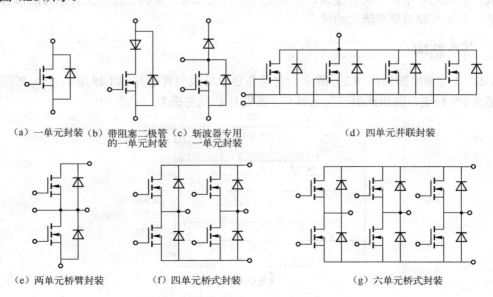

（a）一单元封装　（b）带阻塞二极管　（c）斩波器专用　　　　（d）四单元并联封装
　　　　　　　　的一单元封装　　一单元封装

（e）两单元桥臂封装　　　（f）四单元桥式封装　　　（g）六单元桥式封装

图 4.28　几种典型的功率场效应管模块内部电路

4.4.7　主要特点

功率场效应管是新型的功率开关器件，它继承了传统 MOSFET 的特点又吸收了 GTR 的特点。作为一种电力开关元件，它具体有以下特点。

（1）开关速度高。功率场效应管是一种多子导电器件，无固有存储时间，其开关速度仅取决于极间寄生电容，故开关时间很短（小于 50～100ns），因而具有更高的工作频率。

（2）驱动功率小。功率场效应管是一种电压型控制器件，即通断均由栅源电压控制。由于门极与器件主体是电隔离的，因此输入阻抗高，功率增益高，所需的驱动功率很小，驱动电路简单。

（3）安全工作区域宽。功率场效应管无二次击穿现象，因此其较同功率等级的电力晶体管大，更稳定耐用，所需缓冲电路或钳位电路参数也小。

（4）过载能力强。功率场效应管短时过载电流一般为额定值的 4 倍。

（5）抗干扰能力强。功率场效应管开启电压一般为 2～6V，因此具有很高的噪声容限和抗干扰能力，这给电路设计提供了很大方便。

（6）并联容易。功率场效应管的通态电阻具有正温度系数（即通态电阻值随结温升高而增加），热稳定性优良，因而在多管并联时易于均流，对扩大整机容量有利。

（7）通态电阻比较大。通态电阻大是功率场效应管的一个主要缺点。通态电阻较大，通态损耗也相应较大，尤其是随着器件耐压的提高，通态电阻也相应提高。由于受这种限制，功率场效应管一般耐压较低和功率较小，一般在几十千瓦以下的开关电源中应用比较广泛。

4.5　绝缘栅双极型晶体管

绝缘栅双极型晶体管简称IGBT，它是由功率场效应管与电力晶体管混合组成的电压控制型双极自关断器件。它兼有功率场效应管和电力晶体管的特质，既具有功率场效应管高输入阻抗、驱动功率小、开关速度快、热稳定性好、无二次击穿的长处，又有电力晶体管通态压降低、耐压高和承受电流大的优点。

4.5.1　基本结构

IGBT结构剖面图如图 4.29 所示。它是在功率场效应管的基础上增加了一个 P^+ 层发射极，形成 PN 结 J_1，并由此引出集电极 C，栅极 G 和发射极 E。

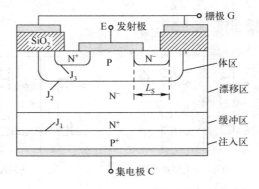

图 4.29　IGBT结构剖面图

由结构图可以看出，IGBT相当于一个由MOSFET驱动的厚基区 GTR，其简化等效电路如图 4.30（a）所示，图中电阻 R_{dr} 是厚基区 GTR 基区内的扩展电阻。由此可见，IGBT是以 GTR 为主导元件、以 MOSFET 为驱动元件的达林顿结构器件。图 4.30（a）所示为 N 沟道 IGBT，其等效的 MOSFET 为 N 沟道型，GTR 为 PNP 型。N 沟道IGBT的图形符号如图 4.30（b）所示。P 沟道IGBT的图形符号中的箭头方向恰好相反。

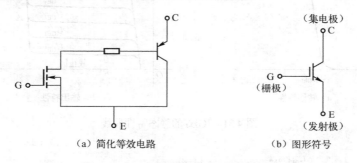

（a）简化等效电路　　　　　　　　（b）图形符号

图 4.30　IGBT的等效电路及图形符号

4.5.2　工作原理

IGBT的开通和关断是由栅极电压来控制的。当栅极 G 与发射极 E 之间的外加电压 $U_{GE}=0$ 时，MOSFET 管内无导电沟道，电阻 R 的阻值可视为无穷大，IGBT管的集电极电流 $I_C=0$，MOSFET 处于断态。在栅极 G 与发射极 E 之间的外加控制电压 U_{GE} 可以改变 MOSFET 管导电沟道的宽度，从而改变电阻 R_{dr} 的阻值，这就改变了输出晶体管（PNP 管）的基极电流，控制了IGBT管的集电极电流 I_C。当 U_{GE} 足够大时（如 15V），则输出晶体管饱和导通，IGBT进入通态。一旦撤除 U_{GE}，即 $U_{GE}=0$，则 MOSFET 从通态转入断态，输出晶体管截止，IGBT器件从通态转入断态。

4.5.3　主要特性

IGBT的特性主要包括静态特性和动态特性。

（1）静态特性。IGBT的静态特性主要包括转移特性和输出特性。

① 转移特性。转移特性是描述集电极电流 I_C 与栅射电压 U_{GE} 之间关系的曲线，如图 4.31（a）所示。它与 MOSFET 的转移特性相同，当栅射电压 U_{GE} 小于开启电压 $U_{GE(th)}$ 时，IGBT 处于关断状态。在 IGBT 导通后的大部分范围内，I_C 与 U_{GE} 呈线性关系。最高栅射电压 U_{GE} 受集电极电流 I_C 限制，其最佳值一般取15V。

② 输出特性。输出特性是指以栅射电压 U_{GE} 为参变量时，集电极电流 I_C 与栅射电压 U_{GE} 之间的关系曲线，如图 4.31（b）所示。图中 $U_{GE5}>U_{GE4}>U_{GE3}>U_{GE2}>U_{GE1}$，它与 GTR 的输出特性相同，也分为饱和区、放大区、击穿区和截止区。当 $U_{GE}<U_{GE(th)}$时，IGBT 处于截止区，仅有极小的漏电流存在。当 $U_{GE}>U_{GE(th)}$时，IGBT 处于放大区，在该区中，I_C 与 U_{GE} 几乎呈线性关系，而与 U_{CE} 无关，故又称为线性区。饱和区是指输出特性比较明显弯曲的部分，此时 I_C 与 U_{GE} 不再呈线性关系。

（2）动态特性。IGBT 的动态特性包括开通过程和关断过程两个方面。IGBT 开通和关断时的瞬态过程如图 4.32 所示。

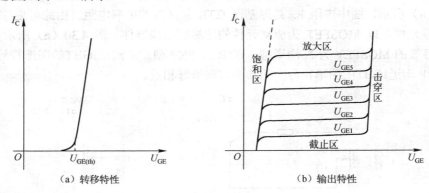

（a）转移特性　　　　　　　　　　　（b）输出特性

图 4.31　IGBT的静态特性曲线

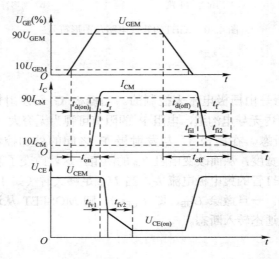

图 4.32　IGBT的开通和关断过程

4.5.4　锁定效应

IGBT实际结构的等效电路如图 4.33 所示。图中IGBT内还存在一个寄生的 NPN 晶体管，它与作为主开关的 PNP 晶体管一起组成一个寄生的晶闸管。内部体区电阻 R_{br} 上的电压

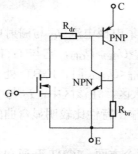

图 4.33　IGBT实际结构的等效电路

降为一个正向偏压加在寄生三极管 NPN 的基极和发射极之间。当IGBT处于截止状态和处于正常稳定通态时（i_C 不超过允许值时），R_{br} 上的压降都很小，不足以产生三极管 NPN 的基极电流，三极管 NPN 不起作用。但如果 i_C 瞬时过大，R_{br} 上压降过大，则可能使三极管 NPN 导通，而一旦三极管 NPN 导通，即使撤除栅极控制电压 U_{GE}，IGBT仍然会像晶闸管一样处于通态，使栅极 G 失去控制作用，这种现象称为锁定效应。在IGBT的设计制造时已尽可能地降低体区电

阻 R_{br} 的阻值，使IGBT的集电极电流在最大允许值 I_{CM} 时，R_{br} 上的压降仍小于三极管 NPN 管的起始导电所必需的正偏压。但在实际工作中 i_C 一旦过大，则可能出现锁定效应。如果外电路不能限制 i_C 的增长，则可能损坏器件。

除过大的 i_C 可能产生锁定效应外，当IGBT处于截止状态时，如果集电极电源电压过高，使三极管 PNP 漏电流过大，也可能在 R_{br} 上产生过高的压降，使三极管 NPN 导通而出现锁定效应。为了避免IGBT发生锁定现象，必须规定集电极电流的最大值 I_{CM}，并且设计电路时应保证IGBT中的电流不超过 I_{CM}。此外，在IGBT关断时，栅极施加一定反压以减小重加 du_{CE}/dt。

4.5.5　主要参数

（1）集射极击穿电压 BU_{CES}。集射极击穿电压 BU_{CES} 决定了 IGBT 的最高工作电压，它是由器件内部的 PNP 晶体管所能承受的击穿电压确定的，具有正温度系数，其值大约为 0.63V/℃，即 25℃时，具有 600V 击穿电压的器件，在−55℃时，具有 550V 的击穿电压。

（2）开启电压 $U_{GE(th)}$。开启电压为转移特性与横坐标交点处的电压值，是 IGBT 导通的最低栅射极电压。$U_{GE(th)}$随温度升高而下降，温度每升高 1℃，$U_{GE(th)}$值下降 5mV 左右。在 25℃时，IGBT 的开启电压一般为 2～6V。

（3）通态压降 $U_{CE(on)}$。通态压降 $U_{CE(on)}$决定了通态损耗，通常 IGBT 的 $U_{CE(on)}$为 2～3V。

（4）最大栅射极电压 U_{GES}。栅射极电压是由栅氧化层的厚度和特性所限制的。虽然栅氧化层介电击穿电压的典型值大约为 80V，但为了限制故障情况下的电流和确保长期使用的可靠性，应将栅射极电压限制在 20V 之内，其最佳值一般取 15V。

（5）集电极连续电流 I_C 和峰值电流 I_{CM}。集电极流过的最大连续电流 I_C 即为 IGBT 的额定电流，其表征 IGBT 的电流容量，I_C 主要受结温的限制。

为了避免锁定效应的发生，规定了 IGBT 的最大集电极电流峰值 I_{CM}。由于 IGBT 大多工作在开关状态，因而 I_{CM} 更具有实际意义，只要不超过额定结温（150℃），IGBT 可以工作在比连续电流额定值大的峰值电流 I_{CM} 范围内，通常峰值电流为额定电流的 2 倍左右。

与 MOSFET 相同，参数表中给出的 I_C 为 T_C=25℃或 T_C=100℃时的值，在选择 IGBT 的型号时应根据实际工作情况考虑裕量。

4.5.6　安全工作区

IGBT 具有较宽的安全工作区。因 IGBT 常用于开关工作状态，开通时 IGBT 处于正向偏置；而关断时 IGBT 处于反向偏置，故其安全工作区分为正向偏置安全工作区和反向偏置安全工作区。

IGBT 的正向偏置安全工作区是其在开通工作状态下的参数极限范围。它由最大集电极电流 I_{CM}、最高集射极电压 U_{CEM} 和最大功耗 P_{CM} 三条极限边界线所围成。图 4.34（a）示出了直流（DC）和脉宽分别为 100μs、10μs 三种情况下的正向偏置安全工作区，其中在直流工作条件下，发热严重，因而正向偏置安全工作区最小；在脉冲电流下，脉宽越窄，其正向偏置安全工作区越宽。

反向偏置安全工作区是 IGBT 在关断工作状态下的参数极限范围，如图 4.34（b）所示。它由最大集电极电流 I_{CM}，最大集射间电压 U_{CES} 和电压上升率三条极限边界线所围成。因为过高的电压上升率会使 IGBT 产生动态锁定效应，故电压上升率越大，反向偏置安全工作区越小。

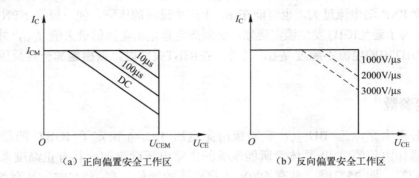

（a）正向偏置安全工作区　　　　　　　　　（b）反向偏置安全工作区

图 4.34　IGBT 的安全工作区

4.5.7　栅极驱动电路

因为 IGBT 的输入特性几乎与 MOSFET 相同，所以用于 MOSFET 的驱动电路同样可以用于 IGBT。大多数 IGBT 生产厂家为了解决 IBGT 的可靠性问题，都生产与其配套的集成驱动电路。这些专用驱动电路抗干扰能力强，集成化程度高，速度快，保护功能完善，可实现 IGBT 的最优驱动。常用的有三菱公司的 M579 系列（M57962L 和 M57959L）和富士公司的 EXB 系列（如 EXB840、EXB841、EXB850 和 EXB851）。

由 M57962L 组成的 IGBT 驱动电路如图 4.35 所示。该电路能驱动电压为 600V 和 1200V 系列，电流容量不大于 400A 的 IGBT。输入信号 u_i 与输出信号 u_g 彼此隔离，当 u_i 为高电平时，输出 u_g 也为高电平，此时 IGBT 导通；当 u_i 为低电平时，输出 u_g 为−10V，IGBT 截止。该驱动模块通过实时检测集电极电位来判断 IGBT 是否发生过流故障。当 IGBT 导通时，如果驱动模块的①脚电位高于其内部基准值，则其⑧脚输出为低电平，通过光耦合器发出过电流信号，与此同时使输出信号 u_g 变为−10V，关断 IGBT。

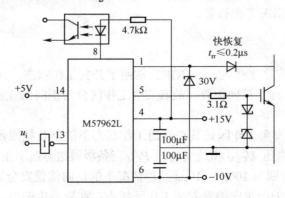

图 4.35　IGBT驱动电路

项目4 实训　对全控型器件的基本认识

1．实训目标

（1）认识电力晶体管、可关断晶闸管、功率场效应管及绝缘栅双极型晶体管的外形结构。

（2）认识模块化功率器件。

（3）能辨识全控型器件的型号。

（4）掌握可关断晶闸管的测量方法。

2．实训器材

（1）电力电子器件若干，每组一套。

（2）MF47 型万用表，每组一只。

（3）十字螺钉旋具和一字螺钉旋具，每组各一把。

3．实训步骤

（1）器件的外形结构认识。

① 观察可关断晶闸管。观察可关断晶闸管及其模块外形结构，比较可关断晶闸管与普通晶闸管在外形结构上有何异同。认真察看器件身上的信息，记录器件上的标识。

相关要求：画出可关断晶闸管外形结构图，并对引脚的名称用字母进行标注；说明器件的散热及安装方式；整理可关断晶闸管标识记录，对照《电力电子器件技术手册》确认器件的名称、型号及参数并填写表 4.2。

表 4.2　可关断晶闸管记录表

项目	型　号	额定电压	额定电流	结构类型
1 号器件				
2 号器件				
3 号器件				

② 观察电力晶体管。观察电力晶体管及其模块外形结构，认真察看器件身上的信息，记录器件上的标识。

相关要求：画出电力晶体管外形结构图，并对引脚的名称用字母进行标注；说明器件的散热及安装方式；整理电力晶体管标识记录，对照《电力电子器件技术手册》确认器件的名称、型号及参数并填写表 4.3。

表 4.3　电力晶体管记录表

项目	型　号	额定电压	额定电流	结构类型
1 号器件				
2 号器件				
3 号器件				

③ 观察功率场效应管。观察功率场效应管及其模块外形结构，比较 GTO 模块与 Power MOSFET模块在外形结构上有何异同。认真察看器件身上的信息，记录器件上的标识。

相关要求：画出功率场效应管外形结构图，并对引脚的名称用字母进行标注；说明器件的散热及安装方式；整理功率场效应管标识记录，对照《电力电子器件技术手册》确认器件的名称、型号及参数并填写表4.4。

表 4.4　功率场效应管记录表

项目	型　号	额定电压	额定电流	结构类型
1 号器件				
2 号器件				

④ 观察绝缘栅双极型晶体管。观察绝缘栅双极型晶体管及其模块外形结构，比较 IGBT 模块与 Power MOSFET模块在外形结构上有何异同。认真察看器件身上的信息，记录器件上的标识。

相关要求：画出绝缘栅双极型晶体管外形结构图，并对引脚的名称用字母进行标注；说明器件的散热及安装方式；整理绝缘栅双极型晶体管标识记录，对照《电力电子器件技术手册》确认器件的名称、型号及参数并填写表4.5。

表 4.5　绝缘栅双极型晶体管记录表

项目	型　号	额定电压	额定电流	结构类型
1 号器件				
2 号器件				

【教学建议】

电力电子器件在通用变频器、斩波器等设备中广泛使用，有条件的学校可结合变频器认识实训组织教学；也可以拆解变频器，在主电路板上结合驱动电路识别大功率器件；还可以通过收集旧坏变频器，在机器上直接进行主电路项目实训。

（2）可关断晶闸管的测量。

本次实训所提供的可关断晶闸管不全部是好管子。根据可关断晶闸管测量要求和方法，用万用表认真测量可关断晶闸管各引脚之间的电阻值并记录，判定可关断晶闸管的电极及质量好坏；采用万用表测试法，对引脚极性清楚的可关断晶闸管进行触发能力、关断能力检查。

相关要求：整理测量记录并填写表4.6，说明晶闸管质量好坏。

表 4.6　晶闸管测量记录表

项目	外观检查	触发能力	关断能力	质量好坏	散热要求
1 号管					
2 号管					
3 号管					

4．实训考核方法

该项目采取单人逐项考核方法，教师（或是已经考核优秀的学生）对每个同学都要进行如下四项考核。

（1）能否准确描述功率器件的外部特征？

（2）能否准确读取功率器件的型号信息？

（3）能否会测量 GTO 并说明其质量好坏？

（4）能否掌握功率器件的散热器要求？

5．项目实训报告

项目实训报告内容应包括项目实训目标、项目实训器材、项目实训步骤、功率器件型号、外部结构、散热方式等。

网上学习

网上学习是培养学生学习能力、创新能力的一种新形式，也是学生获取和扩大专业学习资讯一种重要途径。学习时间在课外，由学生自己灵活掌握，但学习内容和范围则由老师给出要求或建议。

1．学习课题

（1）我国目前功率器件大的生产厂商有哪些？这些厂商生产的功率器件系列代号、商标分别是什么？

（2）我国功率器件有哪些应用？它们有何特点？

（3）上网查找功率器件的外形图片，下载 5～10 张有代表性的照片用于同学间学习交流。

（4）上网查找并了解变流技术及功率器件发展史。

（5）进入并参与网上"电力电子技术论坛"，增加感性认识。

2．学习要求

（1）在学习中要认真记好学习记录，记录可以是纸介质形式也可以是电子文档形式。记录的内容应包括学习课题中的相关问题答案、搜索网址、多媒体资料等。

（2）每人写出 500 字以内的学习总结或提纲。

（3）学习资讯交流。在每次课前，开展"我知、我会"小交流，挑选有学习"成果"、有代表性的同学进行发言。

思考题与习题

（1）电力电子器件的特征是什么？它是如何分类的？

（2）电力晶体管和小信号晶体管有何区别？

（3）电力晶体管的种类有哪几种，它们有何区别？

（4）电力晶体管对驱动电路有何要求？

（5）说明可关断晶闸管的开通和关断原理？

（6）可关断晶闸管与普通晶闸管有何区别？

（7）可关断晶闸管有哪些主要参数？其中哪些参数与普通晶闸管相同？哪些不同？

（8）怎样用万用表检查可关断晶闸管的触发和关断能力？

（9）功率场效应管与小信号MOSFET有何区别？

（10）功率场效应管作为一种电力开关元件、它具哪些特点？

（11）什么是IGBT？说明其内部结构？

（12）IGBT的锁定效应对其在主电路中有何影响？

（13）试说明电力晶体管、可关断晶闸管、功率场效应管和 IGBT 各自的优缺点，它们的应用场合有何不同？

（14）简述全控型电力电子器件的产生过程及发展趋势。

项目 **5** 变 频 器

预期目标

知识目标:

（1）了解变频器在电动机调速和节能等方面的应用及发展方向。

（3）了解变频器的外形结构、接线端子及操作面板。

（4）熟悉变频器的基本构成及工作原理。

（5）掌握变频器的额定值及与频率有关的参数。

（6）熟悉 PWM 控制原理及逆变电路的控制方式。

（7）了解变频调速系统的主电路，掌握变频调速系统的基本控制电路。

（8）了解变频器的安装调试方法。

能力目标:

（1）掌握变频器的外形结构，能熟练对其进行拆装操作。

（2）熟悉变频器的接线端子，能熟练对其进行接线操作。

（3）能熟练地进行变频器的功能设定。

（4）能熟练地进行变频器的操控运行。

（5）能对变频器进行简单的维护及故障排除。

项目情境

认识变频器

1. 观察变频器铭牌

变频器铭牌如图 5.1 所示，认真观察并记录铭牌上的有关信息，包括品牌型号、出厂编号、容量、输入电压/电流、输入电源相数、输出电压/电流、频率调节范围等，整理变频器铭牌记录并填写表 5.1。

2. 观察变频器外部结构

三菱 FR-A740-0.75K-CHT 变频器如图 5.2 所示。从外观上来看，变频器采用了封闭式结构，要求画出变频器外形结构图，并对重点部位的名称用文字进行标注。

图 5.1 变频器铭牌　　　　　　　　图 5.2 三菱 FR-A740-0.75K-CHT 变频器

表 5.1 变频器铭牌记录表

品牌型号	出厂编号	容 量	频率调节范围
输入电压电流	输入电源相数	基 频	输出电压/电流

3. 变频器的拆解

在老师指导下，按图 5.3 所示的步骤和动作要领拆解变频器面板；按图 5.4 所示的步骤和动作要领拆解变频器盖板。在松脱或拧紧螺钉时，一定要沿着面板的对角线均匀用力，防止操作面板因受力不均而翘起；螺钉也不要拧得过紧，以防塑料面板碎裂。另外，还要防止螺钉、电缆碎片或其他导电物体或油类等可燃性物体进入变频器。

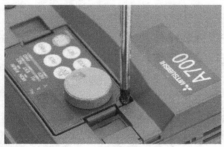

（a）松脱面板螺钉　　　　　　　　（b）拉出操作面板

图 5.3 面板的拆解照片

（a）松脱盖板紧固螺钉　　　　　　　（b）取下盖板

图 5.4 盖板的拆解照片

4. 变频器外部端子的识别

变频器的端子排如图 5.5 所示，在其上部设有一块配线护板，如图 5.6 所示。对照端子和配线护板，识别每个端子的符号标记；分别画出主、控端子排列图。

图 5.5　变频器的端子排

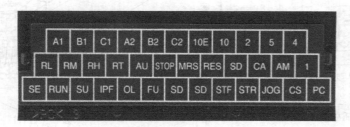

图 5.6　配线护板

 项目资讯　变频器概述

在电气传动领域，以变频器应用技术为代表的交流调速传动已经成为电气传动的主流，引领了电气传动技术向交流无级化方向发展。目前，从一般要求的小范围调速传动到高精度、快响应、大范围的调速传动，从单机传动到多机协调运转，几乎都可采用交流调速传动。除了具有卓越的调速性能之外，变频器还有显著的节能作用，是企业技术改造和产品更新换代的理想调速装置。

5.1　变频器的结构

变频器的内部结构相当复杂，除了由电力电子器件组成的主电路外，还有以微处理器为核心的运算、检测、保护、隔离等控制电路。对大多数用户来说，变频器是作为整体设备使用的，因此可以不必探究其内部电路的原理，但对变频器的基本结构有个了解还是必要的。

本书选择三菱 FR-A740-0.75K-CHT 机型为变频器学习的范例，该机型变频器拆分结构如图 5.7 所示，外部接口如图 5.8 所示。

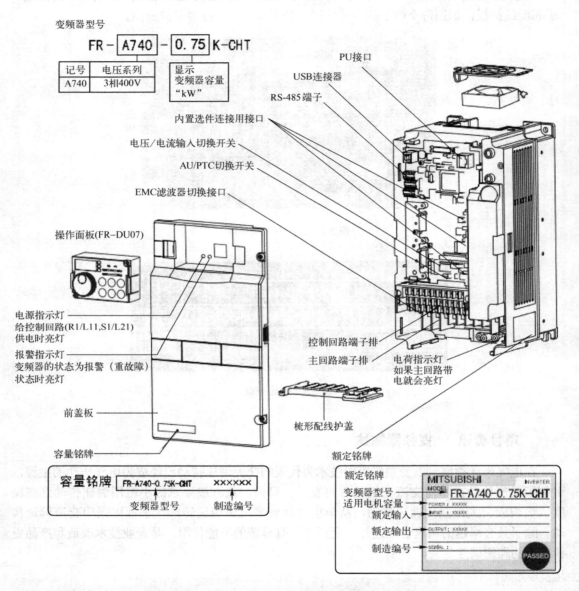

图 5.7　三菱 FR-A740-0.75K-CHT 变频器拆分结构

1. 主电路端子

三菱 FR-A740-0.75K-CHT 变频器主电路接线端子如图 5.9 所示。变频器与电源、电动机的连接如图 5.10 所示。

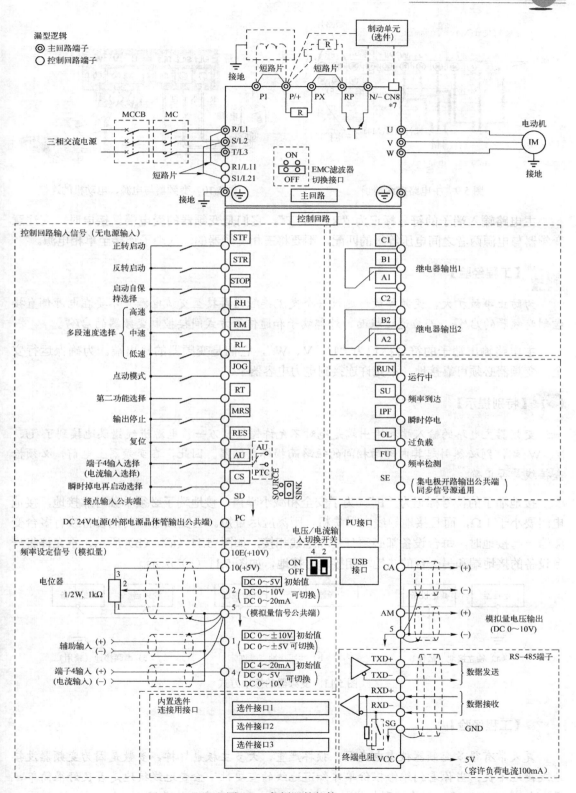

图 5.8 变频器外部接口

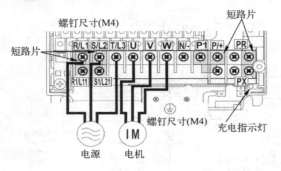

图 5.9　主电路接线端子　　　　　　　图 5.10　变频器与电源、电动机的连接

主电路输入端子的符号标记为"R、S、T"，它们是变频器的受电端。接电时，应注意变频器与电源两者之间电压等级的匹配，不要将三相变频器的输入端子连接至单相电源。

【工程经验】

为防止事故扩大，变频器最好通过一个交流接触器再接至交流电源。不要在电源侧直接控制变频器的启/停，而应通过板面、外部端子和通信等方式间接控制变频器的启/停。

主电路输出端子的符号标记为"U、V、W"，它们是变频器的输出端。为确保运行安全，变频器必须可靠接地，不允许连接到电力电容器上。

【特别提示】

变频器主电路的输入端和输出端是绝对不允许错接。万一将电源进线错误地接到了 U、V、W 端，则必然引起其内部两相间的短路而损坏变频器。因此，在变频器上电前，必须检查接线是否正确。

接地端子的符号标记为"E"，为了安全和减小噪声，接地端子必须单独可靠接地，接地电阻要小于 1 Ω，而且接地导线应尽量粗，距离应尽量短。当变频器和其他设备或有多台变频器一起接地时，每台设备都必须分别和地线相接，如图 5.11（a）、（b）所示，不允许将一台设备的接地端和另一台的接地端相接后再接地，如图 5.11（c）所示。

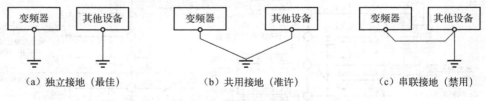

（a）独立接地（最佳）　　　（b）共用接地（准许）　　　（c）串联接地（禁用）

图 5.11　变频器的接地方式

【工程经验】

夏天常有很多变频器被雷电光顾，损坏严重，大多主板也坏掉，多数是因为变频器没接地或接地不良。当你看到维修报价单才知道地线的重要性！检查地线接地是否良好很简单，用一个 100W/220V 的灯泡接到相线与地线试一下，看其亮度就知道了。

【案例剖析】

案 情 变频器因接线问题"炸机"。

问题描述

广东东莞某胶带厂用户反映,一台 TD1000-4T0015G 变频器在使用一段时间后运行时突然"炸机";协调深圳代理商做联保处理,更换备用机一台,在运行了 10h 后变频器又"炸机"。

问题处理

(1)现场检查发现变频器外部输入交流接触器有一相螺钉松动,拆下后发现螺钉已烧煳,与之连接的变频器输入电源线接头已烧断,且所有电源线无接线"鼻子"(压接端子);测量发现变频器内部模块整流桥部分参与工作的两相二极管上下桥臂均开路。

(2)更换变频器外部输入电源线及接触器螺钉,重新紧固输入进线端的所有接点,更换一台变频器备用机后恢复正常。

案例分析

(1)由于接触器螺钉松动导致变频器只有两相输入,即变频器的三相整流桥仅两相工作,在正常负载情况下,参与工作的四个整流二极管上的电流比正常时大 70%多,整流桥因过电流导致几小时后 PN 结结温过高损坏。

(2)建议用户使用时注意接线规范并定期维护,代理商去现场处理问题时也应仔细检查相关电路,找出故障原因,不要只管更换变频器。

2. 控制电路端子

三菱 FR-A740-0.75K-CHT 变频器的控制端子如图 5.12 所示,其主要包括 STF、STR、STOP、RH、RM、RL、JOG 等。这些端子用于控制变频器的启动、点动、正反转、调速及运行保护等。

(a)控制端子   (b)控制端子实物照片

图 5.12 控制电路端子

【工程经验】

在维修更换变频器时,为了提高工作效率、减少人为停机时间,可以保持控制电路连线不动,将原变频器控制电路的端子板拆下,直接替换到新变频器上,如图 5.13 所示。另外,工作人员还要多留心,弄清楚当地是否有变频器的代理商、维修商,改用其他变频器是否方便,如何接线及调参数。

3. 面板

三菱 FR-A740-0.75K-CHT 变频器的面板如图 5.14 所示，它既可以控制变频器运行，也可以监视变频器运行。面板是可以拆卸的，如果把其安装在电气柜的表面上，会使现场操作更为方便灵活，如图 5.15 所示。

图 5.13　更换端子板照片

图 5.14　变频器的面板

【点赞】

图 5.14 中有一个外形硕大、转动灵活的旋钮，这个旋钮为三菱机型所独有。因其人性化的设计，在工程上十分实用和易用，深受用户好评。左右旋转此旋钮，可以方便地设定允许频率，改变参数的设定值；按压此旋钮，可以显示设定频率。

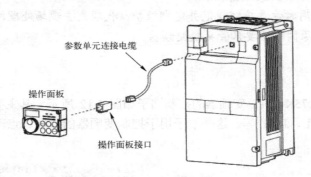

图 5.15　面板与变频器的远距离连接

5.2　变频器的铭牌

三菱 FR-A700 系列变频器铭牌的具体含义如下：

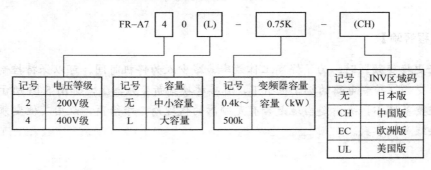

记号	电压等级
2	200V级
4	400V级

记号	容量
无	中小容量
L	大容量

记号	变频器容量
0.4k～	容量（kW）
500k	

记号	INV区域码
无	日本版
CH	中国版
EC	欧洲版
UL	美国版

【工程经验】

　　对于新购变频器，从包装箱中取出后，要检查正面盖板的容量铭牌和机身侧面的额定铭牌，确认变频器型号，核对产品与订货单是否相符，检查产品外观是否有破损。

　　三菱变频器 FR-A740-0.75K-CHT 铭牌位置和相关内容如图 5.16 所示。

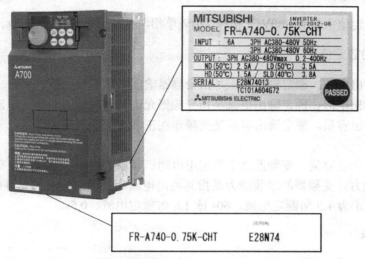

图 5.16　三菱变频器 FR-A740-0.75K-CHT 铭牌位置和相关内容

【小知识】

　　三菱 FR-A700 变频器是三菱公司最新推向市场的高性能产品，它汇集了以往三菱变频器中代表性产品的优点，具有过载能力强、控制功能多、通信功能强等特点。根据额定输入电压的不同，FR-A700 系列变频器又分为 FR-A720 和 FR-A740 两个子系列，其中 FR-A720 系列变频器的额定输入电压为 200V，FR-A740 系列变频器的额定输入电压为 400V。我们使用的 FR-A740-0.75K-CHT 机型只是 FR-A740 子系列中容量为 0.75kW 的一款变频器，所以在变频器的正面壳体上出现了"A700"系列字样，而在铭牌上出现了"A740"子系列字样。

【小知识】

　　三菱 FR-A740 变频器机身上有大小两个铭牌，这体现了三菱产品人性化设计的先进理念。因为变频器在维修或更换时，技术人员必须要查看铭牌，而变频器通常安装在电气控制柜内，如果变频器的安装位置如图 5.17 所示，那么查看铭牌将是一件非常困难的事情。因此，三菱 FR-A740 变频器不仅在机身的侧面设置了一个大铭牌（额定铭牌），还在机身的正面设置了一个小铭牌（容量铭牌），使用户查看铭牌变得十分方便。

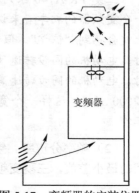

图 5-17　变频器的安装位置

5.3 主要参数

1. 输入侧的额定值

输入侧的额定值主要有 380V/三相和 220V/单相两种，频率通常是 50Hz。

2. 输出侧的额定值

（1）额定输出电压。额定输出电压是指变频器输出电压的最大值。

（2）额定输出电流。额定输出电流是指变频器允许长时间输出的最大电流值。

（3）额定输出容量。额定输出容量是变频器在正常工况下的最大容量，一般是用 kV·A 表示。

（4）配用电动机容量。变频器规定的配用电动机容量适用于长期连续负载运行。

（5）过载能力。变频器的过载能力是指其输出电流超过额定电流的允许范围和时间，大多数变频器都规定为 1.5 倍额定电流、60s 或 1.8 倍额定电流、0.5s。

3. 频率指标

（1）频率范围。频率范围是指变频器输出的最高频率和最低频率。各种变频器规定的频率范围不尽一致，通常最低工作频率为 0.1～1 Hz，最高工作频率为 200～500 Hz。

【现场讨论】

问题：变频器为什么不能在低频域内连续运转使用？

答案：在变频器低频输出时，普通电动机靠装在轴上的外扇或转子端环上的叶片进行冷却，若速度降低则冷却效果下降，因而不能承受与高速运转时相同的发热，必须降低负载转矩或采用专用电动机。

【小知识】

三菱 FR-A740 系列变频器频率输出范围为 0.2～400 Hz。当看到这一数据的时候，对于一个变频器的初学者来说，你可能会没什么感觉，但如果把它拿到实际现场中去应用，你马上就会感到"惊诧"。假设该变频器驱动一台四极三相异步电动机，那么当运行频率为 0.2Hz 时，电动机的同步转速只有 6r/min，显然这个转速比爬行还要慢很多；当运行频率为 400Hz 时，电动机的同步转速高达 12000 r/min，这是普通电动机机械强度所无法承受，而且在 6～12000 r/min 这样一个宽广的速度调节范围内，变频器驱动电动机可在任意转速点上稳定工作。

（2）频率分辨率。频率分辨率是指变频器输出频率的最小改变量，即每相邻两挡频率之间的最小差值。三菱变频器 FR-A740 系列的频率分辨率为 ±0.01Hz。

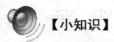
【小知识】

对于变频器来说，即使频率指令为模拟信号，其输出频率也是有级给定。这个级差的最小单位就称为变频分辨率。在有些场合，级差的大小对被控对象影响较大。例如，纸张连续卷取控制，如果分辨率为 0.5Hz，四极电动机 1 个级差对应电动机的转速差就高达到 15r/min，这很容易造成纸张扯断；如果分辨率为 0.01Hz，还是对应同一台电动机，则其转速差仅为 0.3r/min，显然级差越小越好。

5.4 工作原理

变频器的工作原理是把交流电变成直流电，再把直流电逆变成不同频率的交流电。这一切过程中电能都不发生变化，而只有频率发生变化，其框图如图 5.18 所示。

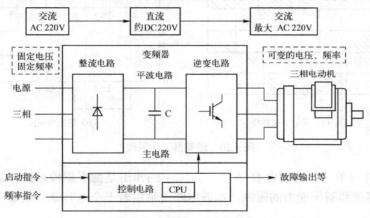

图 5.18 变频器工作原理框图

1. 主电路分析

变频器主电路主要由整流单元、中间直流环节、逆变单元组成，如图 5.19 所示。

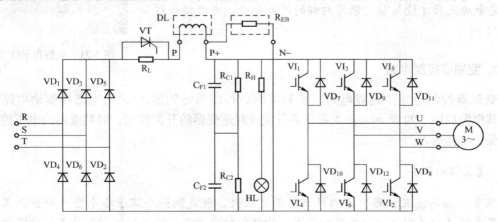

图 5.19 变频器主电路

（1）整流单元。整流单元由三相桥式整流电路构成，整流元件分别为 $VD_1 \sim VD_6$，作用是将工频三相交流电全波整流成直流电。

（2）逆变单元。逆变单元是变频器的核心部分，是实现变频的具体执行环节，主要由六个半导体主开关器件组成。在每个周期中，逆变桥中各逆变管导通时间如图 5.20（a）中阴影部分所示，得到 u_{UV}、u_{VW}、u_{WU} 波形，如图 5.20（b）所示。只要按照一定的规律来控制六个逆变管的导通与截止，就可以把直流电逆变成三相交流电。

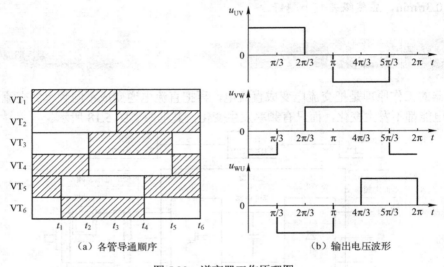

（a）各管导通顺序　　　　　　　　（b）输出电压波形

图 5.20　逆变器工作原理图

（3）中间直流单元。滤波电容器 C_{F1} 和 C_{F2} 的作用是滤平整流后的纹波，保持电压平稳。由于受电容量和耐压能力的限制，滤波电路通常由若干个电容器并联成一组。

【注意事项】

由于 C_{F1} 和 C_{F2} 上的电压较高，如果电荷没能完全放完，会对人身安全构成威胁。故在维修变频器时，必须等电源指示灯HL 完全熄灭后才能接触变频器内部的导电部分。电源指示灯如图 5.21 所示。

图 5.21　电源指示灯

2. 变频器控制电路

变频器控制电路由运算电路、检测电路、控制信号的输入/输出电路和驱动电路等构成，其框图如图 5.22 所示。其主要任务是完成对逆变器的开关控制、对整流器的电压控制及各种保护功能等。

【工作心得】

很多人搞不清变频器价格为什么差别这么大，就是同一个牌子各个型号的价格差也很大。其中硬件的差别是一个主要的原因，价格低的变频器其模块性能相应较差，电容量也相应减少，主板、驱动板电路简单，保护功能少，变频器容易损坏！对于一些运行平稳、负载轻、简单调速的电动机，用那些材料缩水的变频器倒没关系；如果是用在负载重、速度变化快、经常急刹车环境中的电动机，那么最好不要贪便宜，否则得不偿失。

3. 调制方式

变频器在输出频率变化的同时，输出电压也必须同时跟随变化，维持 U_1/f_1=常数，技术上有两种控制方法，即脉幅调制（PAM）和脉宽调制（PWM）。由于脉幅调制控制电路复杂，现已经很少使用。

脉宽调制是按一定规律改变脉冲列的脉冲宽度，以调节输出量和波形的一种调制方式。它的指导思想是将输出电压分解成很多的脉冲，调频时控制脉冲的宽度和脉冲间隔时间就可控制输出电压的幅值。图 5.23（a）所示是将一个正弦半波分成 n 等份，每份可以看成一个脉冲，很显然这些脉冲宽度相等，都等于π/n，但幅值不等，脉冲顶部为曲线，各脉冲幅值按正弦规律变化。若把上述脉冲系列用同样数量的等幅不等宽的矩形脉冲序列代替，并使矩形脉冲的中点和相应正弦等分脉冲的中点重合，且使两者的面积相等，就可以得到图 5.23（b）所示的脉冲序列，即 PWM 波形。可以看出，各脉冲的宽度是按正弦规律变化的。根据面积相等效果相同的原理，PWM 波形和正弦半波是等效的。用同样的方法，也可以得到正弦波负半周的 PWM 波形。

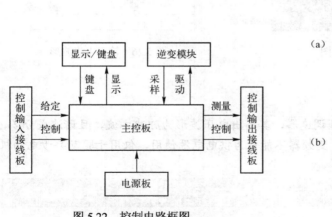

图 5.22　控制电路框图

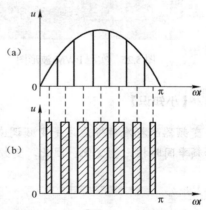

图 5.23　PWM 原理示意图

形成 PWM 波形最基本的方法是利用三角形调制波和控制波比较。控制系统通过比较电路将调制三角波与各相的控制波进行比较，变换为逻辑电平，并通过驱动电路使功率器件交替导通和关断，则变频器输出各相电压波形。如图 5.24 所示，在调制波 u_r 的每半个周期内，载波 u_c 在正、负两个方向变化，得到的 PWM 波形在两个方向变化，示波器观测到的 PWM 波形如图 5.25 所示。

虽然图 5.25 所示的输出电压波形与正弦波相差甚远，但由于变频器的负载是电感性负载电动机，而流过电感的电流是不能突变的，当把调制为几千赫兹的 PWM 电压波形加到电动机上时，其电流波形就是较好的正弦波了，如图 5.26 所示。

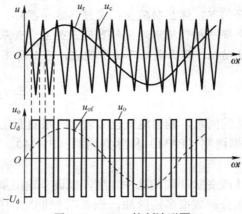

图 5.24　PWM 控制波形图

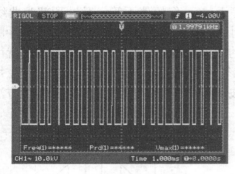

图 5.25　实测 PWM 波形图

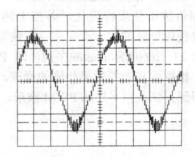

图 5.26　输出电流波形

【小知识】

变频器的标准称呼应该是变频调速器，其输出电压波形为脉冲方波，且谐波成分多，电压和频率同时按比例变化。因此，变频器不能作为供电电源使用，仅用于驱动异步电动机。

5.5　运行模式

运行模式是指变频器的受控方式。根据控制信号来源的不同，运行模式有三种选择，即面板控制、外部控制、网络控制。

1. 面板控制

面板控制又称为 PU 控制。变频器的受控信号来自面板，控制指令由按键输入，如图 5.27 所示。

2. 外部控制

操作面板

图 5.27　PU 运行模式

外部控制又称为 EXT 控制。变频器的受控信号来自外部端子，控制指令由外设输入，如图 5.28 和图 5.29 所示。

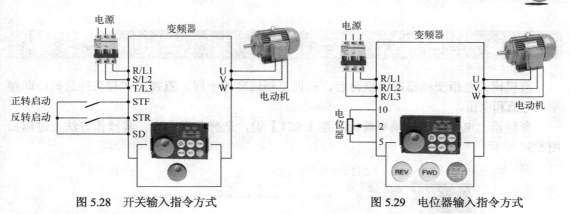

图 5.28　开关输入指令方式　　　　　　图 5.29　电位器输入指令方式

3. 网络控制

网络控制又称为 NET 控制。变频器的受控信号来自上位机，控制指令由总线输入，如图 5.30 所示。

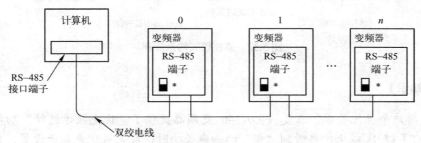

图 5.30　网络控制模式

4. 受控方式选择

变频器上电后，运行模式默认外部控制，EXT 灯亮。按【PU/EXT】键，选择受控方式，其操作方法及过程如图 5.31 所示。

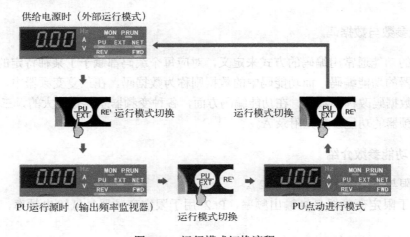

图 5.31　运行模式切换流程

5.6　变频器的监视模式

监视模式是指变频器的监视内容。根据监视内容的不同，监视模式有三种选择，即频率、电流和电压。

变频器上电后，默认频率监视。按【SET】键，选择监视内容，其操作方法及过程如图 5.32 所示。

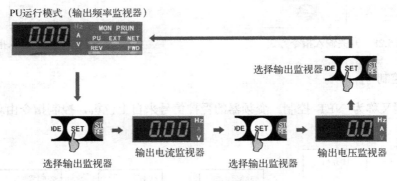

图 5.32　监视模式切换流程

【小知识】

为满足用户个性化要求，三菱 FR-A740 变频器提供了"优先显示选择"功能。如果持续按住【SET】键 1s 以上，当听到"嘀"的一声长响时，即完成优先显示设置。例如，若要设置频率显示优先，则当屏幕上显示输出频率时，持续按住【SET】键 1s 即可。另外，将功能参数 Pr.52 的设定值由 0 改为 6 后，监视内容还可在频率、电流和转速之间切换。

5.7　功能参数预置

1. 功能参数与数据码

变频器的功能通常用编码的方式来定义，对应每个编码都赋予了某种特定的功能。功能码是指变频器的功能编码，而功能码中的数据则称为数据码。在三菱变频器中，功能码改称功能参数，数据码改称参数值。在功能编码方面，各种变频器差异是很大的，三菱 FR-A740 系列通用变频器的功能参数见附录 A。

2. 部分功能参数介绍

（1）上限与下限频率（Pr.1、Pr.2）。

Pr.1 用于限定变频器最高输出频率，Pr.2 用于限定变频器最低输出频率，参数说明如表 5.2 所示。

表 5.2　Pr.1 和 Pr.2 参数说明

参数编号	名　称	单　位	设定范围	初始值	内　容
Pr.1	上限频率	0.01Hz	0～120Hz	120Hz	设定输出上限频率
Pr.2	下限频率	0.01Hz	0～120Hz	0Hz	设定输出下限频率

当 Pr.1 和 Pr.2 设置完成后，变频器的输出频率只能在上限和下限频率之间变化。当给定频率高于上限或者低于下限频率时，变频器的输出频率将受到 Pr.1 和 Pr.2 设定值的限制。

例如，上限频率=60 Hz，下限频率=10 Hz。

若给定频率为 30Hz 或 50Hz，则输出频率与给定频率一致；若给定频率为 70Hz 或 5Hz，则输出频率被限制在 60Hz 或 10Hz。

（2）基准频率（Pr.3）。

Pr.3 用于设定变频器的基准频率，参数说明如表 5.3 所示。

表 5.3　Pr.3 参数说明

参数编号	名　称	单　位	设定范围	初始值	内　容
Pr.3	基准频率	0.01Hz	0～400Hz	50Hz	最大输出电压对应的频率

【工程问题】

基准频率应与电动机额定频率一致。这是因为若基准频率低于电动机额定频率，电动机电压将会增加，引起电动机磁通增加，出现很大的尖峰电流，从而导致变频器因过电流跳闸。若基准频率高于电动机额定频率，则电动机电压将会减小，电动机带负载能力下降。

（3）加速时间（Pr.7）。

Pr.7 用于设定变频器的加速时间，参数说明如表 5.4 所示。

表 5.4　Pr.7 参数说明

参数编号	名　称	单　位	设定范围	初始值	内　容
Pr.7	加速时间	0.1s	0～3600s	5s	设定电动机的加速时间

【工程经验】

有的人在调试变频器时不顾及变频器的"感受"，把加减速时间调至很短，性能好的变频器会自动限制输出电流，延长加速时间；性能差的变频器会因为电流大而缩短寿命，加速时间最好不少于2s。

（4）减速时间（Pr.8）。

Pr.8 用于设定变频器的减速时间，参数说明如表 5.5 所示。

表 5.5　Pr.8 参数说明

参数编号	名　称	单　位	设定范围	初始值	内　容
Pr.8	减速时间	0.1s	0～3600s	5s	设定电动机的减速时间

（5）启动频率（Pr.13）。

Pr.13 用于设定变频器的启动频率，参数说明如表 5.6 所示。

表 5.6　Pr.13 参数说明

参数编号	名　称	单　位	初始值	设定范围	内　容
Pr.13	启动频率	0.01Hz	0.5Hz	0～50Hz	设定电动机启动时的频率

（6）点动频率（Pr.15）。

Pr.15 用于设定变频器点动输出频率，参数说明如表 5.7 所示。

表 5.7　Pr.15 参数说明

参数编号	名　称	单　位	初始值	设定范围	内　容
Pr.15	点动频率	0.01Hz	5Hz	0～400Hz	设定电动机启动时的频率

（7）PWM 频率选择（Pr.72）。

Pr.72 用于变更变频器的载波频率，参数说明如表 5-8 所示。

表 5.8　Pr.72 参数说明

参数编号	名　称	初始值	设定范围	内　容
Pr.72	PWM 频率选择	2	0～15	变更 PWM 载波频率

【小知识】

在生产现场当中，电工师傅在进行设备巡检时，无须进行烦琐的检查，只要聆听电动机发出的声音，就可以初步判定电动机的工作状态是否正常。这种方法既提高了效率，又方便简单。

（8）参数写入选择（Pr.77）。

Pr.77 用于功能参数的写保护，参数说明如表 5-9 所示。

表 5.9　Pr.77 参数说明

参数编号	名　称	初始值	设定范围	内　容
Pr.77	参数写入选择	0	0	仅限于停止时可以写入
			1	不可写入参数
			2	不受运行状态限制而写入参数

（9）反转防止选择（Pr.78）。

Pr.78 用于限制电动机的旋转方向，参数说明如表 5-10 所示。

表 5.10　Pr.78 参数说明

参数编号	名　称	初始值	设定范围	内　容
Pr.78	反转防止选择	0	0	正转和反转均可
			1	不可反转
			2	不可正转

（10）运行模式选择（Pr.79）。

Pr.79 用于选择变频器的受控方式，参数说明如表 5-11 所示。

表 5.11　Pr.79 参数说明表

参　数	名　称	初始值	单　位	设定范围	内容描述
Pr.79	运行模式选择	0	1	0	外部/PU 切换模式
				1	PU 运行模式固定
				2	外部运行模式固定
				3	外部/PU 组合运行模式 1
				4	外部/PU 组合运行模式 2

（11）键盘锁定操作选择（Pr.161）。

Pr.161 用于选择面板操作无效，防止参数被变更或意外启/停，参数说明如表 5-12 所示。

表 5.12　Pr.161 参数说明

参数编号	名　称	初始值	设定范围	内　容
Pr.161	键盘锁定操作选择	0	0	键盘锁定模式无效
			1	
			10	键盘锁定模式有效
			11	

当 Pr.161 设置为"10 或 11"，按住【MODE】键 2s 左右，此时 M 旋钮及键盘操作均无效，操作面板会显示如图 5.33 所示的字样。在此状态下操作 M 旋钮及键盘时，也会出现图 5.33 所示的字样。如果想使 M 旋钮及键盘操作均有效，持续按住【MODE】键 2s 左右即可。

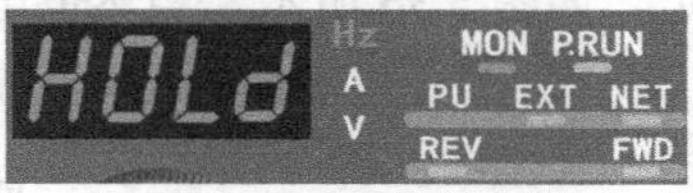

3. 功能参数预置

尽管各种变频器的功能各不相同，但功能参数预置的步骤却十分相似，三菱 FR–A740–0.75K–CHT 变频器功能参数预置过程如图 5.34 所示。

图 5.33　键盘锁定显示

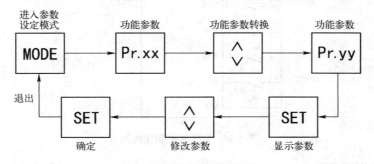

图 5.34　功能参数预置过程

下面以面板锁定功能为例，说明功能参数的预置流程，如图 5.35 所示。

第一步，查找功能参数。

对照功能参数表查找，确定此项操作要求的功能参数为 Pr.161。

第二步，读当前参数值。

PU 模式、待机状态 → 按【MODE】键 → 进入编程模式，屏显"Pr.0" → 连续右旋 M 旋钮 → 屏显"Pr.161" → 按【SET】键 → 屏显"0"（初始值）。

第三步，修改参数值。

连续右旋 M 旋钮→ 屏显"10"（设定值）→按【SET】键，参数 Pr.161 与新设定值交替闪烁，→ 按【MODE】键 → 退出编程模式→ 设置完成。

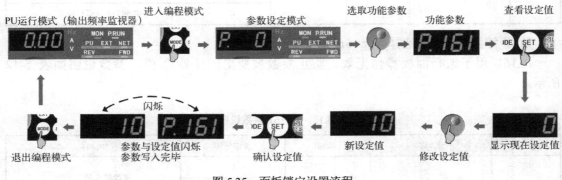

图 5.35　面板锁定设置流程

5.8　多段速控制

在 EXT 模式下，只要改变变频器输入端口的逻辑组态，就可以改变输出频率。由于端口全部断开时频率为零，不是有效组态，所以变频器可以用 3 个端口组成 7 种不同的频率给定，如图 5.36 所示。当然也可以用 4 个端口组成 15 种不同的频率给定。

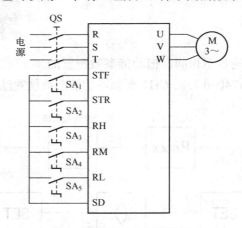

图 5.36　7 段速控制接线图

多段速度分别用参数 Pr.4～Pr.6、Pr.24～Pr.27、Pr.232～ Pr.239 设置，如表 5.13 所示。

表 5.13　多段速度功能参数

参数编号	段号	单位	设定范围	初始值	组态说明
Pr.4	1	0.01Hz	0～400 Hz	50 Hz	RL=0、RM=0、RH=1 时有效
Pr.5	2	0.01Hz	0～400 Hz	30 Hz	RL=0、RM=1、RH=0 时有效
Pr.6	3	0.01Hz	0～400 Hz	10 Hz	RL=1、RM=0、RH=0 时有效
Pr.24	4	0.01Hz	0～400 Hz	9999	RL=1、RM=1、RH=0 时有效
Pr.25	5	0.01Hz	0～400 Hz	9999	RL=1、RM=0、RH=1 时有效
Pr.26	6	0.01Hz	0～400 Hz	9999	RL=0、RM=1、RH=1 时有效
Pr.27	7	0.01Hz	0～400 Hz	9999	RL=1、RM=1、RH=1 时有效
Pr.232	8	0.01Hz	0～400 Hz	9999	MRS=1、RL=1、RM=0、RH=0 时有效
Pr.233	9	0.01Hz	0～400 Hz	9999	MRS=1、RL=1、RM=0、RH=0 时有效
Pr.234	10	0.01Hz	0～400 Hz	9999	MRS=1、RL=0、RM=1、RH=0 时有效
Pr.235	11	0.01Hz	0～400 Hz	9999	MRS=1、RL=1、RM=1、RH=0 时有效
Pr.236	12	0.01Hz	0～400 Hz	9999	MRS=1、RL=0、RM=0、RH=1 时有效
Pr.237	13	0.01Hz	0～400 Hz	9999	MRS=1、RL=1、RM=0、RH=1 时有效
Pr.238	14	0.01Hz	0～400 Hz	9999	MRS=1、RL=0、RM=1、RH=1 时有效
Pr.239	15	0.01Hz	0～400 Hz	9999	MRS=1、RL=1、RM=1、RH=1 时有效

当 3 段速控制时，规定 RH 是高速端口、RM 是中速端口、RL 是低速端口；如果同时有两个以上信号接通，则低速优先。当然在实际使用中，也不一定非要 3、7、15 段，也可以是其他段，这时只要将对应参数设置为 9999 即可。

【特殊应用】

如图 5.37 所示，当 Pr.59=0 时，RH、RM、RL 被设定为多段速控制端口；当 Pr.59=1、2 时，RH、RM、RL 被设定为远程控制端口。当 K1 接通时，频率在设定频率的基础上按 0.01Hz 速率上升；当 K2 接通时，频率在设定频率的基础上按 0.01Hz 速率下降；当 K3 接通时，当前频率输出值归零。与多段速控制方法相比，远程运行控制的优点是调节方式简便、精度较高、抗干扰能力强。

图 5.37　远程控制

5.9　PLC 模拟量方式控制变频器

在对变频器的输出频率须做精细调节的场合，PLC 以模拟量方式控制变频器是一种既有效又简便的方法，其框图如图 5.38 所示。该方式优点是编程简单，调速过程平滑连续，工作稳定，实时性强；缺点是成本较高。

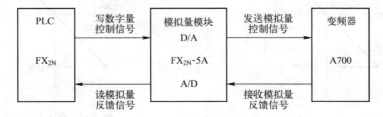

图 5.38　PLC 模拟量控制变频器框图

1. 三菱 FX$_{2N}$-5A 模块

PLC 数字量输出信号不能直接传递到变频器模拟量输入端子上；同样，变频器模拟量输出信号也不能直接传递到 PLC 输入端子上。因此，在 PLC 和变频器之间就需要一种模块，它既能将 PLC 数字量输出信号转换成模拟量输出信号，也能将变频器模拟量输出信号转换成数字量输出信号，而三菱 FX$_{2N}$-5A 模块就是具有这样功能的模块。

三菱 FX$_{2N}$-5A 具有 4 个输入通道和 1 个输出通道。输入通道用于接收模拟量信号并将其转换成相应的数字值，输出通道用于获取一个数字值并且输出一个相应的模拟量信号。FX$_{2N}$-5A 模块的外部结构如图 5.39 所示，端子排列分布如图 5.40 所示。

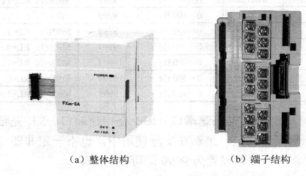

（a）整体结构　　　（b）端子结构

图 5.39　FX$_{2N}$-5A 模块外部结构

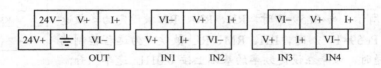

图 5.40　端子排列分布

以三菱 FX$_{2N}$-5A 模块为例，在进行 A/D 转换时，模拟量和数字量之间存在一定的对应转换关系，这种关系称为 A/D 转换标定，模块默认的标定如图 5.41 所示。同样，在进行 D/A 转换时，数字量和模拟量之间也存在一定的对应转换关系，这种关系称为 D/A 转换标定，模块默认的标定如图 5.42 所示。

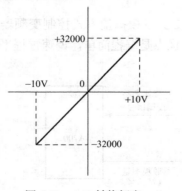

图 5.41　A/D 转换标定

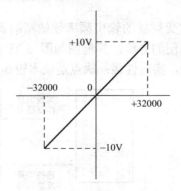

图 5.42　D/A 转换标定

2. 模块的编号

在变频器模拟量控制系统中，PLC 可能要连接多个模拟量模块（最多 8 块），为使 PLC 能够准确地对每个模块都能进行读/写操作，就必须对这些模块加以标识，即对其所在位置进行编号。编号原则是从最靠近 PLC 基本单元的模块算起，按由近到远原则，将 0～7 号依次分配给各个模块。模拟量模块位置编号举例如图 5.43 所示。

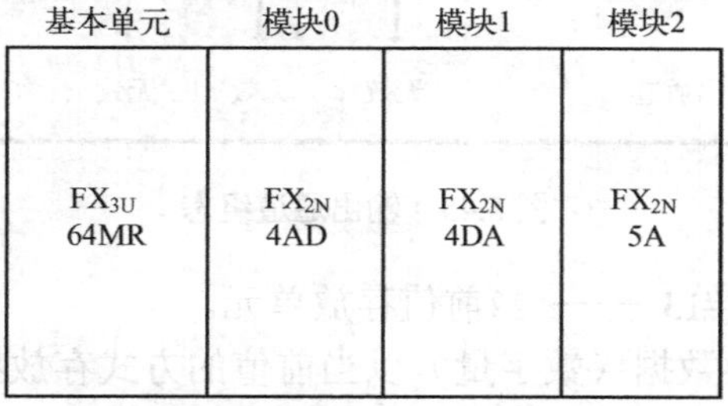

基本单元	模块0	模块1	模块2
FX₃ᵤ 64MR	FX₂ₙ 4AD	FX₂ₙ 4DA	FX₂ₙ 5A

图 5.43　模拟量模块位置编号

3. 缓冲存储器功能分配

缓冲存储器简称 BFM，它由 1 个字，即 16 个位组成。在 FX$_{2N}$-5A 模块中有 250 个 BFM，编号为 BFM#0 ～ BFM#249，除了保留和禁止使用的 BFM 以外，每个 BFM 都有特定的功能或含义。BFM 在出厂时都有一个出厂值，当出厂值满足要求时，就无须对它进行修改；否则就要使用写指令 TO 对它进行修改。

下面针对变频器的模拟量控制，介绍常用的一些缓冲存储器。

（1）BFM#0 —— 输入通道选择单元。

BFM#0 用来选择输入通道，并对该输入通道的标定进行指定，出厂值为 H000。BFM#0 由一组 4 位的十六进制代码组成，每位代码分别分配给 4 个输入通道，最高位对应输入通道 4，最低位对应输入通道 1，如图 5.44 所示。

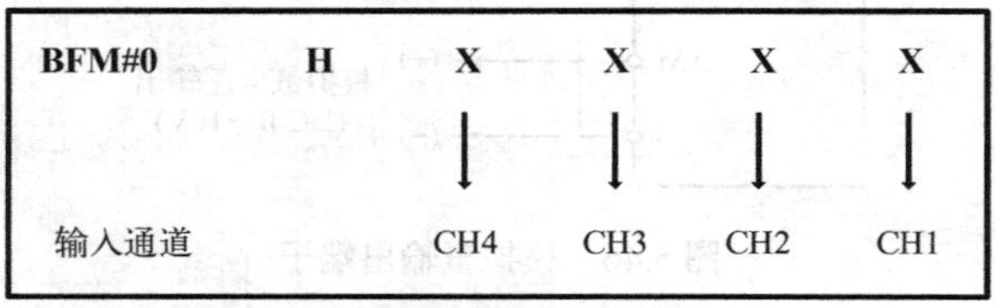

BFM#0	H	X	X	X	X
		↓	↓	↓	↓
输入通道		CH4	CH3	CH2	CH1

图 5.44　输入通道组态

在图 5.44 中，当 X=0 时，A/D 转换关系为默认形式；当 X=F 时，对应通道关闭。

【实操经验】

闲置不用的通道一定要关闭。因为如果该通道不关闭，它在受到干扰时，模块就会认为有电压输入而进行转换。同时也增加了模块转换时间，影响了转换速度。

（2）BFM#1 —— 输出通道选择单元。

BFM#1 用来对输出通道 1 的输出方式进行指定，出厂值为 H000。BFM#1 由一个 4 位的十六进制代码组成，其中最高的 3 位被模块忽略，只有最低的 1 位对应输出通道 1，如图 5.45 所示。

在图 5.45 中，当 X=0 时，D/A 转换关系为默认形式；当 X=F 时，对应通道关闭。

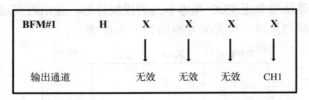

图 5.45　输出通道组态

（3）BFM#10 ～ BFM#13 ── 当前值存放单元。

输入通道的 A/D 转换数据（数字量）以当前值的方式存放在 BFM#10 ～ BFM#13。BFM#10 ～ BFM#13 分别对应通道 CH1～CH4，具有只读性。

【实操经验】

如图 5.46 所示，在三菱 A700 系列变频器上有两个模拟量输出端子，一个是电压输出端子，标号为 AM，AM 端子输出的电压信号变化范围为 DC 0～10V；另一个是电流输出端子，标号为 CA，CA 端子输出的电流信号变化范围为 DC 0～20mA。在变频器模拟量控制系统中，通常可任选其一作为反馈信号源，经过 FX$_{2N}$-5A 模块的 A/D 处理，PLC 就能读取到变频器的当前频率，实现运行频率的实时监视。

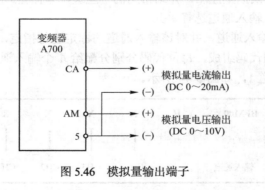

图 5.46　模拟量输出端子

（4）BFM#14 ── 模拟量输出值存放单元。

BFM#14 接收用于 D/A 转换的模拟量输出数据。在模拟量控制系统中，变频器的给定频率就存放在 BFM#14。

4. 模块读/写指令介绍

在变频器的模拟量控制中，使用 FROM/TO 指令对 BFM 进行读/写，就可以在 PLC 和模块之间实现数据交换，从而实现 PLC 对变频器的控制。

（1）FROM 指令介绍。

功能：将模块 BFM#的数据读（复制）到 PLC，指令格式如图 5.47 所示。

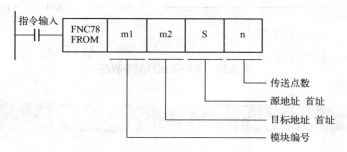

图 5.47　读指令 FROM 的格式

下面以变频器的频率监视程序为例，说明 FROM 指令的使用。已知模块的编号为 0 号，运行频率存放在 BFM#10。如图 5.48 所示，当 M8000 闭合时，通过 FROM 指令对 0 号模块的 BFM#10 进行读操作，并把 BFM#10 当中的内容（频率监视数据）复制到 PLC 的 D1 数据单元中。

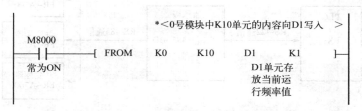

图 5.48　变频器运行监视程序

（2）TO 指令介绍。

TO 指令的功能是将数据从 PLC 写入缓冲存储器（BFM）中，指令格式如图 5.49 所示。

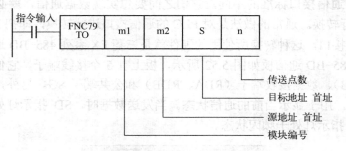

图 5.49　读指令 TO 的格式

下面以变频器的频率设定程序为例，说明 TO 指令的使用。已知模块编号为 0 号，运行频率存放在 BFM#14。如图 5.50 所示，当 M0 闭合时，通过 TO 指令对 0 号模块的 BFM#14 进行写操作，把立即数 K16000（频率设定数据）写入模块的 BFM#14 单元。

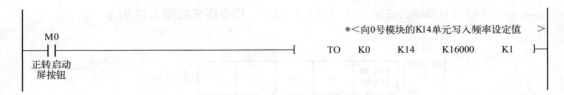

图 5.50 变频器运行频率程序

5.10 PLC RS-485 通信方式控制变频器

小型工业自动化系统一般由 1 台 PLC 和不多于 8 台变频器组成，变频器采用 RS-485 标准的总线控制。如图 5.51 所示，PLC 是主站，变频器是从站，主站 PLC 通过站号区分不同从站的变频器，主站与任意从站之间均可进行单向或双向数据传送。通信程序在主站上编写，从站只要设定相关的通信协议参数即可。

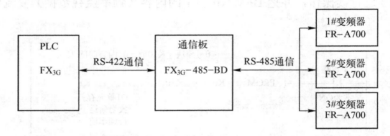

图 5.51 变频器 RS-485 总线控制系统

1. FX₃G-485-BD 通信板简介

三菱 FX 系列 PLC 通信接口标准是 RS-422，而三菱 FR-A700 系列变频器通信接口标准是 RS-485。由于通信接口标准的不同，它们之间要想实现数据通信，就必须对其中一个设备的通信接口进行转换。通常的做法是对 PLC 的通信接口进行转换，即把 PLC 的 RS-422 接口转换成 RS-485 接口，这种转换所使用的硬件就是三菱 FX 系列 485-BD 通信板。

三菱 FX₃G-485-BD 通信板如图 5.52 所示，板上有 5 个接线端子，它们分别是数据发送端子（SDA、SDB）、数据接收端子（RDA、RDB）和公共端子 SG。另外，板上还设有 2 个 LED 通信指示灯，用于显示当前的通信状态。当发送数据时，SD 指示灯处于频闪状态；当接收数据时，RD 指示灯处于频闪状态。

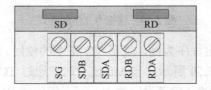

图 5.52 三菱 FX₃G-485-BD 通信板

2. FR-A700 变频器的通信接口

FR-A700 变频器的 RS-485 通信接口采用端子排形式，各个端子的名称及用途如表 5.14 所示。

表 5.14　RS-485 通信端子说明

端子名称	端子属性	排列位置	用　途	说　明
RDA1（RXD1+）	第一套 通信端子	上排左 1	变频器接收+	本站使用
RDB1（RXD1-）		上排左 2	变频器接收-	
SDA1（TXD1+）		中排左 1	变频器发送+	
SDB1（TXD1-）		中排左 2	变频器发送-	
SG		下排左 2	接地端子（和 SD 端子相通）	
RDA2（RXD2+）	第二套 通信端子	上排左 3	变频器接收+	分支使用
RDB2（RXD2-）		上排左 4	变频器接收-	
SDA2（TXD2+）		中排左 3	变频器发送+	
SDB2（TXD2-）		中排左 4	变频器发送-	
SG		下排左 4	接地端子（和 SD 端子相通）	
P5S		下排左 1 和左 3	5V，允许负载电流 100mA	电源使用

从表 5.14 可见，FR-A700 变频器的通信接口有两套通信端子，第一套端子用来与前一站号设备进行通信连接；第二套端子用来与后一站号设备进行通信连接。这样就很好地解决了多台变频器之间的串接通信问题，而不需要在同一个端子上压接两根线，甚至多根线，避免出现因接触不良影响通信的现象。

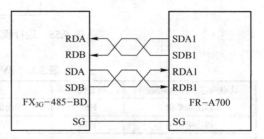

FR-A700 变频器采用四线制接线方式，通信板与单台变频器的连接如图 5.53 所示，通信板与多台变频器的连接如图 5.54 所示。

图 5.53　通信板与单台变频器的连接

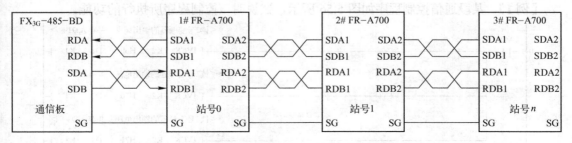

图 5.54　通信板与多台变频器的连接

3. 通信专用指令介绍

【小提示】

为方便 PLC 以通信方式控制变频器运行，许多 PLC 机型都能提供专门用于变频器通信控制的指令，但变频器通信专用指令的使用具有局限性，因为它只对某些特定的变频器适用，一般是针对与 PLC 同一品牌的变频器。

三菱 FX$_{3G}$ 系列 PLC 提供 4 条变频器通信专用指令，它们分别是运行状态监视指令、运行状态控制指令、参数读取指令和参数写入指令。下面从控制变频器这个角度，只介绍运行状态监视指令、运行状态控制指令的使用。

（1）运行状态监视指令。

PLC 使用变频器运行状态监视指令对变频器的运行状态进行监视，其指令格式如图 5.55 所示。该指令的功能是将变频器运行参数的当前值从变频器读（复制）到 PLC，指令操作说明如表 5.15 所示。

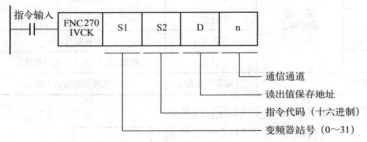

图 5.55　运行状态监视指令 IVCK 的格式

表 5.15　IVCK 指令的操作说明

读取内容（目标参数）	指令代码	操作数释义	通信方向	操作形式	通道号
输出频率值	H6F	当前值；单位 0.01Hz	变频器 ↓ PLC	读操作	CH1 ↓ K1
输出电流值	H70	当前值；单位 0.1A			
输出电压值	H71	当前值；单位 0.1V			
运行状态监控	H7A	b0 = 1、H1；　正在运行			
		b1 = 1、H2；　正转运行			
		b2 = 1、H4；　反转运行			

【例1】 某段通信控制程序如图 5.56 所示，试说明该控制程序所执行的功能。

```
       M0                              *<读2号变频器的输出频率，并存入D1 >
0 ─────┤├──────┬──────────────────[ IVCK  K2   H6F   D1   K1 ]─
                │                     *<读2号变频器的输出电流，并存入D2 >
                ├──────────────────[ IVCK  K2   H70   D2   K1 ]─
                │                     *<读2号变频器的输出电压，并存入D3 >
                └──────────────────[ IVCK  K2   H71   D3   K1 ]─
```

图 5.56　例 1 通信控制程序

程序分析：在 M0 接通时，将连接在 CH1 中的 2 号变频器的输出频率值送入 PLC 的 D1 数据存储单元中；将 2 号变频器的输出电流值送入 PLC 的 D2 数据存储单元中；将 2 号变频器的输出电压值送入 PLC 的 D3 数据存储单元中。

【例 2】 试编写 1 号变频器的运行状态监视程序。

根据例 2 要求，编写运行状态监视程序，如图 5.57 所示。

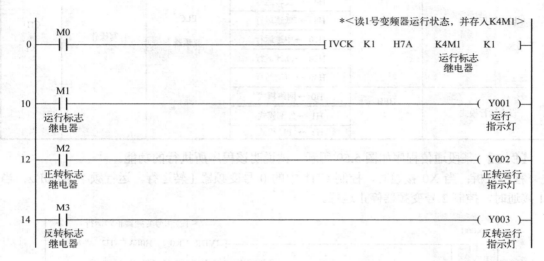

图 5.57　例 2 通信控制程序

程序分析：在 M0 接通时，将连接在 CH1 中的 1 号变频器的运行状态信息送到 PLC 的 K4M1 组合位元件中；如果 M1 接通，则说明 1 号变频器正处在运行状态，输出继电器 Y1 得电，驱动运行指示灯点亮；如果 M1 和 M2 接通，则说明 1 号变频器正处在正转运行状态；输出继电器 Y1 和 Y2 得电，驱动运行指示灯和正转指示灯点亮；则如果 M1 和 M3 接通，说明 1 号变频器正处在反转运行状态；输出继电器 Y1 和 Y3 得电，驱动运行指示灯和反转指示灯点亮。

（2）运行状态控制指令。

PLC 使用变频器运行状态控制指令对变频器的运行状态进行控制，其指令格式如图 5.58 所示。该指令的功能是将控制变频器运行所需要的设定值从 PLC 写入变频器，指令操作说明如表 5.16 所示。

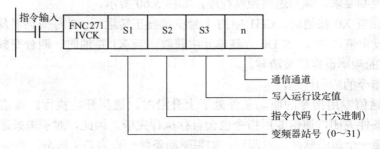

图 5.58　运行控制指令 IVCK 的格式

表 5.16 IVDR 指令操作说明

读取内容（目标参数）	指令代码	操作数释义	通信方向	操作形式	通道号
设定频率值	HED	设定值 单位 0.01Hz			
设定运行状态	HFA	H1 → 停止运行	PLC ↓ 变频器	写操作	CH1 ↓ K1
		H2 → 正转运行			
		H4 → 反转运行			
		H8 → 低速运行			
		H10 →中速运行			
		H20 →高速运行			
		H40 →点动运行			
设定运行模式	HFB	H0 →网络模式			
		H1 →外部模式			
		H2 → PU 模式			

【例 3】 某段通信程序如图 5.59 所示，试说明该程序所执行的功能。

程序分析：当 X0 接通时，控制 CH1 中的 0 号变频器正转运行，运行频率为 30Hz；当 X1 接通时，控制 2 号变频器停止运行。

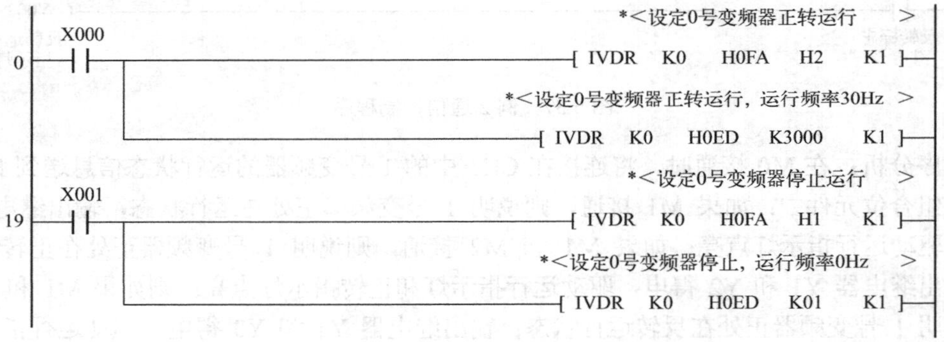

```
                                    *<设定0号变频器正转运行        >
      X000
  0   ┤├────────┬────────────────[ IVDR  K0   H0FA   H2   K1 ]─┤
                │                  *<设定0号变频器正转运行，运行频率30Hz >
                └────────────────[ IVDR  K0   H0ED   K3000  K1 ]─┤
                                    *<设定0号变频器停止运行        >
      X001
  19  ┤├────────┬────────────────[ IVDR  K0   H0FA   H1   K1 ]─┤
                │                  *<设定0号变频器停止，运行频率0Hz  >
                └────────────────[ IVDR  K0   H0ED   K01  K1 ]─┤
```

图 5.59 例 3 通信控制程序

【例 4】 控制要求：按钮 X0 控制 1 号变频器正转运行、控制 2 号变频器反转运行，按钮 X1 控制 1 号和 2 号变频器停止运行，且两台变频器运行速度要保持同步。试编写控制程序。

根据例 4 控制要求，编写通信控制程序，如图 5.60 所示。

程序分析：当 X0 接通时，CH1 中的 1 号变频器正转运行，2 号变频器反转运行；变频器输出频率的设定值从 PLC 的 D0 存储单元中获取。当 X1 接通时，两台变频器停止运行，D0 存储单元中的频率设定值被清零。

（3）通信指令的应用问题。

当变频器通信专用指令的驱动条件处于上升沿时，通信开始执行。通信专用指令执行后，即使驱动条件关闭，通信专用指令也会自行执行完毕。因此，对于单条通信专用指令的驱动条件只需要一个边沿脉冲触发即可。如果驱动条件一直为 ON 状态，则执行反复通信。

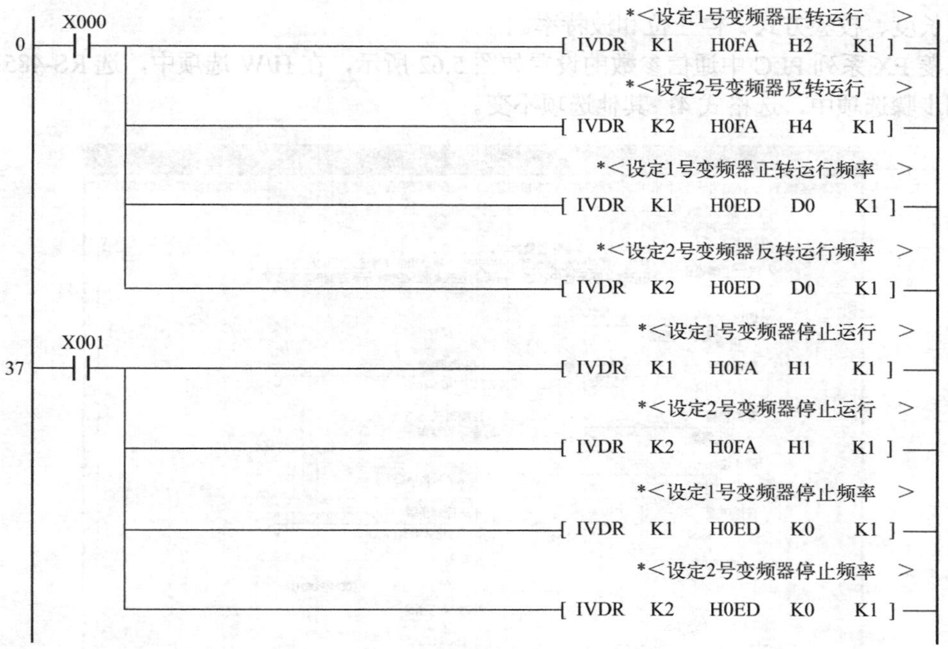

X000
0
*<设定1号变频器正转运行 >
[IVDR K1 H0FA H2 K1]
*<设定2号变频器反转运行 >
[IVDR K2 H0FA H4 K1]
*<设定1号变频器正转运行频率 >
[IVDR K1 H0ED D0 K1]
*<设定2号变频器反转运行频率 >
[IVDR K2 H0ED D0 K1]
X001
37
*<设定1号变频器停止运行 >
[IVDR K1 H0FA H1 K1]
*<设定2号变频器停止运行 >
[IVDR K2 H0FA H1 K1]
*<设定1号变频器停止频率 >
[IVDR K1 H0ED K0 K1]
*<设定2号变频器停止频率 >
[IVDR K2 H0ED K0 K1]

图 5.60 例 4 通信控制程序

在三菱 FX 系列 PLC 中有一个标号为 M8029 的特殊功能继电器，该继电器作为通信结束标志继电器，当一个变频器通信指令执行完毕后，M8029 的值变为 ON，且保持一个扫描周期。在同时驱动多条变频器通信专用指令时，为避免发生通信错误，可以通过编程的方式来处理这个问题。如图 5.61 所示，在全部通信指令完成前，务必保持触发条件为 ON，一直到全部通信结束，然后再利用 M8029 将触发条件复位。

M8002
[SET M0]
M0
通信程序
M8029
[RST M0]

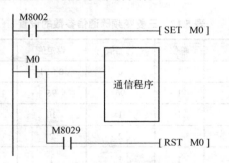

图 5.61 同时驱动的编程处理程序

另外，变频器通信专用指令不可以在跳转程序、循环程序、子程序和中断程序中使用。

4. 通信设置

为实现 PLC 和变频器之间的通信，通信双方要有一个“约定”，使得通信双方在字符的数据长度、校验方式、停止位长和波特率等方面能够保持一致，而进行“约定”的过程就是通信设置。

当进行通信设置时，首先要了解变频器的通信参数，并对其进行通信参数的设置，即确定数据长度、校验方式、停止位和波特率。

三菱 FX 系列 PLC 中通信参数的设置如图 5.62 所示，在 H/W 选项中，选 RS-485；在传送控制步骤选项中，选格式 4；其他选项不变。

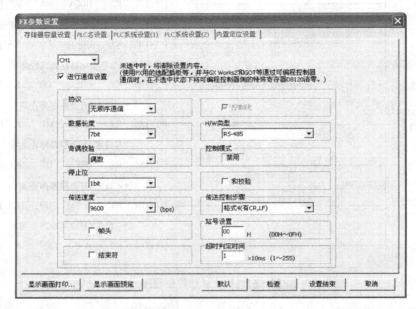

图 5.62　三菱 FX 系列 PLC 中通信参数的设置

三菱变频器通信参数的设置如表 5.17 所示，在功能参数 Pr.331 中，根据实际站号修改设定值；在功能参数 Pr.333 中，将设定值修改为 10；在功能参数 Pr.336 中，将设定值修改为 9999；其他功能参数无须修改。

表 5.17　三菱变频器通信参数的设置

参数编号	设定内容	单位	初始值	设定值	数据内容描述
Pr.331	站号选择	1	0	0～31	两台以上要设站号
Pr.332	波特率	1	96	96	选择通信速率，波特率 =9600bps
Pr.333	停止位长	1	1	10	数据位长 = 7 位，停止位长 = 1 位
Pr.334	校验选择	1	2	2	选择偶校验方式
Pr.335	再试次数	1	1	1	设定发生接收数据错误时的再试次数允许值
Pr.336	校验时间	0.1	0	9999	选择校验时间
Pr.337	通信等待	1	9999	9999	设定向变频器发送数据后信息返回的等待时间
Pr.338	通信运行指令权	1	0	0	选择启动指令权通信
Pr.339	通信速度指令权	1	0	0	选择频率指令权通信
Pr.341	CR/LF 选择	1	1	1	选择有 CR、LF

项目实训　变频器操作训练

【任务实施】

1. 实训目标

（1）掌握晶闸管主电路及触发电路的结构。
（2）能按工艺要求安装电路。
（3）会对电路中使用的元器件进行检测。
（4）掌握触发电路的调试方法，会用示波器观察、记录及分析波形。
（5）掌握晶闸管主电路测试方法，会测量测试点的电压、电流。
（6）能结合故障现象进行故障原因的分析与排除。

2. 实训器材

（1）变频器，型号为三菱 FR-A740-0.75K-CHT 变频器，每组 1 台。
（2）三相异步电动机，型号为 A05024、功率为 60W，每组 1 台。
（3）维修电工常用工具，每组 1 套。
（4）对称三相交流电源，线电压为 380V，每组 1 个。

3. 实施步骤

1）参数清除操作

参数清除操作将功能参数初始化，恢复为出厂设定值，参数清除操作方法及过程如图 5.63 所示。

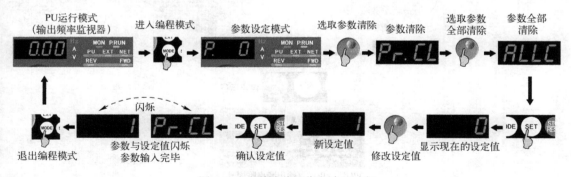

图 5.63　参数清除操作方法及过程

2）面板控制操作

利用面板对电动机进行正/反转运行控制操作，其操作方法及过程如图 5.64 所示。

3）以 PLC 开关量方式控制变频器 3 段速运行

（1）控制要求。

● 当按压启动按钮时，PLC 控制变频器正转运行，初始运行频率为 10Hz。

● 当变频器以 10Hz 频率运行 10s 后，PLC 控制变频器以 30Hz 频率正转运行。

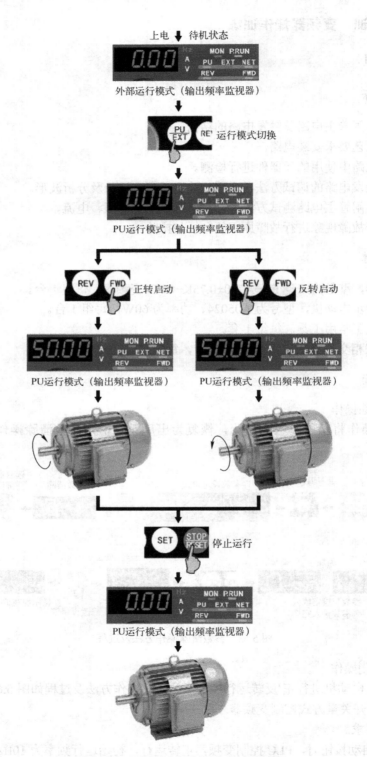

图 5.64　面板控制运行操作方法及过程

- 当变频器以 30Hz 频率运行 10s 后，PLC 控制变频器以 50Hz 频率正转运行。
- 当变频器以 50Hz 频率运行 10s 后，PLC 控制变频器以 10Hz 频率正转运行，系统进入循环工作状态。
- 当按压停止按钮时，变频器停止运行。

（2）控制系统设计。

硬件设计：根据控制要求，编制 PLC 的 I/O 地址分配表，如表 5.18 所示。

表 5.18　PLC 的 I/O 地址分配表

输　入			输　出		
设备名称	代　号	输入点编号	设备名称	代　号	输出点编号
启动按钮	SB0	X0	正转运行继电器	STF	Y000
停止按钮	SB1	X1	低速运行继电器	RL	Y001
			中速运行继电器	RM	Y002
			高速运行继电器	RH	Y003

根据 I/O 地址分配表，设计控制系统硬件接线图，如图 5.65 所示。

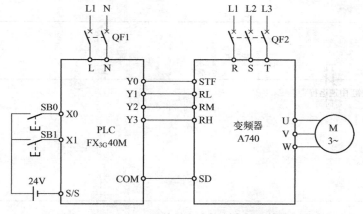

图 5.65　以 PLC 开关量方式控制变频器接线图

程序设计：根据控制要求，编写梯形图程序，如图 5.66 所示。

系统调试：检查控制系统的硬件接线是否与图 5.65 保持一致，检查接线端子的压接情况，观察接线是否有松脱现象。硬件电路经确认正常后，系统才可以上电调试运行。

第一步，上电开机

操作过程：闭合空气断路器，将 PLC 和变频器上电；将图 5.66 所示的梯形图程序下载到 PLC。

观察项目：观察 PLC 面板上的指示灯；观察变频器操作单元上的指示灯和显示器上显示的字符；观察电动机的转向和转速。

现场状况：PLC 的 POWER 和 RUN 指示灯点亮；变频器的 MON 和 EXT 指示灯点亮。

第二步，3 段速运行

操作过程：点动按压外设的启动按钮，启动变频器运行。

观察项目：观察 PLC 面板上的指示灯；观察变频器操作单元上的指示灯和显示器上显示的字符；观察电动机的转向和转速。

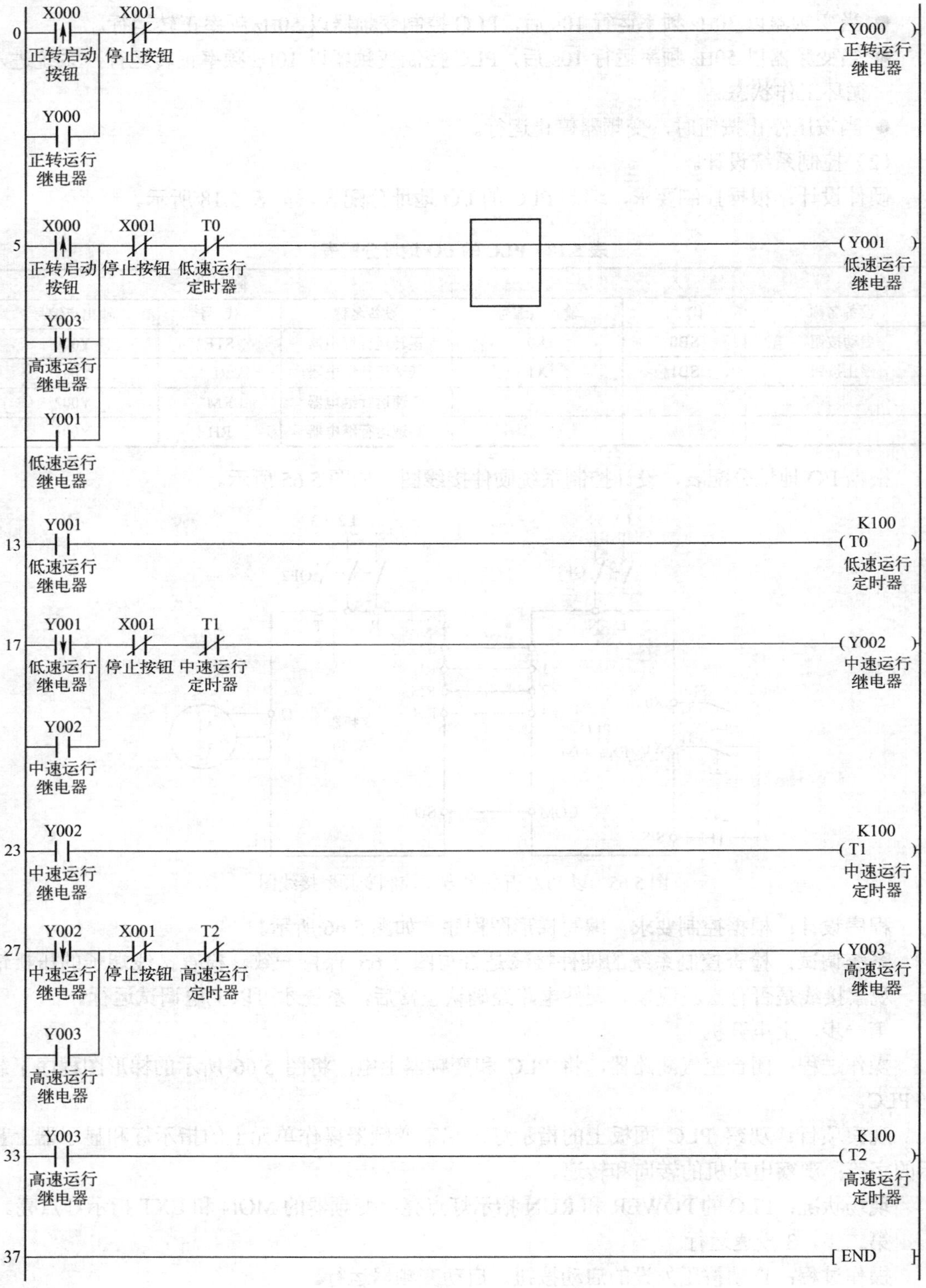

图 5.66　以 PLC 开关量方式控制变频器程序

现场状况：电动机正向旋转。在 0～10s，PLC 的 Y0 和 Y1 指示灯点亮；变频器的 FWD 指示灯点亮，显示器上显示的字符为"10.00"；在 10～20s，PLC 的 Y0 和 Y2 指示灯点亮；变频器的 FWD 指示灯点亮，显示器上显示的字符为"30.00"；在 20～30s，PLC 的 Y0 和 Y3 指示灯点亮；变频器的 FWD 指示灯点亮，显示器上显示的字符为"50.00"。依照以上工作过程，系统处于循环状态。

第四步，停止运行

操作过程：点动按压外设的停止按钮，停止变频器运行。

观察项目：观察 PLC 面板上的指示灯；观察变频器操作单元上的指示灯和显示器上显示的字符；观察电动机的转向和转速。

现场状况：PLC 的 Y0～Y3 指示灯熄灭；变频器的 REV 指示灯熄灭，显示器上显示的字符为"0.00"；电动机停止旋转。

4）以 PLC 模拟量方式控制变频器正/反转运行

（1）控制要求。

● 当点动按压正转按钮时，PLC 控制变频器以 30Hz 固定频率正转运行。

● 当点动按压反转按钮时，PLC 控制变频器以 20Hz 固定频率反转运行。

● 当点动按压停止按钮时，PLC 控制变频器停止运行。

（2）控制系统设计。

硬件设计：根据控制要求，编制 PLC 的 I/O 地址分配表，如表 5.19 所示。

表 5.19 PLC 的 I/O 地址分配表

外部输入设备		PLC				变频器		
		输入端子		输出端子		输入端子		输出端子
设备名称	符号	编 号		输出点编号		输入点代号		输出点代号
启动按钮	SB0	X0		正转继电器	Y2	正转	STF	
启动按钮	SB1	X1		反转继电器	Y3	正转	STR	电压端子	AM
停止按钮	SB2	X2						

根据 PLC 的 I/O 地址分配表，设计以 PLC 模拟量方式控制变频器接线图，如图 5.67 所示。

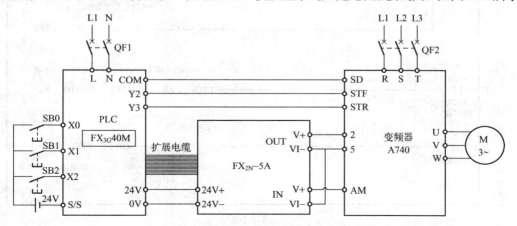

图 5.67 以 PLC 模拟量方式控制变频器接线图

程序设计：变频器运行频率的设定（即 D/A 转换）使用输出通道 1，确定通道字为 HFFF0；变频器运行频率的采样（即 A/D 转换）使用输入通道 2，确定通道字为 HFF0F；运行频率由 PLC 的 D0 单元设定（初始值为 16000）。根据控制要求，编写梯形图程序，如图 5.68 所示。

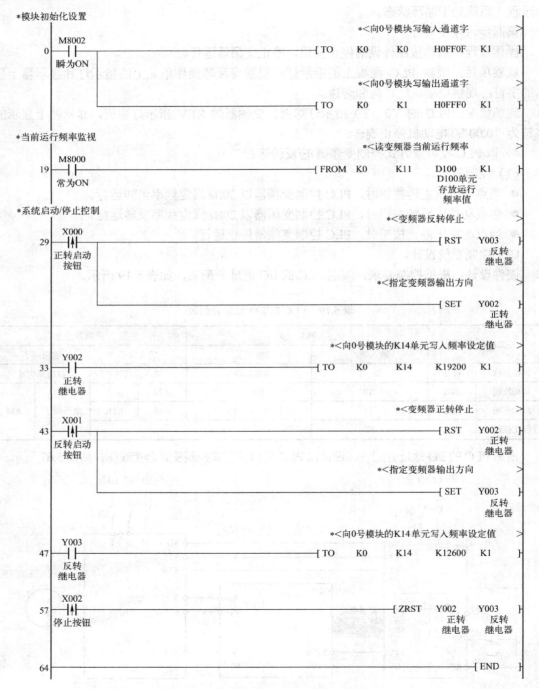

图 5.68　以 PLC 模拟量方式控制变频器程序

系统调试：检查控制系统的硬件接线是否与图 5.67 保持一致，检查接线端子的压接情况，观察接线是否有松脱现象。硬件电路经确认正常后，系统才可以上电调试运行。

【步骤1】　上电开机。

操作过程：闭合空气断路器，将 PLC 和变频器上电；设置变频器功能参数 Pr.73=0、Pr.79=2；将图 5.68 所示的梯形图程序下载到 PLC。

观察项目：观察 PLC 面板上的指示灯，观察变频器操作单元上的指示灯和显示器上显示的字符，观察电动机的转向和转速。

现场状况：PLC 的 POWER 和 RUN 指示灯点亮；变频器的 MON 和 EXT 指示灯点亮。

【步骤2】　启动正转运行。

操作过程：点动按压外设的正转按钮，启动变频器正转运行。

观察项目：观察 PLC 面板上的指示灯，观察变频器操作单元上的指示灯和显示器上显示的字符，观察电动机的转向和转速。

现场状况：PLC 的 Y2 指示灯点亮，变频器的 FWD 指示灯点亮，显示器上显示的字符为 "25.00"，电动机正向旋转。

【步骤3】　启动反转运行。

操作过程：点动按压外设的反转按钮，启动变频器反转运行。

观察项目：观察 PLC 面板上的指示灯，观察变频器操作单元上的指示灯和显示器上显示的字符，观察电动机的转向和转速。

现场状况：PLC 的 Y3 指示灯点亮，变频器的 REV 指示灯点亮，显示器上显示的字符为 "20.00"，电动机反向旋转。

【步骤4】　停止运行。

操作过程：点动按压外设的停止按钮，停止变频器运行。

观察项目：观察 PLC 面板上的指示灯，观察变频器操作单元上的指示灯和显示器上显示的字符，观察电动机的转向和转速。

现场状况：PLC 的 Y3 指示灯熄灭；变频器的 REV 指示灯熄灭，显示器上显示的字符为 "0.00"；电动机停止旋转。

5）以 PLC 通信方式控制变频器单向连续运行

（1）控制要求。

● 根据 RS-485 通信控制要求，分别对 PLC 和变频器进行通信设置。

● 编写 RS-485 通信控制程序，将变频器的工作模式设定为 NET 模式。

● 当点动按压启动按钮时，PLC 控制变频器以 25Hz 固定频率正转运行。

● 当点动按压停止按钮时，PLC 控制变频器停止运行。

● 对变频器的运行参数（输出频率、输出电流和输出电压）进行实时监视。

（2）控制系统设计。

硬件设计：根据控制要求，编制 PLC 的 I/O 地址分配表，如表 5.20 所示。

表 5.20　PLC 的 I/O 地址分配表

外部输入设备		PLC	
		输入端子	输出端子
设备名称	符号	编　号	RS-485 通信线缆
启动按钮	SB0	X0	
停止按钮	SB2	X2	

根据 PLC 的 I/O 地址分配表，设计以 PLC 通信方式控制变频器接线图，如图 5.69 所示。

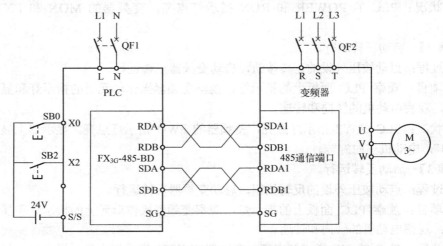

图 5.69　以 PLC 通信方式控制变频器接线图

程序设计：根据控制要求，编写梯形图程序，如图 5.70 所示。

系统调试：检查控制系统的硬件接线是否与图 5.69 保持一致，检查接线端子的压接情况，观察接线是否有松脱现象。硬件电路经确认正常后，系统才可以上电调试运行。

● 通信设置。

【步骤1】 上电开机。

操作过程：闭合空气断路器，将 PLC 和变频器上电。

观察项目：观察 PLC 面板上的指示灯；观察变频器操作单元上的指示灯和显示器上显示的字符；观察电动机的转向和转速。

现场状况：PLC 的 POWER 和 RUN 指示灯点亮；变频器的 MON 和 EXT 指示灯点亮，显示器上显示的字符为 "0.00"；电动机不旋转。

【步骤2】 设置通信参数。

操作过程：打开 GX works2 编辑软件，创建名称为 "变频器通信控制单向连续运行" 的新文件；对 PLC 进行通信参数设置；将变频器运行模式切换为 PU 状态，对变频器进行通信参数设置。

观察项目：观察 PLC 面板上的指示灯，观察变频器操作单元上的指示灯和显示器上显示的字符，观察电动机的转向和转速。

现场状况：PLC 的 POWER 和 RUN 指示灯点亮；变频器的 MON 和 EXT 指示灯点亮，

显示器上显示的字符为"0.00"；电动机不旋转。

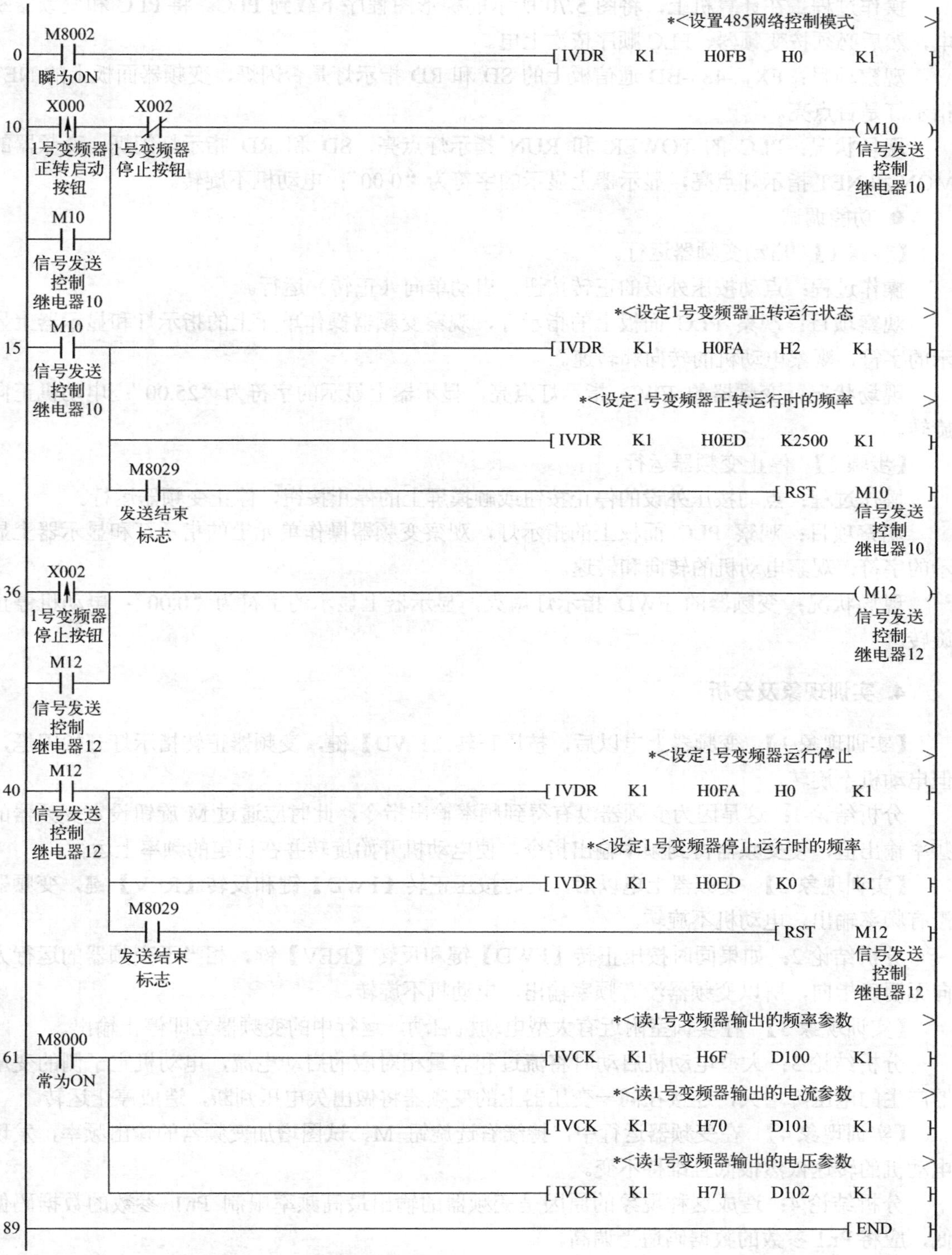

0	M8002 瞬为ON			*<设置485网络控制模式 [IVDR K1 H0FB H0 K1]		
10	X000 1号变频器正转启动按钮 M10 信号发送控制继电器10	X002 1号变频器停止按钮				(M10) 信号发送控制继电器10
15	M10 信号发送控制继电器10			*<设定1号变频器正转运行状态 [IVDR K1 H0FA H2 K1]		
				*<设定1号变频器正转运行时的频率 [IVDR K1 H0ED K2500 K1]		
	M8029 发送结束标志			[RST M10] 信号发送控制继电器10		
36	X002 1号变频器停止按钮 M12 信号发送控制继电器12					(M12) 信号发送控制继电器12
40	M12 信号发送控制继电器12			*<设定1号变频器运行停止 [IVDR K1 H0FA H0 K1]		
				*<设定1号变频器停止运行时的频率 [IVDR K1 H0ED K0 K1]		
	M8029 发送结束标志			[RST M12] 信号发送控制继电器12		
61	M8000 常为ON			*<读1号变频器输出的频率参数 [IVCK K1 H6F D100 K1]		
				*<读1号变频器输出的电流参数 [IVCK K1 H70 D101 K1]		
				*<读1号变频器输出的电压参数 [IVCK K1 H71 D102 K1]		
89				[END]		

图 5.70　PLC 通信方式控制变频器程序

【步骤3】 建立通信链接。

操作过程：在计算机上，将图 5.70 所示的梯形图程序下载到 PLC。将 PLC 和变频器断电，然后必须按变频器、PLC 顺序依次上电。

观察项目：FX$_{3G}$-485-BD 通信板上的 SD 和 RD 指示灯是否闪烁，变频器面板上的 NET 指示灯是否点亮。

现场状况：PLC 的 POWER 和 RUN 指示灯点亮，SD 和 RD 指示灯闪烁；变频器的 MON 和 NET 指示灯点亮，显示器上显示的字符为"0.00"；电动机不旋转。

● 功能调试。

【步骤1】 启动变频器运行。

操作过程：点动按压外设的正转按钮，启动单向（正转）运行。

观察项目：观察 PLC 面板上的指示灯，观察变频器操作单元上的指示灯和显示器上显示的字符，观察电动机的转向和转速。

现场状况：变频器的 FWD 指示灯点亮，显示器上显示的字符为"25.00"；电动机正向旋转。

【步骤2】 停止变频器运行。

操作过程：点动按压外设的停止按钮或触摸屏上的停止按钮，停止变频器运行。

观察项目：观察 PLC 面板上的指示灯，观察变频器操作单元上的指示灯和显示器上显示的字符，观察电动机的转向和转速。

现场状况：变频器的 FWD 指示灯熄灭，显示器上显示的字符为"0.00"；电动机停止旋转。

4. 实训现象及分析

【实训现象1】 变频器上电以后，按压正转【FWD】键，变频器正转指示灯开始闪烁，但电动机不旋转。

分析结论 1：这是因为变频器没有得到频率输出指令，此时应通过 M 旋钮设定变频器的频率输出值，使变频器得到频率输出指令，使电动机开始旋转并在设定的频率上运行。

【实训现象2】 变频器上电以后，同时按压正转【FWD】键和反转【REV】键，变频器没有频率输出，电动机不旋转。

分析结论 2：如果同时按压正转【FWD】键和反转【REV】键，相当于变频器的运行方向无明确指向，所以变频器没有频率输出，电动机不旋转。

【实训现象3】 在实训室附近有大型电动机启动，运行中的变频器立即停止输出。

分析结论 3：大型电动机启动时将流过和容量相对应的启动电流，电动机定子侧的变压器产生的电压降增大，连接在同一变压器上的变频器将做出欠电压判断，造成停止运转。

【实训现象4】 在变频器运行中，持续右选旋钮 M，试图增加变频器的输出频率，发现电动机的转速依然很低且维持不变。

分析结论 4：造成这种现象的原因是变频器的输出最高频率限制 Pr.1 参数的数据码偏低，应将 Pr.1 参数的数据码适当调高。

【实训现象5】 变频器进入参数 Pr.7 的设定模式以后，数据码的显示值为 5.0。转动旋钮 M，发现监视器显示的数始终跟随旋钮 M 变化，但当再次查看数据码时，却发现数据码的显示值仍然是 5.0。

分析结论 5：这是因为变频器在上一次运行过程中，使用了参数写保护功能，功能参数 Pr.77 已经设定为 1，所以任何写入操作均无效。

【实训现象 6】 变频器上电以后，当按压【FWD】键时，FWD 指示灯只是闪烁，变频器不能驱动电动机正转运行；当按压【REV】键时，REV 指示灯常亮，变频器能驱动电动机反转运行。

分析结论 6：这是因为变频器在上一次运行过程中，使用了反转防止功能，功能参数 Pr.78 已经设定为 2，所以键盘正转操作无效。

【实训现象 7】 变频器上电以后，当按压【FWD】键时，FWD 指示灯只是闪烁，变频器不能驱动电动机正转运行；当按压【REV】键时，REV 指示灯也只是闪烁，变频器不能驱动电动机反转运行。

分析结论 7：这是因为变频器在上一次运行过程中，对功能参数 Pr.13 进行了设定，使变频器的启动频率高于了实际运行频率，所以变频器不能正常启动。

5. 针对实践现象、联系工程实际问题

问题情境 1：变频器在运行过程中，如果逆时针旋转旋钮 M，频率按预置的降速时间开始降速；按顺时针旋转旋钮 M，频率按预置的升速时间开始上升。

趣味问题 1：仔细观察不难发现，不管是频率的上升还是下降，其参数的变化率总是一个渐进的过程。以频率参数为例，起初调整幅度很小，单位为 0.01Hz，如果调整时间继续持续后延，频率的调整幅度就跟随依次加大，单位由 0.01Hz 加大到 1Hz，甚至 10Hz。那么参数调整的这个渐进过程在实际工程中有什么用处呢？

工程答案 1：起初的调整或是短暂的调整主要目的是对变频器的参数做精细准确的修正，所以变频器在系统软件设计时就设定了起始段参数调整的极小幅度。例如，对于 4 极电动机来说，0.01Hz 频率的改变，仅相当于转速改变 0.3r/min，由此可见转速微调的精度很高。同样为了缩短调整时间，也设定了参数调整的较大幅度，使被调参数快速接近目标值，然后再做精细修正。所以变频器参数调整的渐进过程在实际工程上非常实用。

问题情境 2：在变频器实际应用过程中，工厂经常用普通电动机当成变频专用电动机来使用。

趣味问题 2：使用变频器供电驱动时，普通电动机的温升为什么比工频电源供电驱动时高？为什么要尽量选用变频专用电动机？

工程答案 2：不论哪种形式的变频器，在运行中均会产生不同程度的谐波电压和电流，使电动机在非正弦电压电流下运行。谐波能引起电动机铜耗、铁耗及附加损耗的增加，这些损耗都会使电动机额外发热，如果将普通电动机运行于变频器输出的非正弦电源条件下，其温升一般要增加 10%～20%，所以使用变频器时，普通电动机的温升比工作频率时高。由于普通电动机都是按恒频恒压设计的，不可能完全适应变频调速的要求，性能没有变频专用电动机好，频率太高或太低都会运行不稳定，在低频下转矩波动很大。当电源频率较低时，电源中高次谐波所引起的损耗较大，致使普通电动机温升增大；另外低频时它自带的风扇不足以冷却自身，更会加剧电动机温升的提高。电动机温升增大会影响绕组的使用寿命，限制电动机的输出，严重的甚至会烧毁电动机，所以变频器要尽量与变频专用电动机配套使用。

 **网上学习**

1. 学习课题

（1）什么是通用变频器？

（2）上网查找高等职业院校"变频器应用技术"精品课程方面的教学内容，特别是相应教学视频和课件。

（3）上网查找外国品牌、合资品牌和自主品牌的变频器在主要技术参数上的差别。

（4）上网查找并观看变频器面板操作视频（机型不限）。

（5）进入并参与网上"变频器论坛"，学习网友的工程实践经验。

2. 学习要求

（1）在学习中要认真记好学习记录，记录可以是纸介质形式也可以是电子文档形式。

记录的内容应包括学习课题中的相关问题答案、搜索网址、多媒体资料等。

（2）收集 5～10 条有参考和学习价值的网络论坛帖子。

（3）网络资讯交流。在每次课前，开展"我知、我会"小交流，挑选优秀网络视频课件，组织同学集体在线观看。

 思考题与习题

（1）什么是变频技术？变频技术的发展方向是什么？我国变频调速技术的发展概况如何？

（2）变频器的种类及应用范围是什么？

（3）变频器的外形有哪些种类？说明变频器的基本组成。

（4）电压型变频器和电流型变频器的主要区别在哪里？

（5）交—直—交变频器主要由哪几部分组成？试简述各部分的作用。

（6）变频器接线时应注意什么事项？多台变频器的正确接线方法是什么？

（7）已知某变频器的主电路如图 5.19 所示，试回答如下问题：

① 电阻 R_L 和晶闸管 VT 的作用是什么？

② 电容 C_{F1} 和 C_{F2} 为什么要串联使用？电容 C_{F1} 和 C_{F2} 串联后的主要功能是什么？

③ 电阻 R_{C1} 和二极管 VD_1 的作用是什么？

（8）变频器的主电路端子有哪些？分别与什么相连接？

（9）变频器的控制端子大致分为哪几种？

（10）变频器的基本频率参数如何预置？

（11）什么是 U/f 控制？变频器在变频时为什么还要变电压？

（12）说明变频器的 SPWM 控制原理。

（13）变频器有哪些运行功能要进行设置？如何设置？

项目 6 直流斩波器

预期目标

知识目标：

（1）了解直流斩波的工作原理。
（2）掌握直流斩波器基本电路。
（3）了解直流斩波器在电力传动中的应用。
（4）了解直流变换器的脉宽调制控制技术及应用。

能力目标：

（1）能够区分直流斩波器种类，会分析其工作原理。
（2）能够简单分析脉宽调制控制技术及应用。

项目情境

直流电动机调速控制的视频播放

【任务描述】

以直流电动机调速控制为背景，介绍直流变换器的脉宽调制控制技术，进而导入直流斩波器的应用。

【实验条件】

多媒体教室（包含计算机、投影仪）、控制台。

【活动提示】

直流斩波器是随着电力电子技术的进步而发展起来的一门新技术，通过直流斩波器可以实现直流电压的调整，即 DC/DC。请同学们列举直流调压应用实例，从中发现直流斩波器技术的优势，提高同学们的专业学习兴趣。

项目资讯 1 直流斩波器的工作原理

6.1 直流斩波器概述

直流斩波器又称为直流调压器或直流－直流变换器，如图 6.1 所示。它是利用开关器件来实现通断控制，将直流电源电压断续加到负载上，通过通、断时间的变化来改变负载上的

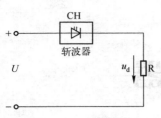

图 6.1　直流斩波电路

直流电压平均值，将固定电压的直流电源变成平均值可调的直流电源。它具有效率高、体积小、质量小、成本低等优点，现广泛应用于地铁、电力机车、城市无轨电车及电瓶搬运车等电力牵引设备的变速拖动中。

构成直流斩波器的开关器件过去用得较多的是普通晶闸管，它们本身没有自关断的能力，必须有附加的关断电路，增加了装置的体积和复杂性，增加了损耗，而且由它们组成的斩波器开关频率低，输出电流脉动较大，调速范围有限。自 20 世纪 70 年代以来，电力电子器件迅速发展，研制并生产了多种既能控制其导通又能控制其关断的全控型器件，如门极可关断晶闸管、电力电子晶体管、电力场效应管、绝缘栅双极型晶体管等，由于采用了全控型器件，既省去了换流关断电路，提高了斩波器的频率，又减少了体积和重量。

直流斩波器主要有以下两种控制方式。

1. 时间比控制方式

输出平均电压的调制方法有以下三种。

（1）脉冲宽度调制（PWM）。开关器件的通断周期 T 保持不变，只改变器件每次导通的时间，也就是脉冲周期不变，只改变脉冲的宽度，即定频调宽。如图 6.2（a）所示，在通断频率（通断周期 T）一定时，调节脉冲宽度 τ，τ 值在 $0 \sim T$ 之间变化，负载电压在 $0 \sim U$ 之间变化。

（2）脉冲频率调制（PFW）。开关器件每次导通的时间不变，只改变通断周期 T 或开关频率，也就是只改变开关的关断时间，即定宽调频。如图 6.2（b）所示，在脉冲宽度 τ 一定时，改变电力电子器件通断频率 f，当 f 增加则周期 T 减小，使 $T=\tau$ 时电路全导通，$u_d=U$；当 f 下降则周期 T 增大时，u_d 减少。

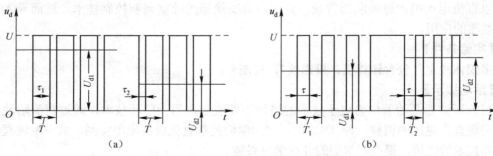

图 6.2　时间比控制方式的负载电压波形

（3）两点式控制。开关器件的通断周期 T 和导通时间均可变，即调宽调频，也可称为混合调制。当负载电流或电压低于某一最小值时，使开关器件导通；当电流或电压高于某一最大值时，使开关器件关断。导通和关断的时间及通断周期都是不确定的。

以上三种控制方法都是改变通断比，实现改变斩波器的输出电压，较常用是改变脉宽。

2. 瞬时值和平均值控制方式

对于采用直流斩波器进行调速的车辆或其他电力电子装置在加速时，为使其加速度恒定，要进行恒流控制。在进行恒流控制时，可采用瞬时值和平均值控制。

（1）瞬时值控制。电流瞬时值与预先设定的直流电流的上限值 I_{max} 和下限值 I_{min} 相比较，如果电流的瞬时值小于电流的下限值，控制斩波器开通；如果电流的瞬时值大于电流的上限值，控制斩波器关断。这种控制方式称为瞬时值控制，如图 6.3 所示。这种控制方式具有瞬时响应快，要采用开关频率高的控制器件来作为斩波器的主电路元件。

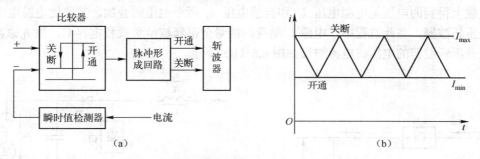

图 6.3　瞬时值控制方式原理图

（2）平均值控制。将负载电流的平均值与电流给定值进行比较，用其偏差值去控制斩波器的开通与关断称为平均值控制，如图 6.4 所示。图中设置了给定斩波器工作频率的振荡器和控制导通比的移相器。对于恒流控制，一般采用平均值控制方式，因为这种控制方式工作频率稳定，但瞬时响应稍差。

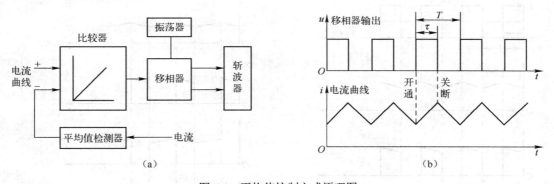

图 6.4　平均值控制方式原理图

6.2　直流斩波器的基本电路

直流斩波器的种类很多，现将常用的几种基本电路及工作原理分别加以介绍。

6.2.1　降压斩波器

降压斩波电路如图 6.5（a）所示，其中 VD 为续流管，CH 为斩波器件。由前面分析知，$u_d = \dfrac{\tau}{T} U$，由于 $\tau < T$，所以 $u_d < U$，即负载上得到的直流平均电压小于直流输入电压，降压斩波器的电压、电流波形如图 6.5（b）所示。

6.2.2 升压斩波器

升压斩波电路如图 6.6（a）所示。当斩波器件 CH 导通后，电源 U 向电感 L 储能，电流 i_L 增大，同时电容 C 向负载放电，电压 U_d 是衰减的，二极管 VD 受反压截止。当斩波器件 CH 关断，二极管 VD 导通，电流 i_L 方向不变，自感电压 u_L 改变极性，如图 6.6（a）所示。因此负载上得到的电压是电源电压 U 和自感电压 u_L 两个电压的叠加，其值比电源电压高，称为升压斩波器，在此过程中，电感 L 储存的能量全部释放给负载和电容 C，故 i_L 衰减，u_d 增大。升压斩波器的电压、电流波形如图 6.6（b）所示。

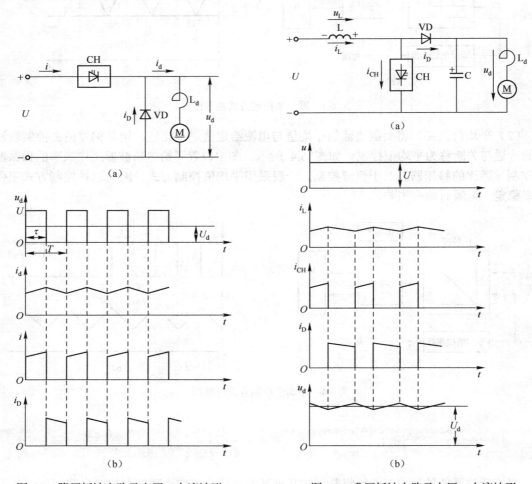

图 6.5　降压斩波电路及电压、电流波形　　　图 6.6　升压斩波电路及电压、电流波形

6.2.3 双象限斩波器

1. A 型双象限斩波器

A 型双象限斩波器是指输出平均电流极性可变，但输出电压平均值极性始终为正，即电路工作在第一和第二象限，其电路如图 6.7（a）所示。此电路可看成降压型斩波电路和升压

型斩波电路的结合，C为滤波电容。在图 6.7（b）中，斩波器件 CH_1 和二极管 VD_1 轮流工作（斩波器件 CH_2 和二极管 VD_2 关断），$i_d>0$，电路工作在第一象限，能量从电源流向负载电机，电机工作于电动运行状态。

在图 6.7（c）中，斩波器件 CH_2 和二极管 VD_2 轮流工作（斩波器件 CH_1 和二极管 VD_1 关断），$i_d<0$，电路工作在第二象限。当斩波器件 CH_2 导通，电机的反电动势 E 经 L_d 短路，i_d 的幅值增大，负载电机能量传给 L_d。当斩波器件 CH_2 关断，二极管 VD_2 导通，此时负载电机上得到的是电源电压 U 和电感 L_d 上的自感电压 u_L 的叠加，宛如一个升压电路，从而把负载电机的能量反馈给电源，电机工作于发电制动状态。控制 CH_1 的导通比可以调节电机的转速，控制 CH_2 的导通比可以调节电机的制动功率。A 型双象限斩波电路的电压、电流波形如图 6.8 所示。

由图 6.8 看出，任何时间，输出电压波形 u_d 始终在时间轴的上方，即 $u_d>0$，而电流 i_d 可正可负，若 $\frac{\tau}{T}U>E$ 时，电流 $i_d>0$；若 $\frac{\tau}{T}U<E$ 时，电流 $i_d<0$。

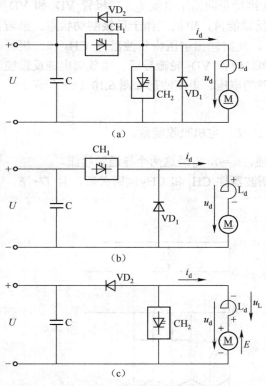

图 6.7　A 型双象限斩波电路

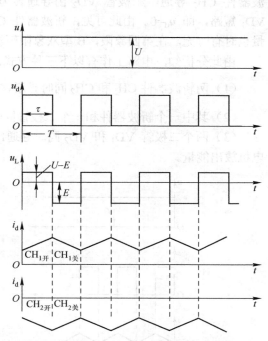

图 6.8　A 型双象限斩波电路的电压、电流波形

2. B 型双象限斩波器

B 型双象限斩波器是指输出电压极性可变，但输出电流平均值始终为正，电路工作在第一和第四象限，其电路如图 6.9 所示。

1）工作在第一象限

斩波器件 CH_1 和斩波器件 CH_2 同时导通，输出电压 $u_d=U$，$i_d>0$，负载从电源吸收能量，电机工作于电动状态。当斩波器件 CH_2 关断，为维持电流 i_d 连续，相应二极管 VD_2 导通，此时输出电压短路，即 $u_d=0$。由此可见，斩波器件 CH_2 和二极管 VD_2 轮流导通，输出电压时有时无，故输出平均电压受导通比 τ/T 的控制。在第一象限，B 型双象限斩波电路的电压、电流波形如图 6.10（a）所示。

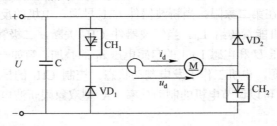

图 6.9 B 型双象限斩波电路

2）工作在第四象限

斩波器件 CH_1 和斩波器件 CH_2 同时关断，为维持正向输出电流 i_d，二极管 VD_1 和 VD_2 同时导通，输出电压 $u_d=-U$，$i_d>0$，负载向电源反馈能量，电机工作于反接制动状态。当斩波器件 CH_2 导通，二极管 VD_2 由导通转为截止，此时输出电压将斩波器件 CH_2 和二极管 VD_1 短路，即 $u_d=0$。由此可见，斩波器件 CH_2 和二极管 VD_2 轮流导通，负载向电源反馈能量也时有时无。在第四象限，B 型双象限斩波电路的电压、电流波形如图 6.10（b）所示。

由此分析知，电路工作有以下三种方式。

（1）两斩波器件 CH_1 和 CH_2 同时导通，且 $\dfrac{\tau}{T}U>E$，电机吸收能量。

（2）其中一个斩波器件和一个二极管同时导通，$u_d=0$，i_d 经这两个导通管续流。

（3）两个二极管 VD_1 和 VD_2 同时导通，两斩波器件 CH_1 和 CH_2 同时关断，且 $U<E$，电机放出能量。

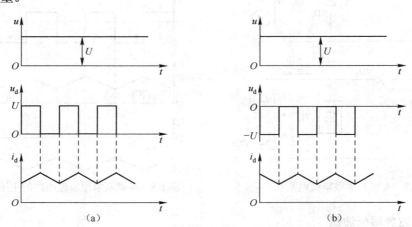

图 6.10 B 型双象限斩波电路的电压、电流波形

项目资讯2 直流斩波器在电力传动中的应用

直流电动机是通过调节其电枢或励磁绕组的电压来达到调速目的的，前者一般叫调压调

速，后者叫调磁调速。直流电动机所需的电能一般都来自交流电网，对其进行调速大致有两种方案：其一是用可控整流电路（如晶闸管整流电路）得到可以调节的直流电压供给电动机；另一种则是先用不可控整流电路对交流电进行整流，输出不可调的直流电压，然后通过直流斩波器进行直流调压。

6.3 由降压型斩波器供电的直流电力拖动

降压型斩波器的电源端接不可调的直流电源，负载端接直流电动机，构成简单的直流调速系统，如图 6.11 所示。

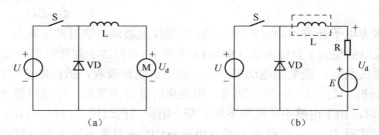

图 6.11 降压型斩波器组成的电力传动系统

降压型斩波器由电子开关 S、续流二极管 VD、电感 L 组成，如图 6.11（a）所示。电感周围虚线框的意思是电动机的转子本身就有很大的电感，实际电路中是不是再外接电感要根据具体需要而定。电动机的转子电路相当于一个电感、一个电阻和一个旋转电动势的串联，因此图 6.11（a）的等效电路如图 6.11（b）所示。如果 D 为占空比，斩波器的输出电压 U_d 应满足 $U_d=DU$。

电动机稳定运行时，电子开关在一定的占空比下工作，U_d、E 和 I_d 均保持不变，转子电流产生的转矩恰好抵消负载的阻力矩。在加速过程中，占空比增大，使得 U_d 增大，转子电流也随之增大，电动力矩大于阻力矩，电动机加速运行，随着速度的上升，旋转电动势 E 也在增大，转子电流和电动力矩减小，当电动力矩减小到又与负载的阻力矩相等时，电动机停止加速。但是，这种电路不能控制电动机的减速。如果欲使电动机减速，只能做以下处理。减小占空比使 U_d 减小，转子电流 I_d 也随之减小，电动力矩小于负载的阻力矩产生负的加速度；或者 U_d 干脆小于 E，电动机在负载力矩的作用下减速。由此可见，要想快速地制动只能采取能耗制动或摩擦制动等措施，使电动机在较短的时间减速或停机。并且，电动机的制动能量也不可能回馈到电网。

6.4 由降压和升压斩波器组合供电的直流电力拖动

用一个降压斩波器和一个升压斩波器组合起来，共同驱动一台直流电动机，可以做到既能在电动状态为电动机调速，又能为电动机施加制动力矩，并且可以将制动能量回馈到电源，其系统如图 6.12 所示。

电路中有两个电力电子开关 S_1、S_2 和两个续流二极管 VD_1、VD_2。其中，S_1、VD_2、电感、直流电源和负载组成降压型斩波器；S_2、VD_1、电感、直流电源和负载组成升压型斩

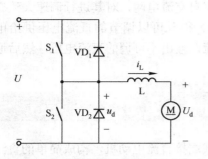

图 6.12　两象限运行的斩波器控制电力拖动系统

波器。

在电动状态，S_2 保持关断状态，S_1 按占空比的要求周期性地通断。在 S_1 接通时，电源通过 S_1 向电动机供电，并向电感补充能量，此时两个二极管都不导通，$U_d = U$。在 S_1 关断后，电源与负载之间的通路被断开，在电感的作用下，电流 i_L 经 VD_2 形成回路。此时 VD_2 两端的电压 $U_d = 0$。不难看出，这种状态电动机的端电压与电源电压之间的关系为

$$U_d = DU$$

再生制动状态电子开关 S_1 保持关断，S_2 周期性地通断。这时的电路为一个升压型斩波器，电动机的反电势相当于直流电源（图 6.12 中的 U_d 近似等于旋转电动势 E），直流电源相当于升压斩波器的负载。能量由电动机供出，被直流电源吸收，所以电感电流 i_L 为负值。S_2 导通时，电动机、电感和 S_2 形成回路，电流逆时针方向流动，电动机输出电能被电感储存。当 S_2 关断时，由于电感中的电流不能突变，电流只能通过二极管 VD_2 流向电源，此时电流的途径为（实际方向）：电动机上端→电感→VD_2→直流电源正极→直流电源负极→电动机下端。电感储存的电能被电源吸收。

无论是在降压状态还是在升压状态，电感电流 i_L 都是波动的。在 i_L 的平均值较大时，电流尽管波动但可以保证方向不变，即 i_{Lmax} 和 i_{Lmin} 同时大于 0 或小于 0。但在电流平均值较小时，如果电流波动的幅度较大，就可能出现 i_{Lmax} 和 i_{Lmin} 符号不同的现象，此时在一个工作周期中电感电流的方向改变两次，如图 6.13 所示。

在这种状态下的一个周期中，S_1、S_2、VD_1、VD_2 这 4 个开关器件是交替配合工作的，其控制规律如下：在电感电流 i_L 的上升阶段，为电子开关 S_1 加导通控制信号 u_{K1}；在电感电流 i_L 的下降阶段，为电子开关 S_2 加导通控制信号 u_{K2}。由于电子开关实际上都是单向导电的全控型电力电子器件，对其施加开通驱动信号未必就能够导通，还必须要求电感电流的实际方向与电子开关的导通方向一致。因此可能出现两个电子开关都不导通的现象，在这种情况下电感电流就要通过两个二极管中的一个形成回路。下面分析一个开关周期中各阶段电路的工作情况。

当负载电流增大到最大值后，为 S_2 发出开通驱动信号，但此时电感电流的方向为正，与 S_2 的导通

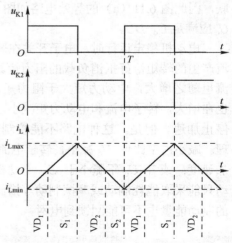

图 6.13　电感、电流的波形

方向相反，S_2 不能导通。电流只有通过二极管 VD_2 形成回路，其导电路径为：电感→电动机→VD_2→电感。此阶段电源与负载没有能量交换。电感电流从最大值逐渐下降，下降到 0 后继续向负的方向增长，但此时电感电流的方向与 S_2 导通方向一致，S_2 导通，形成以下回路：电动机→电感→S_2→电动机。电动机发出的电能被电感吸收储存。当电流下降到最小值时，一个工作周期结束。

由前面的分析可以看出，图 6.12 所示的调速系统负载电流的平均值可以为正，也可以为负。但是负载端的电压平均值的方向不能变化，即只能 $U_d \geqslant 0$。因为对于直流电动机电枢电流 I_d 与力矩 M 成正比，电枢旋转电动势 E 与转速 n 成正比，而一般情况下旋转电动势近似等于电枢两端的电压 U_d。这说明，这种电力拖动系统电动机的转速不能反向，但其力矩可以反向，并可以是电动力矩或是制动力矩。在描述机械特性的 M–n 平面上，本系统可以工作在第一和第四象限。在第一象限，电机处于电动状态，电源通过由 S_1、VD_2 组成的降压型斩波器向电机供给电能，转换成机械能。工作在第四象限时，电机处于发电状态，把由机械能转换成的电能输出给由 S_2、VD_1 组成的升压型斩波器，升压斩波器又将其传递给直流电源，形成再生制动。二象限斩波电路的机械特性，即在不同象限系统的等效电路如图 6.14 所示。

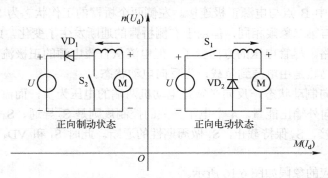

图 6.14 二象限斩波电路的机械特性

6.5 可以四象限运行的斩波器供电直流电力拖动

所谓四象限运行是指电动机既可以正转控制也可以反转控制，在正转和反转两种情况下，电动机都可以运行在电动状态也可以运行在制动状态。这种系统的主电路如图 6.15 所示，它由 4 个控制电力电子开关和 4 个二极管组成，在不同的控制信号作用下，可以组合成两种降压型斩波器和两种升压型斩波器，共四种电路形式。对于正向电动、正向制动、反向电动、反向制动这四种工作状况，各对应四种电路形式中的一种。从图 6.15 中可以看出，电路的拓扑结构为一"H"形，所以这种电路又叫 H 桥型电路。

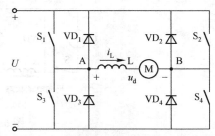

图 6.15 四象限运行的斩波器电力拖动系统的主电路

从图 6.15 中看，H 形结构的电路是对称的，但对于 4 个桥臂，控制信号是不对称的。通常通过 S_2、S_4 所在的桥臂控制电动机的正转和反转，因此这两个桥臂又称为方向臂。设负载端电压 u_d 的参考方向如图 6.15 所示，A 点为正、B 点为负。在电动机的正转状态（无论电动还是制动），S_4 始终保持导通状态，S_2 始终保持截止状态。电路中 B 点与电源负极连接。不难看出，此时的等效电路与二象限斩波电路相同。

如果欲使电动机反转，则 S_2 始终保持导通状态，S_4 始终保持截止状态，电路中 B 点与电源正极连接。此时电路也是一种二象限斩波电路，只是电源的极性反接。

在电动机正转时，如果 S_3 保持截止，S_1 做周期性的通断，则 S_1 和 VD_3 组成降压斩波器，负载电压始终为正，电感电流也始终保持正值。电源向负载输送能量。系统工作在机械特性的第一象限。

电动机正转时若 S_1 保持截止，S_3 做周期性的通断，则 S_3 和 VD_1 组成升压斩波电路，电动机两端的电压仍为正，但电感电流方向为负，说明电动机的力矩为负。此时电动机的电枢相当于升压斩波器的电源，向外供出能量，直流电源相当于升压斩波器的负载，吸收能量。系统工作在第二象限。

反向电动状态是电动机端电压和电流均为负值，属于机械特性的第三象限。此时 S_2 导通而 S_4 截止，电路中 B 点与电源正极连接。左侧两个桥臂的工作状态为 S_1 保持截止，S_3 做周期性的通断，这与第二象限相同，但由于右侧桥臂的通断发生了变化，此时 S_3 和 VD_1 组成的是降压斩波电路。尽管电压的方向变了，但电流从直流电源的正极流出而流入负载的正极，能量传递路径仍然是由电源到负载，为反向电动状态。

第四象限为反向制动状态，反向必须是电动机两端的电压为负，而制动则必须是电流与电压反向，电动机向外输出能量。4 个电子开关的控制规则是 S_2 导通、S_4 截止，保证电路中 B 点与电源正极连接，S_3 保持截止，S_1 做周期性的通断。此时 S_1 和 VD_3 组成的是升压斩波电路。

各工作状态对应的象限如图 6.16 所示。

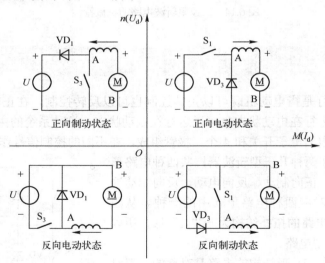

图 6.16 四象限运行的等效电路

6.6 升压斩波器在串级调速中的应用

串级调速是将绕线式交流异步电动机的三相转子电流通过汇流环引出，作为电源进入三相不可控整流电路进行整流，整流器的输出端与晶闸管有源逆变电路的直流侧相连接，作为有源逆变的直流电源。逆变后得到的交流电经变压器耦合又回送到电网，既达到了调速的目的，又充分利用了电能。但是，在电动机转速较低时，由于转子电压降低，整流器输出直流电压也降低。这个电压就是逆变器的直流电源电压，因为它的降低，要想不影响逆变电路的工作，就必须增大逆变角β。逆变角越大，逆变电路交流侧的功率因数就越低。如果在整流器的输出和逆变器的直流输入端之间加入一个升压型斩波器，可以提高功率因数，升压斩波器在串级调速中的应用如图 6.17 所示。

从图 6.17 中可看出，升压斩波器由电子开关 S、二极管 VD 和电感 L 构成，将不可控整流器的输出电压进行升压，然后送至晶闸管逆变电路的直流侧。调节电子开关的占空比，可以在整流电路输出不同电压的情况下使逆变器得到相对稳定的直流电压，使逆变器的逆变角保持较小的数值，从而达到提高功率因数的目的。

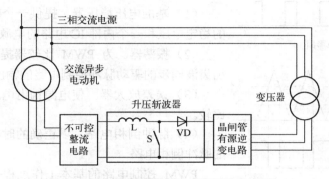

图 6.17　升压斩波器在串级调速中的应用

项目资讯 3　　直流变换器的 PWM 控制技术及应用

上述介绍的是 DC/DC 变换主路，对于同一个主电路，只要改变对其开关器件的控制方式，电路的功能就不同。它可以用于直流电机的驱动、变压器隔离式直流开关电源等。

6.7　直流 PWM 控制的基本原理及控制电路

1. 直流 PWM 控制

直流 PWM 控制方式就是一系列如图 6.18 所示的等幅矩形脉冲 u_g 对 DC/DC 变换电路的开关器件的通断进行控制，使主电路的输出端得到一系列幅值相等的脉冲，保持这系列脉冲的频率不变而宽度变化就能得到大小可调的直流电压。图 6.18 所示的等幅矩形脉冲 u_g 即称为 PWM 信号。

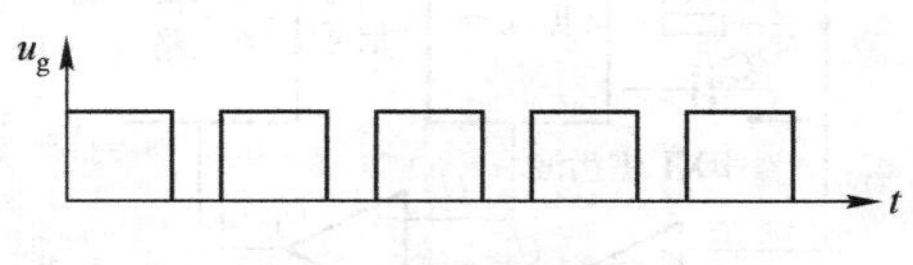

图 6.18　等幅矩形脉冲

2. PWM 信号 u_g 的产生

图 6.19（a）是产生 PWM 信号的一种原理电路。比较器 A 的反相端加频率和幅值都固定的三角波（或锯齿波）信号 u_c，而比较器 A 的同相端加上作为控制信号的直流电压 u_r，比较器将输出一个与三角波（或锯齿波）同频率的脉冲信号 u_g。u_g 的脉冲能随 u_r 变化而变化，

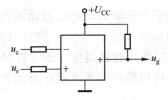

（a）产生 PWM 信号的原理电路

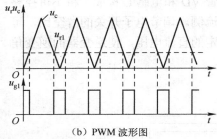

（b）PWM 波形图

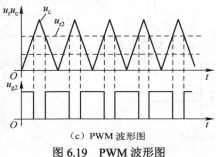

（c）PWM 波形图

图 6.19　PWM 波形图

如图 6.19（b）和图 6.19（c）所示。输出信号 u_g 的脉冲宽度是控制信号经三角波调制而成的，此过程为 PWM。由图 6.19 可见，要改变直流控制信号 u_r 的大小只要改变 PWM 信号 u_g 的脉冲宽度而不改变其频率。三角波信号 u_c 称为载波，控制信号 u_r 称为调制波，输出信号 u_g 为 PWM 波。

若用图 6.19 阐述的 PWM 信号来控制单管斩波电路，则主电路输出电压的波形与 PWM 信号的波形一致。

图 6.20 所示是 PWM 控制电路的电路组成和工作波形。PWM 控制电路由以下几部分组成。

（1）基准电压稳压器。提供一个输出电压进行比较的稳定电压和一个内部 IC 电路的电源。

（2）振荡器。为 PWM 比较器提供一个锯齿波和该锯齿波同步的驱动脉冲控制电路的输出。

（3）误差放大器。使电源输出电压与基准电压进行比较。

（4）脉冲倒相电路。以正确的时序使输出开关导通的脉冲倒相电路。

PWM 控制电路的基本工作过程是：输出开关管在锯齿波的起始点被导通。由于锯齿波电压比误差放大器的输出电压低，所以 PWM 比较器的输出较高，因为同步信号已在斜坡电压的起始点使倒相电路工作，所以脉冲倒相电路将这个高电位输出使 VT_1 导通，当斜坡电压比误差放大器的输出高时，PWM 比较器的输出电压下降，通过脉冲倒相电路使 VT_1 截止，下一个斜坡周期则重复这个过程。目前，PWM 控制器集成芯片应用广泛，如 SG1524/2524/3524 系列的 PWM 控制器，它们主要由基准电源、锯齿波振荡器、电压比较器、逻辑输出、误差放大及检测和保护环节等部分组成。

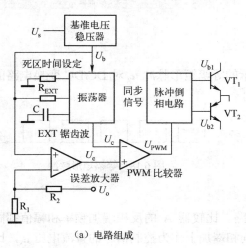

（a）电路组成

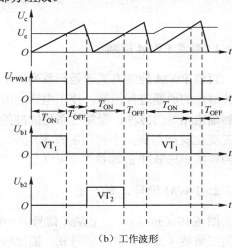

（b）工作波形

图 6.20　PWM 控制电路

6.8　直流 PWM 控制技术的应用

6.8.1　直流电机 PWM 控制

对于图 6.21 所示的全桥可逆变换电路，在输入直流电压 U_d 不变时，采用不同的控制方式，输出的直流电压 U_o 的幅度和极性均可变。将该特点应用于直流电机的调速器时，可方便地实现直流电机的四象限运行。根据输出电压波形的极性特点可分为双极性 PWM 控制方式和单极性 PWM 控制方式。

1. 双极性 PWM 控制方式

在双极性 PWM 控制方式中，将图 6.21 所示的全桥可逆变换电路的开关管分为 VT_1、VT_4 和 VT_2、VT_3 两组，每组中的两个开关同时闭合与断开，正常情况下，只有其中的一对开关处于闭合状态。

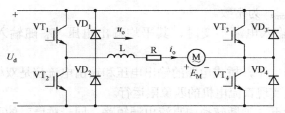

图 6.21　全桥可逆变换电路

直流控制电压 u_r 与三角波电压 u_c 比较，产生两组开关的 PWM 控制信号。当 $u_r > u_c$ 时，VT_1、VT_4 导通，VT_2、VT_3 关断；当 $u_r < u_c$ 时，VT_2、VT_3 导通，VT_1、VT_4 关断，负载上电压、电流的波形如图 6.22 所示。

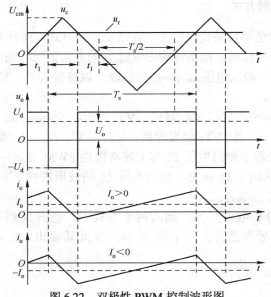

图 6.22　双极性 PWM 控制波形图

输出的电压平均值 U_o 为

$$U_o = \frac{t_{on}}{T_S}U_d - \frac{T_S - t_{on}}{T_S}U_d = \left(2\frac{t_{on}}{T_S} - 1\right)U_d = (2k_1 - 1)U_d$$

式中　$k_1 = t_{on}/T_S$，是第一组开关的占空比（第二组开关的占空比为 $k_2 = 1 - k_1$）。

当 $t_{on} = T_S/2$ 时，变换器的输出电压 U_o 为零；当 $t_{on} < T_S/2$ 时，U_o 为负；当 $t_{on} > T_S/2$ 时，U_o 为正。可见这种变换器的输出电压可在 $-U_d$ 到 $+U_d$ 之间变化，故该控制方式被称为双极性 PWM 控制方式。

在理想情况下，U_o 的大小和极性只受占空比 k_1 控制，而与输出电流无关。输出电流平均值 I_o 可正可负，即

$$U_o = \frac{U_d}{U_{cm}}u_r = cu_r$$

式中　U_{cm}——三角波的峰值；

　　　c——等于 U_d/U_{cm}，为常数。

当该变换器电路输入电源不变时，其平均输出电压 U_o 随输入控制信号 u_r 呈线性变化。

可见在这种控制方式下，桥式电路的输出电压和输出电流都是双极性的，应用于直流电机的调速时，可方便地实现直流电机的四象限运行。

在实际中，为避免开关通断转换中直流电源短路，同一桥臂对的两个开关管应有很短时间内的同时关断期，这段时间成为空隙时间。但在理论上，假设开关都是理想的，具有瞬时开断能力，则认为同一桥臂对的两个开关管互补导通，即不存在两个开关管同时断开、同时导通的现象，这时输出电流将是连续的。

2. 单极性 PWM 控制方式

对于图 6.21 所示的全桥可逆变换电路，若改变控制方式，使开关管 VT_1 和 VT_3 同时接通，或者 VT_2 和 VT_4 同时接通，则不管输出电流 i_o 的方向如何，输出电压 $U_o = 0$。针对该特点，可由三角波电压 u_c 与控制电压 u_r 和 $-u_r$ 做比较，以确定 VT_1、VT_2 和 VT_3、VT_4 的驱动信号，如图 6.23 所示。

如果电路在工作过程中，保持 VT_4 导通，VT_3 关断。若 $|-u_r| > u_r$，则 VT_1 触发导通，VT_2 关断，$U_o = U_d$；若 $|-u_r| < u_r$，则 VT_2 触发导通，VT_1 关断，$U_o = 0$。如图 6.23 所示，在这种 PWM 控制方案中，变换器平输出电压 U_o 与上述双极性 PWM 方案中完全相同，上述表达式在这里可以同样使用。从图 6.23 可见，输出电压 U_o 的波形在 $+U_d$ 与 0 之间跳跃，故该控制方式被称为单极性 PWM 控制方式。

在单、双极型 PWM 电压开关控制的两个方式中，若开关频率相同，则单极性控制方式中输出电压的谐波频率是开关频率的 2 倍，因此其输出电压与频率响应更好，纹波幅度小。

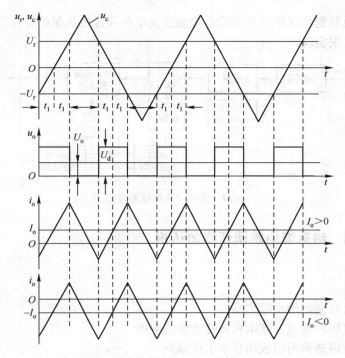

图 6.23　单极性 PWM 控制波形图

3. PWM 控制的优点

（1）采用全控型器件的 PWM 调速，其 PWM 电路的开关频率高，一般在几千赫兹，因此系统的频带宽，响应速度快，动态抗扰能力强。

（2）由于开关频率高，仅靠电动机电枢电感的滤波作用就可以获得脉动很小的直流电流，电枢电流容易连续，系统的低速性能好，稳速精度高，调速范围宽，同时电动机的损耗和发热都较小。

（3）在 PWM 系统中，主回路的电力电子器件工作在开关状态，损耗小，装置效率高，而且对交流电网的影响小，没有晶闸管整流器对电网的"污染"，功率因数高，效率高。

（4）主电路所需的功率元器件少，线路简单，控制方便。目前，受到器件容量的限制，PWM 直流调速系统只用于中、小功率的系统。

6.8.2　直流开关电源

传统的直流稳压器电源（如串式线性稳定电源）效率低、损耗大、温升高，且难以解决多路不同等级电压输出的问题。随着电力电子技术的发展，开关电源因其具有高效率、高可靠性、小型化、轻型化的特点而成为电子、电器、自动化设备的主流电源。微机开关电源原理框图如图 6.24 所示，输入电压为 220V 及 50Hz 的交流电，经滤波、整流后变为 300V 左右的高压直流电，然后通过功率开关电路的导通与截止将直流电压变成连续的脉冲，再经变压器隔离降压及输出滤波后变为低电压的直流电。开关电路的导通与截止由 PWM 驱动电路发出的驱动信号控制。PWM 驱动电路在提供开关驱动信号的同时，还要实现输出电压稳定的调节,并对电源负载提供保护,为此设有检测放大电路及过电压保护等环节,通过自动调节开关电路的占空比来实现。

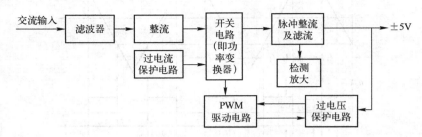

图 6.24　微机开关电源原理框图

 项目实训　对直流电机调速器的认识

1. 实训目标

(1) 了解直流斩波器的实际产品。

(2) 了解直流斩波器在直流电机调速方面的应用。

(3) 了解直流调速器的组成和基本工作原理。

(4) 了解直流调速器的一般故障及排除方法。

2. 实训场所及器材

(1) 地点:多媒体教室或实训室。

(2) 器材:计算机、投影仪、控制台。

3. 实训步骤

1) 观看视频资讯

相关要求:课前指导教师向学生下达直流斩波器应用资讯搜索任务,搜索范围主要包括直流斩波器产品、直流电机调速、开关电源等。指导教师经认真筛选学生上交的视频资讯后,挑选有代表性的资讯组织学生集体观看。在视频播放前,各实训小组派代表进行视频内容简述;在视频播放中,各实训小组组长进行视频内容现场解说。

2) 直流斩波器应用技术讨论

建议讨论以下题目。

(1) 直流斩波器对电力电子器件的要求。

(2) 直流斩波器的作用。

(3) 直流斩波调速与可控整流调速的比较。

4. 实训考核方法

该项目采取单人逐项答辩式考核方法,教师对每个同学进行随机问答。

(1) 直流斩波器的结构及类型是什么?

（2）直流斩波器有哪些应用？

（3）直流斩波器的发展方向是什么？

（4）直流斩波器产品名称有哪些？

5. 项目实训报告

项目实训报告内容应包括项目实训目标、项目实训器材、项目实训步骤、视频资讯、直流斩波器应用技术讨论等。

 网上学习

网上学习是培养学生学习能力、创新能力的一种新形式，也是学生获取和扩大专业学习资讯的一种重要途径。学习时间在课外，由学生自己灵活掌握，但学习内容和范围则由老师给出要求或建议。

1. 学习课题

（1）我国直流斩波器的产品有哪些？生产这些产品的知名厂商有哪些？商标、品牌分别是什么？

（2）我国直流斩波器有哪些应用？它们有何特点？

（3）上网查找直流斩波器产品的图片，下载 5～10 张有代表性的照片用于同学间学习交流。

2. 学习要求

（1）在学习中要认真记好学习记录，记录可以是纸介质形式也可以是电子文档形式。记录的内容应包括学习课题中的相关问题答案、搜索网址、多媒体资料等。

（2）每人写出 500 字以内的学习总结或提纲。

（3）学习资讯交流。在每次课前，开展"我知、我会"小交流，挑选有学习"成果"、有代表性的同学进行发言。

 思考题与习题

（1）什么是直流斩波器？它有哪些方面的应用？

（2）直流斩波器主要有几种控制方式？

（3）直流斩波器的种类有哪些？常用的有几种基本电路？

（4）试比较降压斩波电路和升压斩波电路，说明它们的异同点。

（5）试以降压直流斩波器为例，简要说明直流斩波器具有直流变压器的效果。

（6）试说明直流斩波器在电力传动中的应用。

（7）用全控型电力电子器件组成的斩波器与普通晶闸管组成的斩波器相比较，都有哪些优点？

项目 7 交流变换器

 预期目标

知识目标：

（1）了解交流变换电路及变换器类型。

（2）掌握双向晶闸管的结构、特性、触发方式及主要参数。

（3）掌握交流调压器电路结构、原理及应用。

（4）了解交流调功器电路结构、原理及应用。

（5）了解无触点开关的常见形式及应用。

（6）掌握固态继电器的结构、原理、特点及应用。

能力目标：

（1）掌握双向晶闸管的外形结构，能熟练对其进行测量及鉴别。

（2）掌握晶闸管交流开关的使用。

（3）能对调功器进行电路分析，掌握调功器的控制方法。

（4）能熟练地对固态继电器进行测量及接线操作。

（5）了解交流调压典型设备的原理、操作及故障维修。

 项目情境

---

1. 对双色调光灯的认识

【任务描述】

双色调光灯电路如图 7.1 所示，其 PCB 如图 7.2 所示。按实践步骤要求，对电路进行搭接、通电观察灯泡的亮度。

（1）检查电路板、元器件及工具。

（2）观察双向晶闸管外形结构，用万用表测量双向晶闸管极间电阻、判别引脚极性及质量好坏。

（3）按 PCB 图搭接实践电路。

（4）闭合开关 S，调节电位器 RP，观察灯泡亮度及测量灯泡端电压。

（5）断开开关 S，观察灯泡亮度及测量灯泡端电压。

相关要求：根据电路原理图识别元器件，对焊接点及整板进行工艺质量检查。

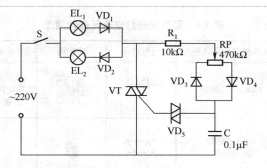

图 7.1　双色调光灯电路

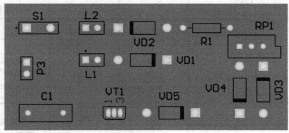

（a）正面

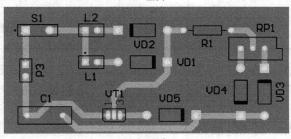

（b）反面

图 7.2　双色调光灯电路 PCB

【实验条件】

具备交流 220V 电源、元器件及连接导线、万用表、焊接工具。其元器件清单如表 7.1 所示。

【活动提示】

双色调光电路直接取用交流 220V 电源，操作具有一定危险性，所以指导老师应进行安全教育，每组学生应设一名安全员。电路搭接完成后必须经指导老师检查，经老师检查通过后方可通电。

2. 对双色调光灯的操作

将电路两引出线通过开关 S 直接接入 220V 交流电源。该电路中，由于每个灯泡流过的都是半个周期的电流，所以灯泡亮度较暗。

【步骤 1】　闭合开关 S，调节电位器 RP 的滑动端使其向右端移动。

现象：灯 EL$_1$ 渐亮，灯 EL$_2$ 渐暗。

表 7.1　双色调光灯电路元器件清单

序号	符号	元器件名称及规格	电气符号	实物图	安装要求	注意事项
1	VD1～VD4	1N4007 二极管			水平安装，紧贴电路板，剪脚留头 1mm	引脚极性
2	KS	双向晶闸管 BCR1AM			立式安装	引脚判别
3	VD	双向触发二极管 DB3			水平安装，紧贴电路板，剪脚留头 1mm	引脚极性
4	R1	10kΩ 电阻			水平安装	色环朝向一致
8	RP	470kΩ 电位器			立式安装，电位器底部离电路板 3mm ± 1mm	旋于中值
9	C	63V/0.1 μF 涤纶电容			立式安装，剪脚留头 1mm	电容极性
10	EL	电珠			绝缘包扎	螺纹口接零

　　解释：接通电源后，当 RP 的滑动端向右端移动时，电容 C 在正半周充电变快，负半周充电变慢，则 VT 在正半周的导通角增大，而负半周的导通角减小。

　　【步骤2】　闭合开关 S，调节电位器 RP 的滑动端向左端移动。

　　现象：灯 EL$_1$ 渐暗，灯 EL$_2$ 渐亮。

　　解释：接通电源后，当 RP 的滑动端向左端移动时，电容 C 在正半周充电变慢，负半周充电变快，则 VT 在正半周的导通角减小，而负半周的导通角增大。

　　综述：双色调光灯的亮度是由双向晶闸管导通时间确定的，说明双向晶闸管在正反两个方向均可由门极触发导通，在第一、三象限具有相同的伏安特性。

 项目资讯　双向晶闸管及其应用

7.1　双向晶闸管

　　双向晶闸管是把两个反向并联的晶闸管集成在同一硅片上，用一个门极控制触发的组合型器件。这种结构使它在两个方向都具有和单只晶闸管同样对称的开关特性，且伏安特性相当于两只反向并联的分立晶闸管，不同的是它由一个门极进行双方向控制。双向晶闸管主要用于交流电路的控制，如交流调压、固态继电器、电动机调速、软启动等领域。

7.1.1 双向晶闸管的结构

双向晶闸管的内部结构、等效电路及电气符号如图 7.3 所示。从图 7.3（a）、（b）中可见，双向晶闸管相当于两个晶体闸管反并联（$P_1N_1P_2N_2$ 和 $P_2N_1P_1N_4$），不过它只有一个门极 G，由于 N_3 区的存在，使得门极 G 相对于第 1 阳极端无论是正或是负都能触发，而且第 1 阳极相对于第 2 阳极既可以是正极性，也可以是负极性。

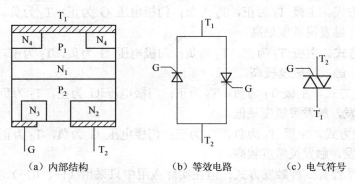

（a）内部结构　　　　　（b）等效电路　　　　　（c）电气符号

图 7.3　双向晶闸管的内部结构、等效电路及电气符号

双向晶闸管的外形与普通晶闸管的外形类似，不再赘述，这里只介绍常见几种塑封式双向晶闸管的引脚排列，如图 7.4 所示。

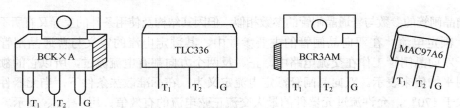

图 7.4　双向晶闸管的引脚排列

7.1.2 双向晶闸管的伏安特性

双向晶闸管在第一和第三象限有对称的伏安特性，特性曲线如图 7.5 所示，正向部分位于第 I 象限，反向部分位于第 III 象限。

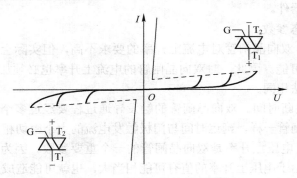

图 7.5　双向晶闸管的伏安特性

7.1.3　双向晶闸管的触发方式

由于门极的特殊结构，双向晶闸管的触发电压极性可正可负，以便开通两个反向并联的晶闸管，根据主电极间电压极性及门极信号极性的不同组合，双向晶闸管有四种触发方式，即 I+、I−、III+和 III−触发。

（1）I+触发方式。主极 T_1 为正，T_2 为负；门极电压 G 为正，T_2 为负。特性曲线在第 I 象限，为正触发，触发灵敏度最高。

（2）I−触发方式。主极 T_1 为正，T_2 为负；门极电压 G 为负，T_2 为正。特性曲线在第 I 象限，为负触发，触发灵敏度较高。

（3）III+触发方式。主极 T_1 为负，T_2 为正；门极电压 G 为正，T_2 为负。特性曲线在第 III 象限，为正触发，触发灵敏度最低。

（4）III−触发方式。主极 T_1 为负，T_2 为正；门极电压 G 为负，T_2 为正。特性曲线在第 III 象限，为负触发，触发灵敏度较高。

双向晶闸管尽管有四种触发方式，但在实际应用中只采用（I+、III−）和（I−、III−）两组触发方式，其中（I+、III−）组合适用于交流门极触发信号，（I−、III−）组合适用于直流门极触发信号。

7.1.4　双向晶闸管的主要参数

双向晶闸管的参数与普通晶闸管的参数相似，但因其结构及使用条件的差异又有所不同。

（1）额定电流。在双向晶闸管的主要参数中，其额定电流的定义与普通晶闸管有所不同，由于双向晶闸管工作在交流电路中，正、反两个方向都有电流流过，所以它的额定电流不能再用平均值来表示。双向晶闸管额定电流定义为：在标准散热条件下，当元器件的单向导通角大于 170°，允许流过元器件的最大交流正弦电流的有效值，用 $I_{T(RMS)}$ 表示。

双向晶闸管的额定电流与普通晶闸管的额定电流之间的换算关系式为

$$I_{T(AV)} = 0.45\ I_{T(RMS)}$$

以此推算，一个 100A 的双向晶闸管与两个反并联的普通晶闸管电流容量相等。

（2）通态压降。双向晶闸管每个半波都有各自的通态压降。由于结构及工艺的原因，其正、反两个通态压降值可能有较大的差别，使用时应尽量选用偏差小的，即具有比较对称的正、反通态压降的元器件。

（3）晶闸管的动态参数。

①　电流上升率。双向晶闸管对电流上升率的要求不高，但实际上仍然存在因电流上升过快而损坏元器件的可能。因此，对双向晶闸管的电流上升率也必须加以限制，具体方法与普通晶闸管的限制方法相同。

②　开通时间和关断时间。双向晶闸管的触发导通过程要经过多个晶体管的相互作用后才能完成，和普通晶闸管一样，延迟时间与门极触发电流的大小密切相关。

③　电压上升率。电压上升率是双向晶闸管的一个重要参数。因为双向晶闸管在作为电子开关器件使用时，由于电压上升率的值有可能相当大，也就可能造成元器件的损坏。

【工程经验】

　　双向晶闸管作为交流电子开关在 380V 线路中经常发生短路。究其原因主要是元器件所允许的电压上升率太小。解决这一问题的方法有两种，一种是在交流开关的主电路中串入空心电抗器，用电抗器抑制电路中的换向电压上升率，降低对双向晶闸管换向能力的要求；另一种是选用电压上升率值更高的元器件。

7.1.5　双向晶闸管的检测

1. 双向晶闸管的引脚极性判别

　　以型号为 BTA06 的塑封式双向晶闸管为检测对象，介绍双向晶闸管的测量实例，判断引脚极性，BTA06 的引脚排列如图 7.6（b）所示。

　　1）判别第 2 阳极

　　测量操作：用万用表 $R\times 1\Omega$ 挡分别测量晶闸管两引脚之间的阻值。

　　测量结论：如图 7.7 所示，当出现其中某两引脚正、反向测量都导通时，阻值在 100Ω 左右，那么这两只引脚为控制极和第 1 阳极，另一只引脚为第 2 阳极。

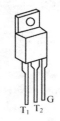

（a）实物照片　　　　　　（b）引脚排列

图 7.6　BTA06 晶闸管

（a）测量1

（b）测量1的显示数

（c）测量2

（d）测量2的显示数

图 7.7　判别第 2 阳极方法

　　2）判别控制极和第 1 阳极

　　测量操作：用万用表 $R\times 1\Omega$ 挡，将黑表笔接第 2 阳极（已知），红表笔接假设的第 1 阳极，此时万用表指针不会偏转。

测量结论：如图 7.8 所示，保持黑表笔与第 2 阳极的接触，黑表笔碰触一下控制极，即给控制极加上正的触发电压，这时如果指针右偏，阻值约 15Ω，说明第 2 阳极、第 1 阳极间已触发导通，假设正确，电流由第 2 阳极流向第 1 阳极；如果第 2 阳极、第 1 阳极间不能触发导通，则红表笔改接另一只引脚再试。

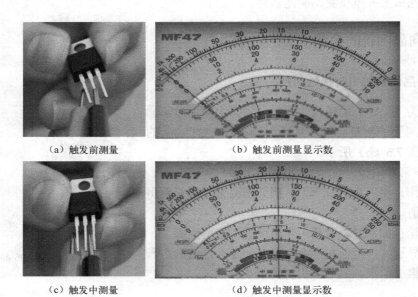

（a）触发前测量　　　　　　　　　　（b）触发前测量显示数

（c）触发中测量　　　　　　　　　　（d）触发中测量显示数

图 7.8　判别第 1 阳极方法

 【实践经验】

根据双向晶闸管封装形式，怎么来判断双向晶闸管的电极？螺栓式双向晶闸管的螺栓一端为第 2 阳极，较细的引线端为门极 G，较粗的引线端为第 1 阳极。塑封式普通晶闸管的中间引脚为第 2 阳极，该极多与自带散热片相连。金属壳封装的晶闸管，其外壳为第 2 阳极。

2. 双向晶闸管的好坏判别

因为双向晶闸管控制极与第 1 阳极两极间距离较近，因此用万用表测量控制极、第 1 阳极的正、反向电阻都应该较小（几十欧），而第 2 阳极与控制极和第 1 阳极间的正、反向电阻均应为无穷大。

在判别双向晶闸管的门极、第 1 阳极时，如果晶闸管能在正、负触发信号下触发导通，则证明该晶闸管具有双向可控性，其性能完好。

 【实践经验】

在实践中，由于单、双向晶闸管外形结构非常相似，那么怎样用万用表把它们区分开呢？先任意测晶闸管的两个极，若正、反测量指针均不动（$R \times 1\Omega$ 挡），可能是阳极、阴极或门极、阳极（对单向晶闸管），也可能是门极、第 1 阳极或第 2 阳极、控制极（对双向晶闸管）。若其中有一次测量指示为几十至几百欧，则必为单向晶闸管。且红表笔所接为阴极，黑表笔所接为门极，剩下即为阳极。若正、反向测试均为几十至几百欧，则必为双向晶闸管。再将旋钮拨至 $R \times 1\Omega$ 或 $R \times 10\Omega$ 挡复测，其中必有一次阻值稍大，则稍大的一次红表笔所接为门极，黑表笔所接为第 1 阳极，余下的是第 2 阳极。

7.1.6 双向晶闸管的型号命名原则

国家标准规定双向晶闸管的型号及其含义如下：

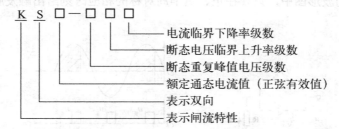

根据双向晶闸管命名原则，对于型号为 KS50—1021 的管子来说，其额定通态电流为 50A，断态重复峰值电压级数为 10 级，断态电压临界上升率为 2 级，电流临界下降率为 1 级。

7.1.7 双向晶闸管的选择原则

为了保证交流电子开关的可靠运行，必须根据开关的工作条件，合理选择双向晶闸管的额定通态电流和额定电压。

1. 电流选择原则

双向晶闸管作为交流电子开关较多用于电动机的频繁启动和制动。对于可逆运转的交流电动机，元器件的额定通态电流要根据启动或反接电流峰值来选取；对于绕线转子电动机，元器件的额定通态电流要根据电动机额定电流值的 3～6 倍来选取；对于笼型异步电动机，元器件的额定通态电流要根据电动机额定电流值的 7～10 倍来选取。

2. 电压选择原则

在选用双向晶闸管的额定电压值时，必须留有 2～3 倍的安全裕量。例如，在 380V 线路上使用的交流开关，一般应选 1000～1200V 的双向晶闸管。

7.2 交流调压器

交流调压作用是改变交流调压器输出电压的有效值。它采用相位控制方式，即在每半个周波内通过对晶闸管开通相位的控制，来调节晶闸管的导通角度，达到调节输出电压有效值的目的。交流调压广泛用于工业加热、灯光控制、感应电机调压调速，以及电焊、电解、电镀交流侧调压等场合。

7.2.1 单相交流调压电路

1. 波形分析

单相交流调压电路如图 7.9（a）所示，该电路用两只普通晶闸管反向并联或一只双向晶闸管组成主电路，接电阻性负载。在图 7.9（a）所示的电路中，当电源电压为正半波时，在 $\omega t=\alpha$ 时触发 VT_1 导通。于是有电流流过负载，$u_R>0$；当 $\omega t=\pi$ 时，电源电压过零，VT_1 自行关断，$u_R=0$。在电源的负半波 $\omega t=\pi+\alpha$ 时，触发 VT_2 导通，$u_R<0$；在 $\omega t=2\pi$ 时，VT_2 自行关断，$u_R=0$。下一个周期继续重复上述过程，在负载电阻上就得到缺角的交流电压波形。在图 7.9（b）所示的波形图中，只要在正、负半周对称的相应时刻给出触发脉冲，也能得到可调的交流电压。

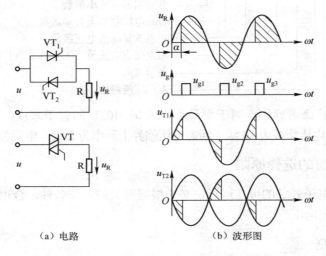

（a）电路　　　　　　　　（b）波形图

图 7.9　单相交流调压电路及波形图

2. 各电量的计算

1）输出端电压（有效值）U

$$U=U_2\sqrt{\frac{1}{2\pi}\sin 2\alpha+\frac{\pi-\alpha}{\pi}}$$

2）输出端电流（有效值）I

$$I=\frac{U}{R}=\frac{U_2}{R}\sqrt{\frac{1}{2\pi}\sin 2\alpha+\frac{\pi-\alpha}{\pi}}$$

3）反向并联电路流过每个晶闸管的电流的平均值 I_d

$$I_d=\frac{U_2}{R}\frac{\sqrt{2}}{2\pi}(1+\cos\alpha)$$

4）功率因数 $\cos\varphi$

$$\cos\varphi=\frac{P}{S}=\sqrt{\frac{2(\pi-\alpha)+\sin 2\alpha}{2\pi}}$$

3. 单相交流调压电路应用举例

1）双向晶闸管控制简易调光电路

双向晶闸管控制简易调光电路如图 7.10 所示，在该电路中使用了双向触发二极管，它是一种具有双向对称的击穿特性和负阻特性的半导体元器件，其双向触发二极管伏安特性如图 7.11 所示。

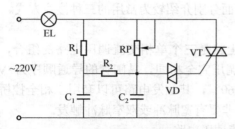

图 7.10　双向晶闸管控制简易调光电路

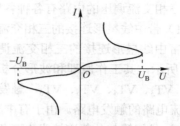

图 7.11　双向触发二极管伏安特性

2）单结晶体管控制交流调压电路

单结晶体管控制交流调压电路如图 7.12 所示。电源接通后，经桥式整流电路输出双半波脉动直流电压，再经稳压管 VS 削成梯形波电压。电位器 RP 和电容 C 为充放电定时元器件，当电容 C 两端电压充电到单结晶体管 VT_1 的峰点电压时，单结晶体管导通，输出尖脉冲，通过脉冲变压使双向晶闸管触发导通。当改变 RP 时可以改变脉冲产生的时刻，从而改变晶闸管的导通角，达到调节交流输出电压的目的。

3）K006 触发器控制交流调压电路

K006 触发器控制交流调压电路如图 7.13 所示，该触发电路主要适用于交流直接供电的双向晶闸管或反并联普通晶闸管的交流移相控制。它由交流电网直接供电，而不用外加同步信号、输出脉冲变压器和外接直流工作电源。电位器 RP_1 用于调节锯齿波斜率，R_5、C_2 用于调节脉冲的宽度，电位器 RP_2 用于调节移相角。

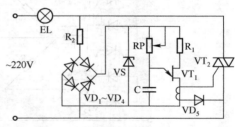

图 7.12　单结晶体管控制交流调压电路

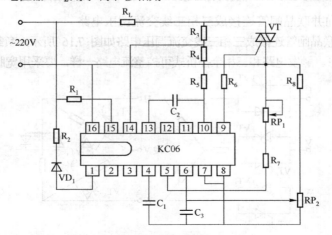

图 7.13　K006 触发器控制交流调压电路

7.2.2 三相交流调压电路

单相交流调压只适用于单相负载，如果单相负载过重，就会造成三相不平衡，影响电网供电质量，因而容量较大的负载大都分为三相。要适应三相负载的要求，就需要三相交流调压。

1. 三相交流调压主电路形式

三相交流调压的电路有各种各样的形式，下面分别介绍较为常用的三种接线方式。

1）带中线星形连接的三相交流调压电路

带中线星形连接的三相交流调压电路实际上就是三个单相交流调压电路的组合，如图7.14 所示，其工作原理和波形分析与单相交流调压完全相同。晶闸管的导通顺序为 VT_1、VT_2、VT_3、VT_4、VT_5、VT_6，触发脉冲间隔为 60°，其触发电路可以套用三相全控桥式可控整流电路的触发电路。由于有中线，故不一定非要有宽脉冲或双窄脉冲触发。

2）晶闸管与负载连接成内三角形的三相交流调压电路

晶闸管与负载连接成内三角形的三相交流调压电路如图 7.15 所示，它实际上也是三个单相交流调压电路的组合，其优点是由于晶闸管串接在三角内部，流过晶闸管的电流是相电流，故在同样线电流情况下，晶闸管电流容量可以降低。另外，线电流中没有 3 的倍数次谐波分量。缺点是负载必须能拆成三个部分才能接成此种电路。

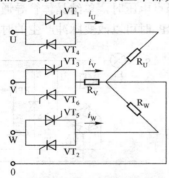

图 7.14 带中线星形连接的三相交流调压电路　图 7.15 连接成内三角形的交流调压电路

3）用三对反向并联晶闸管连接成三相三线交流调压电路

用三对反向并联晶闸管连接成三相三线交流调压电路如图 7.16 所示，负载可以连接成星形，也可以连接成三角形。触发电路和三相全控桥式可控整流电路一样，要采用宽脉冲或双窄脉冲。

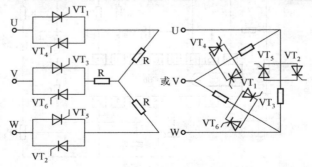

图 7.16 三相三线交流调压电路

2. 三相交流调压电路应用举例

1）电热炉的温度自动控制

用双向晶闸管控制三相自动控温电热炉的电路如图 7.17 所示。当开关 Q 拨到"自动"位置时，炉温就能自动保持在给定温度。若炉温低于给定温度，温控仪的常开触点 KT 闭合，小容量双向晶闸管 VT$_4$ 触发导通，继电器 KA 得电，，使主电路中 VT$_1$～VT$_3$ 导通，触发方式为 I+、III−，负载电阻 R$_L$（电热丝）接通电源使炉子升温。当炉温到达给定温度，温控仪的常开触点 KT 恢复断开，VT$_4$ 关断，继电器 KA 失电，双向晶闸管 VT$_1$～VT$_3$ 关断，炉子降温。因此，电热炉的温度只能在给定温度附近小范围波动，实现电热炉的温度自动控制。

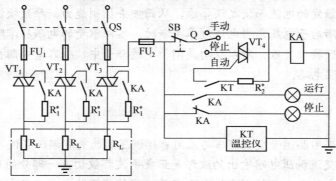

图 7.17　自动控温电热炉电路

2）电动机软启动器

电动机采用软启动器启动可以降低启动电流，减少对电网的干扰，延长机械使用寿命，减少维修工作量，避免因故障停机所造成的损失。电动机软启动器电路如图 7.18 所示。软启动与直接将电动机接至全电压启动或两级启动（如星形/三角形启动）不同，启动器给电动机的电压是从 0 逐渐到额定电压的，它的启动过程更为平滑，启动效果更好，对电网冲击和对绕组的伤害也是最小的，要优于自耦变压器降压启动。这就是软启动器在工业应用的优势所在。软启动时电压沿斜坡上升，升至全压的时间可设定在 0.5～60s 之间。软启动器也有软停止功能，其可调节的斜坡时间在 0.5～240s 之间。

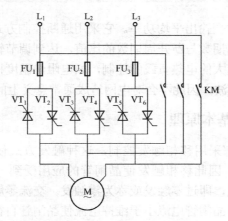

图 7.18　电动机软启动器电路图

【实践问题】

用一对反并联的晶闸管和用一只双向晶闸管进行交流调压时，它们的主要差别是什么？

双向晶闸管不论是从结构上，还是从特性上，都可以把它看成一对反并联的晶闸管集成器件。它只有一个门极，可用交流或直流脉冲触发，可正、反向导通。在交流调压或交流开关中使用，可简化结构，减少装置体积和重量，节省投资且维修方便等。

在交流调压使用一对反并联的晶闸管时，每只晶闸管至少有半个周期处于截止状态，有利于换流。而双向晶闸要承受正反向半波电流与电压，它在一个方向导通结束时，如果各PN结中的载流子还没有全部复合，这时在相反方向电压作用下，这些剩余载流子可能作为晶闸管反向工作时触发的电流而使之误导通，从而失去控制能力，导致换流失败。特别是电感性负载时，电流滞后于电压，当电流过零关断时，器件承受的电压从零瞬时升高到很高的数值时，更容易导致换流失败。所以双向晶闸管更适合于中、小容量电阻性负载的交流调压场合，如调光、调温电路。

【课堂讨论】

问题：试比较采用晶闸管交流调压与采用自耦调压器的交流调压有何不同？

答案：晶闸管交流调压电路输出的波形是正负半波都被切去一部分的正弦波，不是完整的正弦波，切去部分的大小与控制角的大小有关。这种非正弦交流电包含了高次谐波，会对交流电源及其他用电设备造成干扰。另外，随着控制角的增大，功率因数降低，因此，如果输出电流不变，要求电源容量随之增大，这是它的缺点。但是晶闸管交流调压设备重量轻，控制灵敏，易于实现远方控制和自动调节，这是它的优点。与此相反，采用自耦调压器的交流调压，输出电压不论高低总是正弦波，不会引起干扰和功率因数降低，但是它体积大，质量大，安装不方便，它的调节方式是机械方式移动碳刷位置，要实现远方操作和自动调节必须加伺服机构，比较复杂。

7.3　交流调功器

交流调功器的作用是改变输出平均功率。它采用通断控制方式，即以交流电的周期为单位，通过调节晶闸管导通周期数与断开周期数的比值，达到调节输出平均功率的目的。交流调功器广泛用于时间常数很大的电热负载的控制，如电阻炉温度控制等。由于电源接通时输出到负载上的是完整的正弦波，因此不会对电网造成通常意义上的谐波污染。

7.3.1　交流调功电路的基本原理

前面介绍的各种控制都采用移相触发控制，这种触发方式使电路中的正弦波形出现缺角，包含较大的高次谐波。因此移相触发使晶闸管的应用受到一定限制。为了克服这种缺点，可采用另一类触发方式，即过零触发或称为零触发。交流零触发开关使电路在电压为零或零附近的瞬间接通，利用晶闸管电流小于维持电流使晶闸管自行关断，这种开关对外界的电磁干扰最小。功率的调节方法如下：在设定的周期 T_C 内，用零电压开关接通几个周波然后断开几个周波，改变晶闸管在设定周期内的通断时间比例，以调节负载上的交流平均电压，即可达到调节负载功率的目的，因而这种装置称为调功器或周波控制器。

图 7.19 为设定周期 T_C 内过零触发输出电压波形的两种工作方式，如在设定周期 T_C 内导通的周波数为 n，每个周波的周期为 T（$f=50Hz$ 时，$T=20ms$），则调功器的输出功率和输出电压有效值分别为

$$P=\frac{nT}{T_C}P_n$$

$$U=\sqrt{\frac{nT}{T_C}}U_n$$

式中　　P_n、U_n——设定周期 T_C 内全部周波导通时，装置输出的功率与电压有效值。

因此，改变导通周波数 n 即可改变电压和功率。

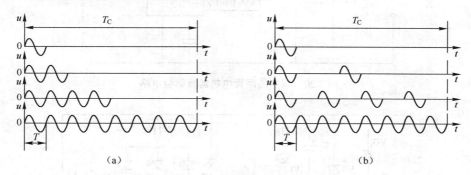

图 7.19　过零触发输出电压波形

7.3.2　交流调功电路的应用举例

1. 电热器具调温电路

基于交流调功模式的双向晶闸管电热器具调温电路如图 7.20 所示。其主电路由熔断器 FU、双向晶闸管 VT 和电热丝 R_L 组成。控制电路由 NE555 定时器为核心构成，其中通过 R_1、C_1、VD_1、VS 和 C_2 等元器件，把 220V 的交流电经降压、整流、稳压、滤波，变换成约 7.3V 的直流电作为 NE555 的工作电源。由 RP、R_2、C_3、C_4、VD_2 和 NE555 等元器件组成无稳态多谐振荡器。当 NE555 输出高电平时，双向晶闸管 VT 导通，电热丝 R_L 加热；NE555 输出低电平时，双向晶闸管 VT 关断，电热丝 R_L 停止加热。调节 RP 滑动端的位置，就可以调节 NE555 输出高、低电平的时间比，即可以调节电路的通断比，达到调节温度的目的。

2. LC906 调功电路

LC906 是一种专门用于调功控制的集成芯片，它采用 8 脚双列直插式 DIP 封装，①脚为输出指示端 3，②脚为正电源端，③脚为负电源端，④脚为控制信号输出端，⑤脚为交流电输入端，⑥脚为输出指示端 1，⑦脚为键控输入端，⑧脚为输出指示端 2。

如图 7.21 所示，220V 交流电经 C_1、R_1 降压，经 VD_1、VD_2 整流和电容滤波后，由 VS

稳定在 6V 左右，为 LC906 的②脚和③脚供电。VL 为电源指示用发光二极管。⑦脚外接挡位选择按钮 SB，用来改变④脚输出控制信号。连续按动 SB 时，输出挡位将按"1—2—3—4—5—OFF—1…"的顺序切换，以改变输出脉冲的被切割量，从而实现对双向晶闸管导通时间的控制，实现对负载功率的调节。LED₁～ LED₃为挡位指示用发光二极管。

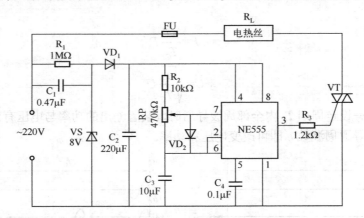

图 7.20　双向晶闸管电热器具调温电路

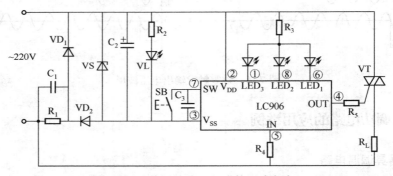

图 7.21　使用 LC906 组成的调功电路

7.4　交流无触点开关

交流无触点开关并不是调节输出平均功率，而只是根据负载的需要接通或断开电路，作为交流开关使用，所以它也称为交流电力电子开关。作为一种快速、较理想的交流开关，由于其没有触头及可动的机械机构，所以不存在电弧、触头磨损和熔焊等问题。同时，由于晶闸管总是在电流过零时关断，在关断时不会因负载或线路电感储存能量而造成暂态过电压和电磁干扰，因此特别适用于操作频繁、可逆运行及有易燃气体、多粉尘的场合。

1. 交流开关的常见形式

交流开关的工作原理是晶闸管在承受正半周期电压时触发导通，而它的关断是利用电源负半周在晶闸管上加反压来实现，在电流过零时自然关断。图 7.22（a）为普通晶闸管反并联的交流开关，当 Q 合上时，靠晶闸管本身的阳极电压作为触发电压，具有强触发性质，即使对触发电流很大的晶闸管也能可靠触发，负载上得到的基本上是正弦电压。图 7.22（b）采用双向晶闸管，为 I+、III-触发方式，线路简单，但工作频率比反并联电路低。图 7.22（c）只用一只普通晶闸管，晶闸管不受反压，由于串联元器件多，压降损耗较大。

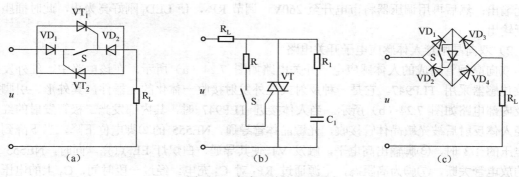

图 7.22　交流开关的常见形式

2. 交流开关的应用

1）双向晶闸管过电压和欠电压自动保护电路

双向晶闸管过电压和欠电压自动保护电路如图 7.23 所示。在该电路中，由 IC21 构成过电压比较器，由 IC22 构成欠电压比较器，由 R_1、RP_1、R_2 组成取样电路，由 R_3、RP_2、R_4 组成基准电路。正常情况下，IC21、IC22 均输出低电平信号，VT_1 关断，VT_2 导通，给双向晶闸管 VT 提供触发信号，VT 处于导通状态，插座正常供电。

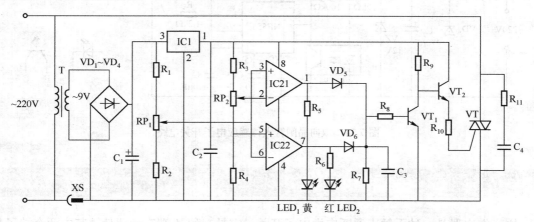

图 7.23　双向晶闸管过电压和欠电压自动保护电路

欠电压时，变压器二次侧电压下降，取样电路得到的电压信号降低，当 IC22 的反相输入端（取样）电位低于同相输入端（基准）电位时，IC22 输出高电平，红色发光二极管 LED_2 点亮指示欠电压，VT_1 导通，VT_2 关断，双向晶闸管 VT 也关断，插座无输出，实现欠电压保护。

同理，当发生过电压时，变压器二次侧电压上升，取样电路得到的电压信号升高，当

IC21 的同相输入端（取样）电位高于反相输入端（基准）电位时，IC21 输出高电平，黄色发光二极管 LED$_1$ 点亮指示过电压，VT$_1$ 导通，VT$_2$ 关断，双向晶闸管 VT 也关断，插座无输出，实现过电压保护。

电路焊接好后，用调压器将市电降至 180V，调节 RP$_1$，使 LED$_2$ 刚好亮为止，此时插座应无输出；然后再用调压器将市电升至 260V，调节 RP$_2$，使 LED$_1$ 刚好亮为止，此时插座也应无输出。

2）双向晶闸管人体感应电子开关电路

双向晶闸管构成的人体感应电子开关电路如图 7.24（a）所示。在该电路中，红外发射接收传感器采用 TLP947，它是一种反射式红外发射接收一体化的元器件，其外形、引脚排列及内部电路如图 7.24（b）所示。当人体接近 TLP947 时，其内部发光二极管发射的红外线经人体反射后被光敏晶体管接收，光敏晶体管导通，NE555 的②脚电位下降，当下降到电源电压的 1/3 时，③脚输出高电平，触发 VT 使其导通，白炽灯 EL 点亮。同时，NE555 内部的放电管关断，⑦脚为高阻态，电源通过 RP$_3$ 对 C$_4$ 充电。经过一段时间，C$_4$ 上的电压充电到电源电压的 2/3 时，NE555 状态翻转，③脚输出低电平，VT 关断，白炽灯 EL 熄灭。同时⑦脚内部的放电管导通，C$_4$ 放电，电路复位。白炽灯 EL 点亮的持续时间由 RP$_3$ 和 C$_4$ 的充电时间常数决定。

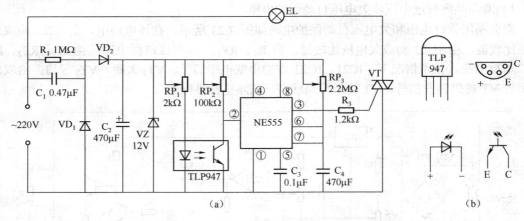

图 7.24　双向晶闸管人体感应电子开关电路

7.5　固态继电器

固态继电器是一种无触点通断电力电子开关，它是一种 4 端有源器件，其中两个端子是输入控制端，另外两个端子是主电路的输出受控端。输入和输出之间采用高耐压的光耦合器进行电气隔离，当输入端有信号时，其主电路呈导通状态；无信号时，呈阻断状态，其外形如图 7.25 所示。

固态继电器是将晶闸管、电力 MOSFET、电力 GTR 或 IGBT 等电力电子器件与隔离电路、驱动电路等按一定的电路组合在一起，并封装在一个外壳中所形成的模块。

图 7.25 固态继电器外形

图 7.26（a）所示为光电双向晶闸管耦合器非零电压开关。1、2 端输入信号时，光电双向晶闸管耦合器 B 导通，门极由 R_2、B 形成通道以 I+、III-方式触发双向晶闸管。这种电路对于输入信号的交流电源在任意相位均可接通，称为非零电压开关。

图 7.26（b）所示为光电双向晶闸管耦合器零电压开关。1、2 端输入信号时，光控晶闸管门极不短接时，耦合器 B 中的光控晶闸管导通，电流经整流桥与导通的光控晶闸管提供门极电流，使 VT 导通。由 R_3、R_2、V_1 组成零电压开关功能电路，当电源电压过零并升至一定幅值时 VT_1 导通，光控晶闸管被关断。

图 7.26（c）所示为零电压接通与零电流断开的理想无触点开关，1、2 端加上输入信号时（交直流电压均可），适当选取 R_2 与 R_3 的比值，使交流电源的电压在接近零值区域（±25V）且有输入信号时，VT_2 截止，无输入信号时 VT_2 饱和导通。因此不管什么时刻加上输入信号，开关只能在电压过零附近使晶闸管 VT_1 导通，也就是双向晶闸管只能在零电压附近加触发信号使开关闭合。

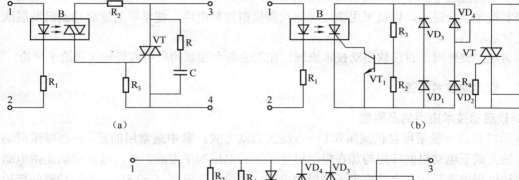

（a）　　　　　　　　　　　　　　（b）

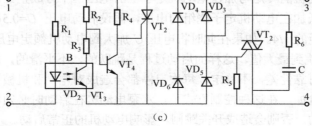

（c）

图 7.26 固态继电器原理图

由于固态继电器是由固体器件组成的无触点开关元器件，所以与电磁继电器、接触器相比，它具有工作可靠、寿命长、对外界干扰小、能与逻辑电路兼容、抗干扰能力强、开关速度快、使用方便等一系列优点。它的应用范围很广，有取代电磁继电器的趋势，并且可以应用到电磁继电器无法工作的领域，如计算机和 PLC 的接口、过程控制、调压调速等。在一些要求耐震、耐潮、耐腐蚀、防爆的特殊装置和恶劣环境、高可靠性的场合中，有无可比拟的优越性。

 交流调压技术讲座

软启动技术原理及应用

一、引言

软启动器以体积小，转矩可以调节、启动平稳、冲击小并具有软停机功能等优点得到了越来越多的应用，大有取代传统的自耦减压、丫—△减压启动的趋势。由于软件启动器是近年来新发展起来的启动设备，缺少相应的设计及使用经验。笼型异步电动机是应用最广泛的电机设备。由于电动机直接启动时的冲击电流很大，特别是大容量电动机直接启动时会对其他负载造成干扰，甚至危害电网的安全运行，所以按不同情况，采用许多种减压启动方式。早期的方式有串联电抗或电阻、串联自耦变压器、丫—△变换等。从 20 世纪 70 年代起，工程上开始推广利用晶闸管交流电压技术制作的软启动器，这种软启动器是集电动软启动、软停车、轻载节能和多种保护功能于一体的新颖电动机控制装置，国外称 soft starter。软启动器的构成主要是串接于电源与被控电动机之间的三相反并联晶闸管及其电子控制电路。软启动器的工作原理是，控制电路运用不同的方法，控制三相反并联晶闸管的导通角，使电动机输入电压从零以预设的函数关系逐渐上升，直至启动结束，赋予电动机全电压，实现软启动，在软启动过程中，电动机启动转矩逐渐增加，转速也逐渐增加，在上述基础上，把功率因数控制技术结合进去，以及采用微处理器代替模拟控制电路，使早期的软启动器已发展成智能化软启动器。

本讲座主要针对于目前软启动技术原理、在工业各个领域的应用成果和问题给予讨论。

二、软启动技术简述

1. 软启动技术应用的必要性

电动机启动一般采用自耦减压和丫—△减压启动方式，其中最常用的是丫—△减压启动方式，该方式下电动机的转矩与加在电动机定子上的电压的平方成正比。减压启动是指电动机在启动过程中降低加在电动机定子绕组的电压，假设启动电压 $U=0.5U_e$，则启动时的转矩只有电动机最大转矩的 1/4。如果在此时将电压 U 加大到电动机额定电压 U_e、则电动机的转矩一下子就从 1/4 跳到最大值，这样的启动过程是跳跃的、不平滑的，所以又称为硬启动。一般减压启动技术可靠性差，不稳定，每次启停都会造成对电网和机械设备的冲击，引发一系列的技术问题。例如，在这种控制方式下，水泵电动机在启动时必须将其出口阀门关严，在低负荷时才能启动，否则会造成开关跳闸，影响电动机的正常启动。

总体来说，传统的启动方式存在以下几个问题：对电网的冲击大，影响了电网供电质量，对变压器容量要求较大；对机械设备冲击大，降低设备使用寿命；丫—△减压启动的切换时间一般根据经验设定，对生产工艺要求稳启动的场合不宜采用。

　　软启动是使用调压装置在规定时间内，自动地将启动电压连续、平滑的上升，直到达到额定电压。此时电动机的转矩就会平滑的增大，一直到转矩为最大值时为止，启动过程结束。软启动可以使电动机启停自如，减少空转，有节能作用，软启动器还具有下列优点：减少冲击力，延长设备寿命；根据不同负载选用不同的启动方式，提高加/减速特性；保护功能全面；提高可靠性；通过修改参数，匹配不同的负载对象；智能化，可以与 PLC 等相互通信。

　　2. 软启动技术的分类

　　电动机的软启动技术有磁控软启动、晶闸管软启动和液阻软启动等几种不同的方式，其中以晶闸管软启动应用最为广泛，其启动类型有不限流软启动、斜坡恒流启动、脉冲冲击启动和阶跃启动。

　　（1）不限流软启动。该启动方式是启动电流以一定斜率不断上升，直至启动完毕，期间对启动电流不加任何限制，这种启动方式因为没有对启动电流进行限制，所以对电网冲击较大，一般不使用，适应重载启动场合。

　　（2）斜坡恒流启动。该启动方式是在电动机启动的初始阶段启动电流逐渐增加，当电流达到预先所设定的值后保持恒定，直至启动完毕。在启动过程中，电流上升变化的速率是可以根据电动机负载调整设定，电流上升速率大，则启动转矩大，启动时间短。这种启动方式应用得最多，尤其适用于风机、泵类负载的启动。

　　（3）脉冲冲击启动。该启动方式是在启动刚开始的极短时间里，使晶闸管接近于全导通，然后恢复至较小导通角，进行正常的恒流软启动，适用于启动时静摩擦力矩较大的场合。

　　（4）阶跃启动。阶跃启动方式是在开机时以最短时间使启动电流迅速达到设定值，通过调节启动电流的设定值，可以达到快速启动的效果。

　　3. 软启动技术原理

　　软启动器结合了电力电子技术、自动控制技术和单片机技术，是专为三相异步电动机设计的一种全数字智能化启动设备。其基本原理是通过对功率器件即晶闸管的控制而实现对电动机的启动和停止控制，采用电压斜率的工作原理，控制输出给电动机的电压从可整定的初始值经过可整定的斜率时间上升到供电全压，因此降低了对电动机电源的容量要求，并减少对供电电网的影响和机械传动的冲击，软启动器采用三相反向并联的晶闸管作为调压器，将其接入电源和电动机定子之间。这种电路类似三相全控桥式可控整流电路，通过内部的单片机调整改变触发脉冲的触发时间来改变触发角的大小，进而调节加到定子绕组上的端电压。

　　异步电动机启动性能主要有两个指标：启动电流倍数和启动转矩倍数。软启动器在启动时通过改变加在电动机上的电源电压，以减少启动电流、启动转矩。电动机传统启动方式的共同特点是控制线路简单、启动转矩不可调并有二次冲击电流、对负载有冲击转矩。软启动的限流特性可有效限制浪涌电流，避免不必要的冲击力矩及对配电网络的电流冲击，有效地减少线路刀闸和接触器的误触发动作；对频繁启停的电动机，可有效控制电动机的温升，延长电动机的寿命。

　　目前，应用较为广泛、工程中常见的软启动器是晶闸管软启动。晶闸管软启动原理：在三相电源与电动机间串入晶闸管，利用晶闸管移相控制原理，改变其触发角，启动时电动机端电压随晶闸管的导通角从零逐渐上升，就可调节输出电压，电动机转速逐渐增大，直至达到满足启动转矩的要求而结束启动过程；软启动器的输出是一个平稳的升压过程（且可具有限流功能），直到晶闸管全导通，电动机在额定电压下工作；此时旁路接触器接通（避免电动机在运行中对电网形成谐波污染，延长晶闸管寿命），电动机进入运行状态；停车时先切断旁路接触器，然后由软启动器内晶闸管导通角由大逐渐减小，使三相供电电压逐渐减小，电动机转速由大减小到零，停车过程完成。

晶闸管软启动器在设计上采用了电流电压矢量传感动态监控技术，不改变电动机原有的运转特性；采用锁相环技术和单片机，根据压控振荡器锁定三相同步信号的逻辑关系设计出的一种晶闸管触发系统，控制输出脉冲的移相，通过对电流的检测，控制输出电压按一定线性加至全压，限制启动电流，实现电动机的软启动。

三、软启动器的性能特点

软启动采用软件控制方式来平滑地启动电动机，控制方式是以软（件）控强（电），其控制结果将电动机启动特性由"硬"平滑变为"软"平滑，故称为"软启动"，软启动又分为两种：一种是采用变频恒转矩限流启动；另一种是采用晶闸管调压启动，又称为智能软启动。

1. 两类软启动的对比

（1）技术性能。采用变频调速启动，启动时具有良好的静、动态性能，即使是在低速情况下也能随意调节电动机转矩，能以恒转矩启动电动机，启动电流可以限制在的额定电流以下。采用智能软启动，启动时由于转矩是按电压比的二次方减小，因此启动转矩很小，软启动器有电流反馈，也可采用恒流启动，即在启动过程中保持启动电流不变，直到电动机接近同步转速。从技术性能方面考虑，变频调速启动适用于较大启动转矩的负载，一般是大负载的场合，如往复式空压机、离心分离机、带负载的输送机等。

（2）经济性。采用变频器调速启动比智能软启动的投资费用高两倍甚至三倍。

综合以上技术性能和经济性，对于工矿企业能实际推广的启动方式当数后者。

2. 智能软启动器

智能软启动主要由串接于电源与被控电动机之间的三对反并联晶闸管组成的调压电路构成，以微处理器为控制核心，整个启动过程在数字化程序软件控制下自动进行。智能软启动器利用三对晶闸管的电子开关特性，通过启动器中的微处理器，控制触发脉冲，改变触发角的大小，改变晶闸管的导通时间，从而最终改变加到定子绕组的三相电压的大小。异步电动机定子调压的特点是：电动机转矩近似与定子电压的二次方成正比，电动机的电流和定子电压成正比。因此，电动机的启动转矩和初始电流的限制可以通过定子电压的控制来实现，而电动机定子电压又是通过晶闸管的导通角来控制的，所以不同的初始相角可实现不同的端电压，以满足不同的负载启动特性。在电动机启动过程中，晶闸管的导通角逐渐增大，晶闸管的输出电压也逐渐增加，电动机从零开始加速，直到晶闸管全导通，启动完成，从而实现电动机的无级平滑启动，电动机的启动转矩和启动电流的最大值可根据负载情况设定。

3. 智能软启动器的技术特性与功能

1）智能软启动器的基本特性

（1）采用微处理器全数字自动监控，启动时启动电流以恒定的斜率平衡上升，对电网无冲击电流，不会造成大的电压降落，保证了电网电压的稳定。启动转矩、电流、电压和时间可按负载不同而设定，可取得最佳的电流冲击和最佳的转矩控制特性，极大地减少了电动机转矩对负载的冲击，也满足了不同工作对象对启动转矩的不同要求，保护了被驱动机构。

（2）电动机启动不受电网电压波动的影响。由于在晶闸管的移相电路中，引入了电流反馈，因而使电动机在启动过程中保持恒流，平稳启动。同时，由于以启动电流为定值整定，当电网电压上下波动时，通过控制电路自动增大或减小晶闸管导通角来维持原始设定值，可保护启动电流恒定。有的软启动器还采用双电源隔离，保证控制部分不受各种强电干扰。

（3）根据工作对象的不同，电动机可选择多种启停方式，而采用不同的启动方式，其启动转矩也不同。电动机的定子电压在斜坡加速时间内无级增加，加速的斜坡时间由用户设定，电动机可以自由停车和软停车，软停车时间可调节，软停车特性大大延长电气触点寿命。

（4）结构简单、质量小、无噪声、占地小。作为无触点控制，软启动器使用寿命比传统的接触器大大延长，若使用得当，可长达几十年，全免维修，而且安装和操作简便，软启动器平滑，渐进的启动过程可降低设备的振动和噪声，延长电动机和被驱动机械的寿命，并改善了工人的劳动环境。

（5）可选择过电流、过载、电源断相等多种保护，保证了设备和电动机的安全。软启动可提供设备的故障诊断信息，如限流、过载、断相、转子堵转等。保护整定值可由用户指定，保护性能可靠。有的软启动器还具有相序自动识别、相序保护功能。

（6）带标准的 RS-232C 接口，具有通信功能。智能软启动器通过标准接口传输数据，可集成网络化，实现分散控制，集中管理。它的全数字设定和外控功能大大方便用户，性能价格比高。智能软启动器人机界面友好，工作时显示工作电压、工作电流、最大电流，故障时显示故障类别。软启动器还有数字延时启动控制、软停控制输入、启动延时继电器输出和故障继电器输出等多种功能。

2）智能软启动器的启动特性

（1）限流型：限制启动电流，降低启动压降，任意调整，键盘设定。

（2）电压控制型：设定允许电压降百分值，自动测量电压降并限制电压降，通过测量电压降自适应控制启动电流，微处理器自动记忆调试数据，运行时由智能程序自动监控运行。

（3）转矩控制型：能在启动和停止期间对电动机运行特性进行控制，对电动机和启动器实现过载保护，能对传动机械进行保护，并清除浪涌转矩、降低冲击电流，在给定区间内控制加速转矩和按应用要求调节电动机转矩。

3）智能软启动器的停车特性

（1）自由停机：自由掉电停机，外故障停机，自复位可编程。

（2）软停机：软停机（0～200s 为自由停机）自设定。电动机停车传统方式为自由停机，即通过瞬间停电来实现，但履带式运输机、升降机等许多设备并不宜突然停机，软停车功能正好能满足此要求，晶闸管在收到软停机信号后，导通角逐渐减小，经一定时间才过渡到全关，即电动机端电压逐渐减至零。停车时间可按实际需要设定。

（3）制动停机：0～60s 自设定，强制停机。

 网上学习

1. 学习课题

（1）什么是交流调压器？

（2）上网查找高职《电力电子技术》网络资源共享课方面的教学内容，特别是相应教学视频课件。

（3）上网查找外国品牌、合资品牌和自主品牌的软启动器在主要技术参数上的差别是什么？

（4）上网查找并观看软启动器操作视频（品牌不限）。

（5）进入并参与网上"软启动器论坛"，学习网友的工程实践经验。

2. 学习要求

（1）在学习中要认真记好学习记录，记录可以是纸介质形式也可以是电子文档形式。记录的内容应包括学习课题中的相关问题答案、搜索网址、多媒体资料等。

（2）收集5～10条有参考和学习价值的网络论坛帖子。

（3）网络资讯交流。在每次课前，开展"我知、我会"小交流，挑选优秀网络视频课件，组织同学集体在线观看。

 思考题与习题

（1）双向晶闸管的特性与普通晶闸管有什么不同？

（2）怎样鉴别一只晶闸管元件是双向晶闸管还是普通晶闸管？

（3）额定电流100A的普通晶闸管反并联可用额定电流多大的双向晶闸管替代？

（4）双向晶闸管的触发方式有几种？采用的是哪种方式？为什么？

（5）图 7.27 所示为单相交流调压电路，试分析当开关 Q 置于位置 1、2、3 时，电路的工作情况并画出开关置于不同位置时，负载上得到的电压波形。

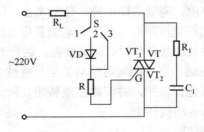

图 7.27 习题（5）附图

（6）试以降压式直流斩波器为例，简要说明直流斩波器具有直流变压器效果。

（7）试说明直流斩波器在电力传动中的应用。

（8）用全控型电力电子器件组成的斩波器比普通晶闸管组成的斩波器有哪些优点？

参考文献

[1] 莫正康. 电力电子应用技术[M]. 北京：机械工业出版社，2003.

[2] 王兆安，黄俊. 电力电子技术[M]. 北京：机械工业出版社，2000.

[3] 郑忠杰，吴作海. 电力电子变流技术[M]. 北京：机械工业出版社，1999.

[4] 黄家善，王廷才. 电力电子技术[M]. 北京：机械工业出版社，2000.

[5] 丁道宏. 电力电子技术[M]. 北京：航空工业出版社，1996.

[6] 何希才，江云霞. 现代电力电子技术[M]. 北京：国防工业出版社，1996.

[7] 栗书贤. 晶闸管变流技术试验[M]. 北京：机械工业出版社，1989.

[8] 应建平，林渭勋，黄敏超. 电力电子技术基础[M]. 北京：机械工业出版社，2003.

[9] 华伟，周文定. 现代电力电子技术器件及其应用[M]. 北京：清华大学出版社，2002.

[10] 马宏骞. 变频调速技术与应用项目教程[M]. 北京：电子工业出版社，2011.

[11] 马宏骞. 变频器应用与实训教学做一体化教程[M]. 北京：电子工业出版社，2016.

反侵权盗版声明

电子工业出版社依法对本作品享有专有出版权。任何未经权利人书面许可，复制、销售或通过信息网络传播本作品的行为；歪曲、篡改、剽窃本作品的行为，均违反《中华人民共和国著作权法》，其行为人应承担相应的民事责任和行政责任，构成犯罪的，将被依法追究刑事责任。

为了维护市场秩序，保护权利人的合法权益，我社将依法查处和打击侵权盗版的单位和个人。欢迎社会各界人士积极举报侵权盗版行为，本社将奖励举报有功人员，并保证举报人的信息不被泄露。

举报电话：（010）88254396；（010）88258888
传　　真：（010）88254397
E-mail：dbqq@phei.com.cn
通信地址：北京市海淀区万寿路 173 信箱
　　　　　电子工业出版社总编办公室
邮　　编：100036